LE

CORPS ET L'AME

OU

HISTOIRE NATURELLE

DE L'ESPÈCE HUMAINE.

— Corbeil, typographie de Crété. —

LE
CORPS ET L'AME

OU

HISTOIRE NATURELLE
DE L'ESPÈCE HUMAINE

PAR

LE DOCTEUR CLAVEL.

PARIS

GARNIER FRÈRES, LIBRAIRES,

10, RUE RICHELIEU ET PALAIS-NATIONAL, 215.

—

1851

PRÉFACE.

S'il est de nos jours un fait incontestable, c'est la tendance de la société vers une refonte générale. Les penseurs le proclament, les artistes en font foi ; et chacun répète à l'envi dans ses œuvres : *Le vieux monde s'en va.* Ouvrez le livre du poëte, de l'économiste, de l'homme d'État : partout la même pensée est stéréotypée ; lisez Châteaubriand et Proudhon, l'homme du passé et l'homme de l'avenir : ils ne s'entendent que pour admettre la décomposition générale des sociétés. L'art lui-même, ce reflet si complet des époques diverses, cette page saisissante de l'histoire, n'a, au temps actuel, ni unité ni direction ; vingt écoles se partagent la poésie, la peinture, l'architecture, la statuaire ; encore ne savent-elles dans leurs productions, que saisir les reflets du passé, en faire un monstrueux mélange, ou se perdre en des aspirations stériles vers un avenir inconnu. Ici encore il y a chaos et décomposition, ici encore un principe régénérateur est nécessaire.

A une autre époque, le monde présenta un spectacle analogue ; ce fut quand le paganisme, battu en brèche par Socrate, Platon, Aristote et leurs disciples, perdit ses forces et fut impuissant à diriger la civilisation antique, comme le christianisme est impuissant à diriger la civilisation actuelle.

Paganisme et christianisme sont destinés à mourir chacun après deux mille ans d'existence. Rapprocher les temps et les causes de leur mort est un spectacle digne d'intérêt.

A son début et au temps de sa puissance, le paganisme, comme presque tous les grands principes de civilisation, fut démocratique et créa les républiques de la Grèce, de l'Asie Mineure et de l'Italie. Mais en vieillissant, il fit comme toutes les religions, il tendit vers la monarchie. Les peuples, quand ils sentent faiblir en eux le principe de leur unité, ont tous une tendance à chercher dans un gouvernement énergique, dans la dictature, un refuge contre la dissolution.

A dater de la domination des rois de Macédoine en Grèce, c'est-à-dire 330 ans avant Jésus-Christ, le paganisme est en décadence ; le temps de la démocratie, de la grande poésie, de la grande peinture, de la grande architecture est passé. Eschyle, Sophocle, Praxitèle, Phidias, Callimaque sont morts depuis longtemps ; une nouvelle doctrine a surgi, elle est partie d'Athènes, elle s'est élancée de l'Académie et du Lycée, elle pousse le monde savant vers des voies nouvelles.

Saturne, Jupiter, Apollon et Vénus elle-même sont délaissés; leurs images restent debout encore à Rome et à Athènes; mais les femmes, les enfants et les prêtres seuls s'obstinent à croire à leur puissance; on ne les invoque plus que d'une façon officielle; leur culte ne se maintient que parce qu'il se lie à l'action gouvernementale. César, grand pontife dans la capitale du monde, rit dans ses orgies des dieux qu'il est chargé d'honorer.

Quelques années plus tard, la littérature païenne semble revivre sous la plume de Virgile et d'Horace; mais leurs poésies ne sont qu'une traduction, à l'usage d'Auguste, des œuvres d'Homère et des petits poëtes grecs : comme Racine traduisit, à 1500 ans de distance, Eschyle et Sophocle, au grand roi Louis XIV.

L'initiation tardive des Romains aux sciences, aux arts et à la philosophie de la Grèce retarda de trois siècles peut-être la chute du paganisme qui se rallumait dans un foyer intellectuel, quand il s'éteignait dans un autre foyer; mais cette régénération était factice; la parole de Socrate et de ses disciples pénétrait de plus en plus au sein des écoles et des populations, ruinant par la base cette doctrine païenne qui, sous Dioclétien, croulait de toutes parts.

À ce moment, le christianisme grandissait depuis trois cents ans; il résumait en lui les principes philosophiques qui, peu à peu, avaient détruit le culte des dieux de l'Olympe; il se chargea du fardeau social, quand le paganisme le laissa tomber de ses bras débiles ; il le souleva sans effort ; il l'entraîna sur la pente ascendante du progrès.

Son code de morale, sans lequel il n'y a pas d'organisation possible, était essentiellement démocratique ; au sortir d'une société de soldats, il décrétait l'horreur de la guerre et du sang ; en présence des conquérants du monde, il décrétait l'égalité des hommes ; en présence des chaînes et des esclaves, il criait liberté.

Considéré comme loi générale d'affranchissement, le christianisme dut électriser et régénérer un monde courbé sous le joug de Rome, dont l'épée représentait la plus inique des dominations, détruisait les nationalités par la conquête, les richesses par la spoliation, les libertés et la dignité humaine par l'esclavage.

Qu'on se représente les transports des descendants d'Annibal, de Jugurtha, de Spartacus, de Vercingétorix, d'Arminius, à l'apparition d'une loi qui leur donnait la liberté et les égalait à leurs oppresseurs ; qui reconstituait leur patrie, leur dignité, et leur donnait une éternité de bonheur dans une autre vie ! Il est facile, avec de tels éléments d'action, de comprendre la rapide propagation du christianisme, l'impuissance des persécutions et l'implacable fermeté des martyrs. Tout homme de cœur dut alors se faire chrétien ; et, quoi qu'on dise, le triomphe finit toujours par récompenser les efforts des gens de cœur.

Héritière de la belle civilisation antique, la nouvelle doctrine, dont le mobile principal était la liberté et la fraternité, aurait probablement amené une vaste unité nationale, des mœurs d'une douceur extrême et une prospérité encore inconnue, sans les perturbations produites par les invasions des barbares. Le sabre du Goth, du Hun, du Gépide, du Lombard, du Vandale remplaça le sabre du Romain ; ce que celui-ci avait épargné, l'autre le renversa ; la brutalité du sauvage remplaça le despotisme de l'homme civilisé ; et ce furent pour les disciples du Christ de nouveaux travaux, de nouvelles persécutions, un autre martyre. Il était bien difficile de faire entendre au fier Germain, au Franc belliqueux, au Saxon féroce, une doctrine toute d'humilité et de mansuétude : comment imposer la paix à qui n'aime que la guerre, l'abnégation à qui n'est mû que par le point d'honneur, le désintéressement à qui vit de rapines? Le christianisme ne put y parvenir qu'en s'altérant, qu'en se pliant au caractère et aux mœurs des barbares.

Dans les temps où fleurissaient les lettres, les arts, les sciences, il ralliait à lui les intelligences littéraires, artistiques, scientifiques, et s'en faisait de puissants auxiliaires ; tels étaient saint Paul, saint Augustin, saint Chrysostôme et mille autres. Mais quand la barbarie envahit l'Europe, elle n'épargna pas les apôtres du Christ ; ils perdirent doublement leurs forces, et par leur ignorance propre et par celle de leurs catéchumènes. Peu à peu la doctrine s'altéra : on retrouve le barbare tout entier dans ce prêtre, soumettant des prévenus à la hideuse épreuve de l'eau ou du feu; dans cet évêque, conduisant ses vassaux au combat; dans cet abbé, attachant ses paysans à la glèbe et exerçant sur leurs filles et sur leurs femmes un droit, ou plutôt une violence dégradante pour l'humanité.

L'Église avait marché à la conquête de l'ancien monde en invoquant le nom de la liberté, en se donnant une organisation démocratique; mais quand elle fut prépondérante, elle devint oppressive, et sa domination provoqua l'immuable besoin d'affranchissement qui est incarné au cœur de l'homme.

Elle vit les opprimés s'ameuter contre elle; elle vit les penseurs lui reprocher cette désertion de la liberté, ce mensonge à l'esprit, à la vie et à la mort du Crucifié.

Dès lors les rôles furent intervertis; et l'Église, pour se maintenir, pour résister, dut adopter les formes et les moyens qui, pendant trois cents ans, avaient servi la résistance du paganisme contre elle-même. Une milice lui fut nécessaire; elle se créa une armée de prêtres, sépara ses soldats des populations par le célibat, maintint leur discipline par une hiérarchie entièrement militaire, se donna dans le pape un général en chef; et, saisissant l'épée, extermina tous ceux qui, sous le nom d'hérétiques, voulurent retourner à la liberté. Les Albigeois, les Hussites, les Anabaptistes, les Huguenots furent pourchassés par le fer et le feu ; ils succombèrent par milliers ; de grandes contrées furent transformées en déserts.

Mais ces violences ne suffisaient pas, les morts semblaient revivre de leur cendre : il fallait détourner les populations de l'esprit de l'Evangile, il fallait enfin retourner au paganisme.

Au Dieu unique on adjoignit des auxiliaires qui, sous le nom de saints, peuplèrent les maisons, les campagnes, les fontaines : comme dans l'antiquité les dieux lares, les sylvains, les naïades avaient peuplé les maisons, les campagnes, les fontaines ; chaque homme eut son dieu ou patron, que souvent il invoquait de préférence à Jésus-Christ ou à Jéhovah ; on remonta même au delà du panthéisme, on revint au fétichisme par les reliques. De nombreux miracles forcèrent les croyances des populations ignorantes, des cérémonies magnifiques frappèrent les imaginations et, par un mirage habile, égarèrent les esprits ; la domination de l'Eglise fut, pour un temps, irrécusable.

La hiérarchie ecclésiastique, étendue depuis le pape jusqu'au moine mendiant, s'imprima peu à peu dans la société laïque : tant que les évêques avaient vécu indépendants dans leurs diocèses, les princes avaient vécu indépendants dans leurs principautés, et la féodalité s'était maintenue ; mais quand le pape devint le dictateur de la croyance, on vit la monarchie tendre à s'organiser de toutes parts. Une société qui vivait du principe chrétien ne pouvait manquer de suivre, dans ses transformations, les changements qui s'opéraient dans l'Eglise chrétienne.

S'il est dans la nature du pouvoir de devenir forcément tyrannique et oppresseur, il est également dans sa nature de soulever les oppositions et de coaliser les faibles. L'omnipotence des papes, dans l'ordre politique, les mit en opposition avec les rois; leur omnipotence, dans l'ordre religieux, fit surgir des opposants, au sein même du clergé; enfin, leur omnipotence sur les âmes ameuta contre eux les savants.

Après avoir visé à la monarchie universelle, il fallut se contenter d'un territoire restreint; au lieu de faire la guerre aux princes de la terre, il devint nécessaire de s'en faire des alliés pour résister à Luther qui, en retournant aux doctrines primitives du christianisme, attirait à lui les populations par l'instinct de la liberté, ramenait la république dans l'Eglise, et de sa parole puissante ébranlait le trône des papes.

Le danger était grand pour le catholicisme; et il aurait succombé si François Iᵉʳ et Charles-Quint n'avaient senti, dans les réformateurs, des républicains qui menaçaient l'ordre monarchique. On opposa aux Luthériens l'argument du sabre, on les tua, on les brûla, on les tortura; on fit contre eux la Saint-Barthélemy. Ils auraient entièrement disparu de la surface de l'Europe continentale, si les princes du nord de l'Allemagne n'avaient trouvé dans la réforme un agent de résistance contre la puissance de l'empereur. Ils se firent Protestants par politique, et leurs Etats devinrent le refuge de ceux qui aimaient à penser librement.

Le papisme, en effet, n'était pas à la fin des luttes et des combats. A côté de la réforme religieuse avait surgi la réforme scientifique ; à côté de Luther et de Calvin grandissaient Galilée et Bacon, qui, répudiant la tradition antique, repoussèrent l'autorité et donnèrent à la science, pour unique base, l'expérience. Tant que les doctrines scientifiques et religieuses reposèrent sur l'autorité, elles purent s'accorder, et le livre du païen Aristote se trouva l'auxiliaire de l'Evangile ; mais quand des philosophes chrétiens prétendirent expérimenter, examiner, juger, ils devinrent, par le fait, les ennemis de l'Ancien et du Nouveau Testament, qui ne peuvent admettre l'expérience ni l'examen sans perdre leur caractère de révélation et d'infaillibilité. Galilée, en affirmant que la terre tournait autour du soleil, attaquait directement la Genèse et la cosmogonie des livres saints ; l'Eglise ne put s'y tromper, aussi crut-elle devoir emprisonner Galilée, brûler ses livres et l'obliger à rétracter des vérités mathématiques.

Elle avait employé contre les hommes une terrible machine de guerre, l'inquisition, dont la mission était de détruire par le fer et le feu tout ce qui faisait obstacle au catholicisme ; elle employa contre les idées une autre machine de guerre, les jésuites. Ces derniers, aussi bien dans l'ordre scientifique que dans l'ordre religieux, éventaient les doctrines contraires à la papauté, comme le limier évente le cerf ou le daim; à peine signalée, l'idée devait être déguisée, altérée dans son essence, détruite par la ruse; si elle résistait, elle disparaissait dans les cachots, puis sur le bûcher de l'inquisition, avec celui qui l'avait émise.

Ces moyens sont habiles, ils sont grands et terribles; ils prouvent à la fois et la puissance et l'opiniâtreté du catholicisme. S'il n'a pu détruire ni la science ni la liberté, c'est que ces deux mères du genre humain sont indestructibles.

La philosophie qui les résume déclara au catholicisme, à partir du seizième siècle, une guerre sans trêve ni merci. Vaincue dans les états catholiques, elle se réfugiait dans les États protestants, tels que l'Angleterre, et surtout la Hollande, qui lui dut une étonnante prospérité; puis de là elle faisait des invasions continuelles sur les États catholiques d'Allemagne, sur la France et le reste de l'Europe. En vain l'Espagne de Philippe II et la France de Louis XIV, poussées par la papauté, essayèrent de détruire avec l'épée la philosophie et la liberté, réfugiées entre les bouches du Rhin et de l'Escaut : un petit peuple libre vainquit les armées de deux grands rois absolus. Pour s'en venger, ces rois exterminèrent les protestants qui, dans leurs États, avaient échappé à l'inquisition et aux guerres religieuses.

Vaines fureurs, colères impuissantes ! Le catholicisme ne recueillit de la révocation de l'édit de Nan-

tes que l'odieux d'une persécution inutile ; la tolérance était déjà dans les mœurs, le débordement
scientifique était général, le temps de la ferveur religieuse était passé.

Protestants et Catholiques tenaient trop peu à leur
foi pour en faire une cause de guerre ; leurs discussions leur avaient appris qu'ils se battaient plutôt
pour des mots que pour des réalités ; la science leur
avait appris le doute et avait profité de tout ce que
perdait la ferveur religieuse. Une trêve s'établit, et
les deux partis gardèrent leurs possessions respectives : le catholicisme conserva le midi de l'Europe, le
protestantisme domina dans le nord. Le premier représenta l'élément monarchique ; le second, plus
rapproché de l'esprit démocratique de l'Evangile,
représenta l'élément républicain.

Pendant qu'une polémique continuée jusqu'à nos
jours et des arguments aussitôt rétorqués de part
et d'autre démontraient aux catholiques et aux protestants l'instabilité de leurs croyances, la science
s'érigeait en arbitre et, dans les travaux de Galilée,
de Gassendi, de Descartes, de Newton, de Buffon, de
Saussure, de Hutton, etc., substituait des lois physiques nouvelles et une nouvelle théorie de la terre
aux révélations de la Genèse, qui fut prise en flagrant délit d'erreur. Chaque découverte dans le
monde physique infirmait les assertions de l'Ancien
Testament, et minait la base de la loi chrétienne,
tandis qu'une série de philosophes attaquaient sa mo-

rale. C'était un assaut général à cette forteresse du christianisme dont les défenseurs diminuaient chaque jour.

A la fin du dix-huitième siècle la philosophie, devenue prépondérante, dans les sommités sociales, crut posséder le monde : elle commettait une grave erreur, car le peuple était encore chrétien par les coutumes, par les mœurs, par les plaisirs, par l'espoir ou la peur d'une autre vie. C'étaient de vastes débris qu'une grande puissance eût dispersés en deux générations. Mais la philosophie n'était pas puissante : elle avait ses schismatiques et ses hérétiques, elle manquait d'unité. Vainement les encyclopédistes avaient entrepris une sorte d'évangile scientifique, le temps n'était pas encore venu, et la science n'était pas mûre : la chimie était dans l'enfance, la physique était incomplète, la géologie venait de naître ; elles ne pouvaient encore retrouver l'histoire de la terre, ni défricher ces archives des strates et des fossiles, lues depuis couramment par Cuvier, par Elie de Beaumont, par de Humboldt et cent autres. Mais ce qui manquait surtout aux encyclopédistes et à la philosophie du dix-huitième siècle, c'était la science de l'homme. Malgré de nombreuses découvertes anatomiques, cette science était restée très en retard : les phénomènes intellectuels et moraux étaient insolubles par la physiologie ; ils se séparaient de l'histoire naturelle, ils se réfugiaient dans l'antique hypothèse

l'âme, ils échappaient à l'expérience, ils se trouvaient par le cadre des études loin de la main des médecins qui seuls auraient pu en donner l'explication, comme Cabanis l'essaya plus tard.

Or, l'organisation sociale est le produit de deux termes dont l'un est représenté par l'espèce humaine, et l'autre par le reste de la nature. Pour trouver le produit, il faut ou, créer des valeurs hypothétiques, comme avait fait la révélation, avoir la valeur exacte de l'homme et du monde extérieur ; c'est ce qui manquait à la philosophie du dix-huitième siècle. Elle prit le passé pour guide de l'avenir ; trompée par le mirage des mots, elle recourut au paganisme, comme avait fait la renaissance ; elle cria liberté, fit une république, des comices, une assemblée, et s'imagina régénérer le monde. Elle trouva juste partiellement, comme la science incomplète qu'elle représentait ; mais en somme elle se trompa. Ses luttes héroïques la devièrent encore de la route en la jetant dans la violence, qui a perdu et perdra toujours toute espèce de doctrine ; le fer devint encore la raison prépondérante, une main armée d'un sabre pesa sur le monde.

Napoléon, né avec l'instinct du despotisme et étranger par son éducation aux études philosophiques, employa ses grands talents à faire reculer la civilisation, à rallier autour de lui tous les éléments monarchiques. Outre la force armée, qu'il savait organiser et employer admirablement, il s'adjoignit le catholicisme, lui rendit sa splendeur et unit le prêtre au soldat, pour soutenir le trône qu'il s'était élevé. Avec ce double élément de force il se crut inébranlable : s'il avait mieux connu les hommes et les temps, il n'aurait pas gardé cette confiance.

Comment pouvait-il espérer, lui fils du dix-huitième siècle, étouffer impunément la liberté ? C'est avec le mot de liberté qu'on lui fit la guerre non-seulement en Russie, en Allemagne, en Espagne, en Italie, mais jusque dans les murs de Paris ! Comment pouvait-il espérer, en sa qualité d'héritier de la révolution française, s'adjoindre le catholicisme et lui faire abandonner les rois du droit divin ? Il dut employer le subterfuge et la violence pour se faire sacrer par le pape, et dès ce moment il eut un ennemi secret dans le clergé catholique : le prêtre ne pardonne ni n'oublie jamais.

Une seule force restait à l'empereur, sa nombreuse et brave armée ; elle le soutint quelques années, mais elle succomba à la longue, parce que le fer succombe toujours devant l'idée.

A la chute de l'empire, le catholicisme, ravivé de tout ce qu'avait perdu la liberté, se replaça à la tête de la société française. Il essaya par mille moyens, avec l'appui de la monarchie dont il était l'allié patent ou secret, de ressaisir son ancienne prépondérance.

Mais les temps avaient marché, la liberté des cultes et la tolérance faisaient partie des mœurs, la loi civile s'était séparée de la loi religieuse ; un grand

corps enseignant, l'université, maintenait ses prérogatives en face des jésuites, et mettait le libre examen, la science, en présence de la révélation et de
la croyance aveugle. De là un antagonisme continuel,
un conflit qui se traduisit par le mot de révolution.

Au dix-neuvième siècle, la société française, après
avoir dépassé dans son élan la mesure moyenne du
progrès scientifique, dut revenir sur ses pas : elle con-
struisit, avec les ruines du catholicisme et le ciment
philosophique, cet édifice instable connu sous le
nom d'éclectisme. C'est un mélange informe de spiritualisme et de matérialisme , de monarchie et
de république , d'aristocratie et de démocratie, de
révélation et de science : alliage sans affinité ,
union monstrueuse qui évidemment ne saurait
durer. Le contact des deux principes opposés a déjà
amené quatre explosions sociales, en soixante ans, et
nous devons croire qu'il en amènera d'autres encore.

Voici quelles sont les forces respectives des deux
partis.

D'un côté, l'élément religieux ou monarchique,
c'est tout un, tient une large part de l'âme des peuples : il s'unit à la plupart des sentiments ; il s'attache
à la famille en dominant la femme et l'enfant ; il
poétise le mariage, la naissance et même la mort ; son
code de morale, le seul qui existe dans le monde, dirige encore la législation, quoiqu'elle affecte de s'en

affranchir; enfin, il a sa milice que le célibat soustrait
aux plus puissantes affections sociales.

Dans chaque commune de la France, un ou plusieurs prêtres représentent le catholicisme. Par la
confession, ils connaissent le secret de toutes les familles et savent habilement en profiter; les dernières
heures du moribond leur appartiennent, et quand l'organisme épuisé lutte avec désespoir contre l'anéantissement, le ministre de Dieu apparaît tenant dans
sa main, pour ainsi dire, une éternité de félicités ou
de tortures.

En sa qualité de directeur des âmes, et par suite
de l'aisance relative que lui donnent ses appointe-
ments et son casuel, le curé de campagne domine
d'une grande hauteur l'instituteur primaire. Le
représentant de la science et de l'éducation laïque
est livré, par l'exiguïté de ses ressources et par les besoins d'une nombreuse famille, à la merci d'un ennemi naturel qui, d'un mot, peut lui retirer la plupart de ses élèves et le condamner à la misère.

Aussi l'éducation du peuple, qui, venant de l'université, devrait être philosophique, est-elle catholique
avant tout.

Une autre influence du catholicisme, c'est qu'il est
presque le seul représentant de l'art dans les contrées agricoles. Ce qu'un cultivateur connaît de plus
beau en fait d'architecture, c'est son église; les ta-
bleaux qui la décorent sont les seules peintures qu'il
puisse admirer; enfin, les magnifiques chants de la

liturgie forment sa principale initiation musicale.
Ce fut une grande habileté au catholicisme de s'associer ainsi les différentes formes de l'art, d'y joindre
la pompe et les fêtes dont l'homme simple est toujours amoureux; ce fut la cause de son triomphe,
dans le midi de l'Europe, sur l'église réformée, dont
la liturgie triste et sévère se pliait mal aux aspirations artistiques.

La science, d'un autre côté, a aussi ses avantages :
elle a pour base des certitudes; elle ne peut être niée
par les plus fervents adeptes de la révélation, tandis
que chaque découverte scientifique tend à infirmer la
parole révélée; elle satisfait la raison humaine, elle
attire invinciblement les intelligences droites et étendues, elle dompte les éléments, elle raccourcit les
temps et les distances, elle transforme les campagnes
et les cités, elle donne le plaisir et la richesse, le nécessaire et le superflu; elle est enfin le mobile du
progrès. Toute civilisation qui repose sur une parole
révélée et par suite immuable tend à s'immobiliser :
toute civilisation qui repose sur la science, sur une
base perfectible, tend vers un progrès continu.

Dans les contrées protestantes, l'antagonisme scientifique et religieux se remarque moins, parce que le
prêtre est un homme sans prérogatives politiques,
sanshiérarchie, sans intérêt spécial dans une société
à laquelle il appartient comme mari et comme père;
parce que la liberté de discussion est admise sur les
textes et sur l'interprétation de l'Evangile, qui devient

pour le peuple une cause d'instruction et de liberté,
loin d'être, comme dans les contrées catholiques, une
cause d'ignorance et d'asservissement (1).

Le protestantisme est une sorte de philosophie religieuse ; il concilie la science et la révélation. On
voit son génie en Angleterre, aux Etats-Unis, en Hollande et dans le nord de l'Allemagne, où il a porté
la liberté, la richesse, l'industrie, le travail et le bien-
être. Actif, prolifique et positif, il défriche, en Amérique, et peuple de vastes contrées, quand les magnifiques possessions des catholiques se dépeuplent et
se transforment en désert ; il endigue les rivières, il
les couvre d'usines et de navires, il crée des chemins
de fer plus vastes que ceux de la vieille Europe ; il
élève, en un demi-siècle, des capitales qui peuvent ri-
valiser avec celles que l'ancien monde a mis deux
mille ans à bâtir.

Ces bienfaits lui préparent probablement une durée qui doit dépasser de quelques générations la durée du catholicisme ; mais, comme ce dernier, il
commence à peser sur les peuples, il devient intolé-
rant : il aboutit dans le nord de l'Allemagne au pié-
tisme ; en Angleterre il s'est rallié à l'épiscopat ; il
touche à sa décadence, qui sera d'autant plus rapide
qu'il se montre réfractaire aux différentes formes de
l'art.

Jusqu'ici les hostilités n'ont pas encore éclaté entre

(1) Voyez *l'Enseignement du peuple*, par M. E. Quinet.

le protestantisme et la science ; mais la guerre est ouverte depuis longtemps entre la science et les religions romaine, grecque et mahométane. Quant
au judaïsme, c'est une doctrine morte, et qui ne
compte plus, depuis bien longtemps, dans la vie des
peuples.

Si l'on fait le bilan des religions européennes,
comme principe civilisateur, en additionnant les degrés de richesse, d'instruction et de moralité qu'elles
ont donnés à leurs sectateurs, on trouve que la plus
mauvaise est le mahométisme : autour de lui ne se
font que des ruines ; aussi la science, intronisée à
Constantinople, malgré les vieux préjugés et la paresse des populations musulmanes, fait-elle chaque
jour des progrès : elle se prépare de ce côté un vaste
héritage.

Après la religion musulmane, viennent, comme
principe négatif, le papisme grec et romain. En voyant
ce que le premier a fait des vastes contrées qui bornent toute l'Europe à l'Est, en voyant ce que le second à fait de l'Italie, de l'Espagne, de l'Irlande et
de toutes les contrées où il domine, on ne sait à qui
accorder la prime de l'immoralité, de la servitude et
de la misère. La France a échappé à cet abaissement,
vers la fin du xviiie siècle, par le triomphe du matérialisme.

Dans une époque où les peuples, conduits par la
philosophie, tendent vers l'unité territoriale, politique,
économique et morale, peut-on faire cesser leur an

tagonisme tant qu'ils ont des religions, c'est-à-dire des mœurs et une législation distinctes? L'exemple de l'Irlande vis-à-vis de l'Angleterre, de la Pologne vis-à-vis de la Russie, des provinces danubiennes vis-à-vis de la Porte, de l'Algérie vis-à-vis de la France, répond suffisamment. La diversité des religions implique forcément les frontières, l'antagonisme et la guerre. Un moyen de faire cesser, non pas à toujours, mais pour un temps, cet état de violence et de demi-barbarie, serait de convertir le monde au christianisme réformé. Mais il suffit de voir le peu de prosélytes et de progrès que fait telle ou telle religion pour être certain que la prépondérance absolue de l'une d'elles est impossible ; on ne croit pas assez de nos jours pour vouloir changer la foi qu'on a reçue de son père : en France la moitié de la population ne croit plus au catholicisme, et cependant elle reste catholique, sinon de fait, au moins de nom.

Les religions représentent donc un antagonisme et une guerre indéfinis ; leur persistance est l'obstacle le plus redoutable que puisse rencóntrer le progrès ; elles sont devenues le fléau de l'humanité après en avoir été les bienfaitrices : elles doivent disparaître pour faire place à une croyance plus féconde et plus prospère.

C'est précisément parce qu'elles s'amoindrissent peu à peu que le vieux monde tend à disparaître : après cinq mille ans de domination, le principe religieux meurt de vieillesse ; il ne suffit plus à la marche de l'esprit humain ; les causes de sa naissance et de sa mort nous diront probablement quel principe doit lui succéder.

Il est évident pour tout observateur que l'origine de l'adoration, de la révélation, de la religion est la crainte de l'inconnu : la divinité chez tous les peuples est toujours une puissance patente ou occulte qui frappe les uns et favorise les autres; qu'elle se nomme Brahma, Manitou, Teutatès, Jupiter, Jéhovah, Jésus-Christ, Apis, fétiche, peu importe : plus l'ignorance est grande, plus les phénomènes inexplicables se multiplient, et plus la Divinité tend à se multiplier et à se matérialiser : mille causes de lésions entourent les hommes ; il leur est doux d'avoir sans cesse un protecteur à invoquer.

Incapables à l'état sauvage de rallier une série de phénomènes à une cause unique, ils adorent la flèche qui peut les blesser, la pluie qui leur donne des récoltes, l'arbre qui leur donne des fruits, la maladie qui peut les atteindre ; ils se font ainsi une collection de divinités dont les images sont appendues à leur cou en forme de collier ou renfermées précieusement dans un sac. Parmi ces dieux, il en est de bons et de mauvais : le sauvage adore surtout les mauvais, qu'il redoute ; mais il s'occupe peu des bons, parce qu'il n'a rien à en craindre.

Plus tard, quand l'esprit s'éclaire et saisit l'enchaînement des faits, quand du phénomène il remonte à la cause, il sort du fétichisme, et tend à adorer les agents généraux de la nature, tels que la lumière, la chaleur, l'eau, l'air, le feu, etc. : une fois dans cette voie, il ne s'arrête plus ; il abstrait les modes généraux de la matière, comme la force, la sagesse, la beauté ; il divinise tout ce qui dépasse son analyse incomplète ; le polythéisme est produit.

Cette religion est féconde, elle sort les peuples de l'enfance en ce qu'elle appelle leur esprit sur tous les grands faits qui régissent le monde. Elle divinise la matière aussi bien que sa forme et ses modes ; elle poétise la nature organisée et inorganique ; elle tend à développer les sciences et les arts. Mais son existence est de courte durée, parce qu'en développant l'astronomie elle détruit le culte du soleil, de la lune et des étoiles ; parce qu'en développant l'histoire naturelle elle détruit le culte des plantes, des animaux et des minéraux ; parce qu'en développant la médecine elle détruit le culte d'Esculape, etc. : le temps vient vite où les augures ne peuvent plus se regarder sans rire.

Dans le polythéisme, on ne peut guère demander aux dieux que les biens de la terre : or, il arrive souvent qu'un sectateur très-froid du culte de Cérès a des moissons magnifiques, tandis que celui qui multiplie les sacrifices voit ses blés ravagés par l'orage : la Divinité est ainsi surprise en flagrant délit d'impuissance ou de mauvais vouloir, et son culte en souffre beaucoup ; l'homme aspire alors vers une religion plus élevée. Il ne peut conserver des dieux impuissants ou toujours en guerre les uns avec les autres ; il se donne un maître unique, créateur et régulateur de la nature, source de toute puissance, seul dispensateur des biens de ce monde. Cet auteur de toutes choses doit être immense comme la nature, il doit avoir le don d'ubiquité, il doit être immatériel comme les forces abstraites : telle est la première origine du spiritualisme.

La bonté est forcément l'essence de ce Dieu unique, et le mal ne peut procéder de lui ; un être malfaisant devient alors nécessaire, le diable arrive sur la scène avec la mission de tourmenter le genre humain. Cette mission est si bien remplie, même envers ceux qui se dévouent au culte du bon Dieu et à l'exécution de ses commandements, que la répartition des biens de ce monde est évidemment contraire à toute justice : le mauvais nage souvent dans la prospérité, le bon est accablé par la misère ; une compensation devient nécessaire à qui ne veut pas nier la justice de Dieu. Où trouver cette compensation, sinon dans une vie meilleure ? et comment comprendre cette vie, sinon au moyen d'une portion immatérielle de notre être ? Si Dieu est incorporel, s'il pense et s'il agit dans l'éternité, pourquoi n'y aurait-il pas en nous un principe éternel de pensée et d'action ? La chose est d'autant plus croyable, que les bons pourront ainsi trouver une large compensation à leurs malheurs, et les mauvais une large compensation à leurs prospérités terrestres.

L'âme spirituelle et immortelle devient la conséquence d'un Dieu spirituel et immortel ; elle réalise l'aspiration instinctive de l'homme vers la durée, elle flatte son horreur de la mort : or, comme on croit facilement ce que l'on désire, la croyance à l'âme immortelle se propage et se maintient facilement parmi les peuples, malgré l'impossibilité où ils sont de comprendre ce que ce peut être.

Déjà les païens avaient admis un paradis sous le nom d'Élysée et un enfer sous les nom de Tartare : ce double séjour de délices ou de tortures était peuplé par des *ombres*, ou des âmes matérielles qu'on retrouve dans les croyances de presque tous les peuples livrés au paganisme ou au fétichisme. Il en est peu qui n'aient protesté contre la mort en imaginant une vie autre et meilleure que celle-ci ; le plus grand nombre a voulu, pour son paradis et son enfer, des récompenses et des châtiments en harmonie avec ses mœurs.

Le chrétien mystique a placé ses délices dans la contemplation éternelle de Dieu et dans les divins concerts des anges, des chérubins et des archanges ; l'Arabe amoureux a voulu, dans l'autre vie, des houris lascives et des désirs incessants ; l'Hindou n'a demandé qu'un repos absolu et une contemplation perpétuelle ; le Grec a rempli le séjour des ombres de bosquets ravissants, de ruisseaux de lait et de miel, de gazons verts, d'ombrages frais, d'air ambré, d'entretiens spirituels et d'une musique délicieuse. Le Colombien féroce veut dans l'autre monde des daims et des buffles pour sa chasse ; il lui faut un sentier de guerre à parcourir, des ennemis à combattre et à scalper.

Malgré la grossièreté de plusieurs de ces croyances, elles ont pour les peuples un invincible attrait, parce qu'elles sont en harmonie avec les mœurs : vainement vous démontrerez au Huron qu'il ne pourra chasser dans l'autre vie, puisqu'il n'aura ni pieds pour marcher, ni fusil pour tirer, ni couteau pour dépecer ; il vous dira qu'on mettra un fusil et un couteau dans sa fosse, qu'on égorgera un poulain sur sa tombe, et qu'il ne manquera ni d'armes ni de monture. Essayez de même de démontrer au musulman qu'une âme incorporelle est dans l'impossibilité physique ou mathématique d'avoir commerce avec une houri, qui ne peut elle-même avoir ni dents de perles ni yeux de gazelle, ni cheveux de soie ; le sectateur de Mahomet répondra que vous êtes un chien, et n'en croira que mieux aux voluptés promises par sa religion. Il est dans la nature de la foi de se roidir contre l'évidence, et de tenir d'autant plus à ses idées qu'elles sont plus incompréhensibles.

La création des paradis et des enfers a obtenu ce bon résultat d'établir, par la crainte et l'espoir, une digue aux terribles passions du sauvage : elle a fait considérer la vie comme un temps d'épreuve pendant lequel l'homme devait se rendre digne des voluptés promises, en suivant les prescriptions de celui ou de ceux qui tiennent les clefs du séjour des délices et de la douleur. L'espèce humaine s'est élevée en espérant

se survivre, elle est devenue plus éducable et plus
perfectible; elle a donné prise à ceux qui venaient
au nom de Dieu lui tracer une règle de conduite uniforme, lui imposer des lois, l'organiser, la gouverner,
la civiliser en un mot.

Voilà comment les religions ont été, pendant longtemps, le principe de toute civilisation; elles don-
naient aux peuples, sous des formes accessibles à des
intelligences encore débiles, le fruit des veilles et des
pensées des hommes supérieurs; puis, quand l'une
d'elles était dépassée par l'idée générale, elle faisait
place à une autre plus élevée et plus féconde. C'est
ainsi que jusqu'au xvi⁰ siècle les grandes religion ont
marqué les divers étages du progrès de l'humanité.
Mais à partir de cette époque l'enfant s'était transformé en homme, il n'avait plus besoin de lisières,
ses yeux voyaient à travers l'allégorie, il regardait
sous le mythe.

Son intelligence, en s'agrandissant, classait tout
une série de faits étrangers à la révélation, bien qu'ils
tiennent une large place dans la vie humaine : il
s'agit des faits physiques et d'histoire naturelle.

Une religion peut bien enseigner à l'homme le bien
et le mal, le juste et l'injuste, elle peut bien dominer
la conscience, mais elle ne peut dire ce que sont les
objets qui tombent sous les sens et dont les propriétés forment les principaux matériaux de l'intelligence. Quelle religion s'est avisée de classer les
minéraux, les plantes et les animaux; de dire com-

bien il y a de corps simples, ou de décrire les propriétés de la lumière, du calorique et de l'électricité ?

Nulle, à moins d'être la vérité absolue et de procéder réellement de Dieu, ne pouvait l'essayer sans
compromettre son infaillibilité par la découverte d'un
corps simple, d'un végétal ou d'un insecte micro-
scopique. C'eût été s'exposer à recevoir, dans une
année, plusieurs centaines de démentis.

Voilà donc les sciences astronomiques, physiques
et naturelles, c'est-à-dire une bonne part de l'intelligence, qui doit forcément échapper, par le seul
progrès de l'humanité, à toutes les révélations. Ces
sciences sont irrécusables, elles se basent sur l'observation des faits, sur l'évidence ; elles doivent forcément renverser tout ce qui se met en contradiction
avec elles.

Tant qu'elles reposent sur l'autorité et restent dans
l'enfance, il est facile à la révélation de les dominer ;
mais quand elles grandissent, quand des millions
d'intelligences leur apportent leur part de travail et
d'observation, quand elles puisent dans les mathématiques un agent d'exactitude irrécusable, elles
repoussent toutes les dominations, elles ne reconnaissent plus aucune tutelle.

On comprend qu'entre deux puissances ennemies,
dont l'une grandit chaque jour, dont l'autre reste
stationnaire, l'instant arrive où un conflit est inévitable ; la première cherchant toujours à s'agrandir
aux dépens de sa rivale, la seconde, en raison de son

caractère infaillible, étant incapable de supporter aucune rivalité.

Depuis longtemps les hostilités ont éclaté entre le principe scientifique et le principe de la révélation chrétienne ; le dernier a été le plus fort jusqu'à la fin du dernier siècle ; mais dès lors il a subi une série de défaites successives. En France et dans quelques contrées voisines, il a perdu ses richesses et la direction de la société ; il a dû admettre la liberté des cultes et la libre discussion, qui tôt ou tard doit le détruire. Cependant sa puissance est encore formidable : lié, par principe et par solidarité d'intérêt, à l'élément monarchique, à l'autorité de droit divin, il domine d'une façon absolue tout l'est et la plus grosse part du centre de l'Europe ; il sent que l'heure décisive approche, que le temps lui ôte ses forces, et qu'une victoire prompte et complète peut seule le maintenir. Aussi se fait-il belliqueux ; il arme de toutes parts.

Sans être prophète, on peut prédire que tous ces efforts seront superflus ; rien ne peut raviver une révélation vieillie ; ses soldats deviennent des transfuges ; elle se blesse avec ses propres armes ; elle doit être forcément vaincue.

Reste à savoir qui doit lui succéder. Ce ne peut être une autre révélation, parce que nulle religion ne peut s'installer en face de la science actuelle ; les tentatives de Saint-Simon et de cent autres en sont une preuve suffisante ; ce ne peut être évidemment que l'élément scientifique. Mais est-il en position de diriger la société ?

Pour décider cette question, deux choses sont à considérer : l'état des peuples et l'état de la science. Cette dernière, dans ses luttes avec la révélation, a, depuis longtemps, habitué les hommes au doute : la guerre de plume qui dure depuis plusieurs siècles a mis à jour tant d'impostures et d'erreurs, a rectifié tant d'assertions fausses, qu'il en est résulté un scepticisme général.

Notre époque offre ce curieux spectacle d'incrédules maintenant et soldant avec soin des cultes que tous ont combattus et raillés au nom de la science et de la philosophie. Il en est résulté une hypocrisie officielle, dont chacun se dédommage dans l'intimité.

L'homme, privé d'une direction morale, est devenu égoïste ; les seules puissances qui le dominent sont ses intérêts matériels ; les besoins de la vie quotidienne ont amené le triomphe de l'économie politique, seule philosophie des temps modernes.

Du désir de la richesse, auquel la croyance ne fait plus équilibre, naît l'improbité, qui échappe à la loi écrite, parce qu'elle a dompté la loi morale ; tout devient marchandise et trafic : dans le mariage il n'y a plus qu'un contrat et une dot ; dans l'amour il n'y a plus que du luxe et de la volupté ; dans les fonctions publiques on ne recherche que l'aisance ; dans les arts et les travaux intellectuels on ne voit qu'un moyen de s'enrichir. Au fond des campagnes comme au sein des grandes villes, il n'existe qu'une passion vivace, l'amour du lucre ; seule elle maintient les membres épars du corps social.

Mais si l'or tend à réunir les hommes sous l'étroit portique du palais de la fortune, il produit la foule au milieu de laquelle beaucoup tombent et disparaissent, écrasés qu'ils sont par les pieds d'un voisin, d'un ami, d'un frère. Nul n'arrive sans entendre murmurer autour de lui des malédictions. Il s'est fait des ennemis pour acquérir la richesse et la richesse lui fait des envieux, la pire espèce d'ennemis.

Pauvres et riches se détestent, l'un veut prendre et l'autre garder ; leur vie s'épuise en des luttes incessantes : l'un est dévoré par la misère, et l'autre par la peur ; l'un meurt de l'abus du superflu, l'autre meurt du manque de nécessaire. La haine est partout, l'amour nulle part.

Il est bien peu d'hommes qui ne sentent la nécessité d'une solution pour sortir d'un tel état de malaise ; aussi notre temps est-il l'ère des révolutions et des systèmes, sans que la solution soit encore trouvée.

La plupart des penseurs cherchent dans le passé un guide pour l'avenir, et étudient l'histoire, dans l'espoir d'y trouver un principe de régénération pour l'humanité. Ils voient que les dogmes de Brahma, de Jéhovah, de Jésus-Christ, de Mahomet et du paganisme lui-même ont été à tour de rôle un principe social, et les voilà qui s'évertuent à créer un dogme héritier et successeur de tous les autres. Saint-Simon et Fourier se sont faits prophètes; leur exemple a trouvé plus d'un imitateur, et ce siècle a vu éclore cinq ou six religions qui toutes ont la prétention de mener l'humanité à une ère de prospérité jusqu'ici inconnue.

Dans ces dogmes nouveaux se trouvent de grandes et belles vérités, et cependant elles n'ont guère de sectateurs; leur tort est d'être énoncées sous forme de révélation et d'avoir revêtu un costume religieux : le temps des prophètes est passé, et désormais celui qui se mêlera de prophétiser sera traité d'imposteur.

Pourquoi, en effet, vouloir instituer une religion nouvelle ? le christianisme n'est-il pas suffisant ? ne contient-il pas les principes de la morale la plus sublime et la plus féconde ? n'a-t-il pas pour lui l'autorité de dix-huit siècles et d'une foule de noms éminents ? Il suffit d'en émonder ce qu'il tient des temps de barbarie, et on a la meilleure religion qu'il soit possible d'imaginer.

Bien des hommes ont raisonné de la sorte : sous le nom de néochrétiens, ils ont rectifié la religion de Jésus-Christ ; ils ont voulu *l'élever à la hauteur des besoins de l'époque ;* ils ont rassemblé quelques centaines de disciples ; mais le peuple n'a pas voulu les entendre ; il n'a vu dans leur tentative qu'une preuve de la décrépitude du christianisme.

A côté de ces novateurs qui veulent révéler et persuader au nom de l'autorité, il est des hommes à la tête desquels il faut placer Proudhon, qui veulent régénérer l'humanité par le fait seul de la science.

Ils ne prétendent pas tracer le cadre dans lequel doit être enfermée la société ; ils ne veulent établir ni un sacerdoce, ni des castes, ni des classes ; ils laissent de côté la divinité, ils ne s'occupent pas des cérémonies religieuses : leur but est de multiplier l'instruction et la richesse ; leur moyen est la liberté, le travail et le crédit.

Ces hommes, connus plus particulièrement sous le nom de socialistes, sont dans le vrai si l'on en juge par l'avidité avec laquelle leurs paroles sont recueillies par les peuples : leurs doctrines font chaque jour des progrès ; elles se répandent aussi bien dans les campagnes que dans les villes, et la cause en est facile à saisir : elles ne *révèlent* pas, mais elles *prouvent* les moyens d'obtenir le bien-être, de faire cesser l'ignorance, la misère et la faim. Ces moyens exigent un large développement des institutions démocratiques, et la démocratie fait, malgré l'opposition la plus soutenue et la plus énergique, des progrès continuels. Elle rassemble autour d'elle tout ce qui souffre et aspire à des temps meilleurs.

Cependant de grandes lacunes existent dans le socialisme, et il n'a pu encore remplacer de toutes pièces la révélation chrétienne. Celle-ci embrasse l'homme entier ; elle tient le corps et l'âme, l'intelligence et la conscience, les besoins physiques et les besoins moraux ; elle dirige l'individu, la famille, la nation ; elle s'assied au foyer et trône sur la place publique ; elle donne une solution à la vie et à la mort.

Le socialisme, au contraire, ne sait donner que le bien-être, le travail et la liberté. Vous chercherez inutilement en lui la solution définitive du problème de l'humanité; le principe qui doit instituer et manifester une morale, un droit, une législation; la croyance qui doit alimenter le sentiment des arts; la loi qui doit diriger les rapports sociaux. Telle est la confusion, à cet égard, que certains socialistes aboutissent à une réglementation générale et absolue de l'humanité, au communisme et au despotisme des majorités, tandis que certains autres arrivent à la liberté absolue, à l'absence de l'autorité et du gouvernement, à l'essor complet de l'individu et de la famille.

De telles divergences accusent un manque d'unité et de similitude dans les principes, car la logique de l'idée est fatale ; son point de départ étant fixé, elle arrive forcément au but, et ne peut dévier ni à droite ni à gauche. Si les socialistes partaient du même point, tous arriveraient au même but.

Par malheur, ils sont loin de prendre une base unique pour l'érection de leurs doctrines; les uns ne voient dans l'homme que l'unité de production et de consommation ; ils rassemblent les unités, les organisent en société, décrivent admirablement les moyens de les nourrir, de les vêtir, de les loger, de les instruire même, de la façon la plus économique et la plus profitable ; mais ils oublient de donner une direction à l'âme, ils oublient de faire une place à la multitude des sentiments. La famille elle-même, qui n'est plus l'unité sociale, mais une série de fractions irrégulières, ne trouve pas place dans leur système ; ils ne savent qu'en faire, ils tendent à la détruire.

D'autres raisonnent différemment: au lieu de partir des besoins matériels de l'homme, ils partent d'un principe abstrait, tel que liberté, anarchie, antago- nisme, et subordonnent toute leur constitution sociale à une abstraction. Ce qu'ils disent est vaste comme l'idée abstraite, séduisant comme l'absolu, mais a le tort d'échapper au peuple. Substituer la liberté à l'autorité, la métaphysique à la révélation, c'est cer- tainement progresser ; mais ce n'est pas satisfaire l'esprit, ce n'est pas acquérir de la stabilité ; c'est livrer les doctrines aux continuelles fluctuations de la polémique et de la philosophie ; c'est se tenir en dehors de l'esprit du peuple, qui ne comprend que la logique des faits ; c'est se mettre dans l'impossibilité de rallier tous les esprits par la toute-puissance de l'évidence. Le fait expérimental et mathématique est seul évident ; lui seul doit amener un jour l'unité socialiste. Disons-le encore, cette unité n'existe pas ; la vérité n'est entrevue que par portions ; et le malheur des temps actuels, c'est que le principe de la société établie est sur le point de succomber et de provoquer sa chute par la violence, quand le principe de la so- ciété future est hors d'état de profiter de l'héritage qu'il convoite et qu'il attend.

Si la grande révolution que chacun prévoit devance l'époque où le socialisme aura trouvé l'unité scientifique, les luttes et les plus grands malheurs menacent les peuples : dix écoles se partageront les esprits, les cœurs et les bras ; elles recommenceront le conflit de 93, qui tenait au manque d'unité dans les vues des républicains.

Est-il donc impossible de sortir du principe abstrait, et de retrouver pour la société future le fait destiné à produire l'unité, comme Dieu et la révélation représentent l'unité dans la société actuelle ? C'est ce que ne peut admettre l'homme qui a foi dans l'avenir. Il sent que les vues différentes en apparence, mais nées du besoin d'innovation qui presse la génération présente, doivent se rallier à un point unique ; ce point, il peut déjà l'entrevoir dans les travaux de quelques contemporains, parmi lesquels il faut placer M. Auguste Comte en première ligne ; ce point est l'être humain, c'est l'homme.

Du moment où, par le progrès des sciences physiques, l'homme ne se sépare plus du reste de la nature ; du moment où la géologie détruit en lui l'idée de création, du moment où l'astronomie lui montre son être infime en présence de l'immensité du monde, du moment où il ne peut plus se considérer comme le but et la fin de tout ce qui existe, il perd le sentiment de son éternité ; il ne doit plus compter sur la partialité de Dieu à son égard ; il retombe dans les conditions d'existence des autres êtres vivants, il partage avec eux le bienfait des lois géné-

rales de la nature ; pour améliorer son sort et perfectionner sa race, il ne peut plus compter que sur lui-
même ; il doit chercher dans ses forces et ses aptitudes
les éléments de son bonheur.

La révélation étant éliminée des destinées humaines,
et Dieu n'y étant représenté que comme l'ensemble
des lois de l'univers, le socialisme n'a plus à rechercher sa raison d'être que dans l'homme.

Si, d'une autre part, la vie actuelle et physiologique
est seule admise comme composant l'existence humaine, si aucune parcelle de cette existence n'est
sacrifiée à une autre vie hypothétique, le problème
socialiste se simplifie encore, il consiste dans les
moyens d'accumuler sur chaque individu la plus
grande somme de jouissance compatible avec l'organisme ; il devient le problème du bonheur, et sa solution implique la recherche de toutes les causes de
félicités.

Dans cette recherche, le philosophe reconnaît bien
vite que tout plaisir vient d'une fonction, que toute
fonction est l'action d'un organe. Étudier l'organe
et la fonction est donc une des premières nécessités
de la science du bonheur. Mais l'action organique
implique très-souvent le monde extérieur, la machine
humaine subit sans cesse l'influence du reste de la
nature, et l'étude des sciences naturelles devient
obligatoire pour qui veut comprendre ou indiquer le
mécanisme de l'organisation sociale.

Tracer à l'humanité la route du bonheur, c'est

indiquer les moyens de donner à la machine humaine tout le développement et toute la longévité qu'elle comporte; c'est mesurer la part qui revient à chaque fonction pour qu'elle ne produise pas une lacune par son absence, ou n'absorbe pas une autre fonction par son excès; c'est développer au plus haut degré l'être physique, moral et intellectuel; c'est stimuler l'activité autant que le comporte la santé; mais c'est surtout placer les hommes dans des conditions telles que leurs aptitudes, loin de se nuire et de se neutraliser les unes par les autres, trouvent sans cesse un auxiliaire et un appui dans les aptitudes voisines. Pour nous résumer, disons que l'organisation scientifique de l'humanité comporte, en première ligne, la science de la nature, la science du corps et la science de l'âme, et que c'est pour les avoir négligées que la civilisation a fait fausse route et a abouti aux impossibilités actuelles.

Est-ce à dire que ces sciences soient complètes et en position de donner le dernier mot des destinées humaines? Nullement; mais elles sont assez avancées pour servir de base à une belle civilisation. D'ailleurs, si elles sont incomplètes, il appartient à notre temps de les compléter; les matériaux sont prêts, il suffit de les employer. Grâce aux magnifiques travaux de MM. Flourens, Serres, Foville, Bérard, Longet, Valentin, Magendie, Mars-Hall, Rostan, Broussais, Muller et cent autres, il est possible de rapporter aux organes non-seulement certaines fonctions indispen-

sables au maintien de la vie, telles que la respiration,
la circulation, la digestion, etc., mais encore de faire
de l'idée et du sentiment un acte organique.

L'anatomie et la physiologie, en décrivant la machine humaine, sont désormais en position de montrer que la série des facultés attribuées jusqu'ici à un
être idéal ne sont que des fonctions très-compréhen-
sibles. L'âme humaine tout entière s'explique par la
disposition du système nerveux ; elle n'est plus que
le côté affectif et intellectuel des fonctions cérébrales,
son ampleur ou son étroitesse est calquée sur l'ampleur et l'étroitesse du cerveau : l'homme avec toute
sa puissance ne sort pas des lois générales de la
nature, la perfection de ses organes explique seule
la supériorité de ses facultés.

Mais cette science de l'âme qui tend à se substituer
à une hypothèse, est entre toutes la plus difficile et
la plus ardue : elle suppose, outre l'ensemble des
sciences physiques et naturelles, l'anatomie et la
physiologie, dont l'étude est si longue, si difficile et
souvent si répugnante ; elle suppose une série de
connaissances que la moitié d'une vie d'homme suffit
à peine à acquérir.

Telles sont les raisons qui ont maintenu si longtemps les doctrines les plus erronées sur l'humanité ;
la philosophie, étrangère au mécanisme des fonctions
intellectuelles ou affectives, s'est retranchée dans
l'hypothèse de l'âme chrétienne, qui se pliait mieux
à une étude de cabinet et à des divisions abstraites.

De même les anciens philosophes trouvaient commode de donner une théorie du monde au moyen de quatre éléments, l'eau, la terre, l'air et le feu ; ils faisaient un roman cosmogonique ingénieux, mais bien différent de ce qu'a produit la science moderne.

Celle-ci, pour avoir l'histoire de la terre, a dû s'appuyer sur les sciences physiques, chimiques, astronomiques et sur l'histoire naturelle ; la philosophie, pour avoir l'histoire de l'homme, doit s'appuyer sur les mêmes sciences, et y ajouter, en outre, l'anatomie et la physiologie.

Que les métaphysiciens entrent résolûment dans cette voie, et je crois pouvoir affirmer qu'en un demi-siècle ils seront en mesure de donner une théorie complète et scientifique de l'humanité ! La révélation étant pour jamais détrônée, l'unité de croyance deviendra complète et forcée ; une révolution immense se fera dans le monde.

D'une théorie de l'humanité sortira, avec l'exactitude d'une équation mathématique, la science du bien et du mal, qui saisira les esprits et pourra s'enseigner comme la physique et la géométrie. De même les droits de l'homme seront inscrits dans ses organes et ne pourront être niés ; chacun obtiendra forcément la place qui lui revient dans ce monde ; le socialisme deviendra l'hygiène de l'intelligence et de la conscience.

Depuis longtemps déjà ces idées me poursuivent ; je les retrouve éparses dans les écrits et les paroles de mes contemporains ; il me semble qu'une histoire naturelle de l'humanité est nécessaire au progrès de la société actuelle, ou plutôt à l'installation de la société à venir.

Ma vie est consacrée à cette entreprise, dont je ne me dissimule ni les difficultés ni les causes d'insuccès ; il va falloir aborder un sujet neuf, où les antécédents manquent complétement, décrire des organes nombreux, et faire comprendre aux gens du monde que les actes intellectuels les plus compliqués ne sont qu'une simple fonction cérébrale.

Au milieu de ce dédale de la vie humaine, il est nécessaire, sous peine de diffusion, d'établir un ordre absolu et complet, applicable au physique et au moral, qui sont la conséquence l'un de l'autre. A la suite de l'ordre doivent venir la simplicité et la clarté ; seules elles peuvent rendre accessibles à toutes les intelligences des études réservées d'ordinaire aux médecins.

Un mot de Gœthe, qui reprochait à la science de s'envelopper d'un voile épais d'érudition, de néologisme et de descriptions interminables, m'a fait négliger les citations, les minuties et les termes spéciaux si fatigants pour les personnes étrangères aux langues anciennes. Mon seul but a été de dévoiler les arcanes scientifiques, de les vulgariser : nulle préoccupation littéraire n'est venue m'entraver. J'ai voulu avant tout être logique et clair.

Pour écrire l'histoire naturelle de l'humanité,

c'est-à-dire pour rechercher dans l'organisme, mis en présence de la nature, le secret de nos destinées, il était nécessaire de ne pas isoler l'homme du reste de la matière vivante ou inanimée, et de montrer quelles différences ou quelles conformités se trouvent entre leurs existences. Parler de la matière inorganique avant d'étudier la matière organisée, avait encore l'avantage d'habituer l'esprit à la pondération des lois qui régissent la nature : c'était le faire passer du simple au composé; c'était acquérir pour les études ultérieures une base mathématique et irrécusable.

Telles sont les raisons qui tout d'abord m'ont fait jeter un coup d'œil rapide sur la matière, sur les forces générales qui la régissent, sur ses différentes formes, enfin sur sa composition intime.

De là, j'ai dû passer à une histoire succincte du globe et des révolutions qu'il a subies.

Les roches, les cristaux et les strates m'ont conduit par une pente naturelle aux végétaux, aux premiers échelons de la nature organisée. La vie, limitée d'abord à la nutrition, s'est peu à peu compliquée dans l'examen des plantes; elle a embrassé des phénomènes de circulation, de respiration, d'assimilation et de reproduction ; l'irritabilité et la motilité ont commencé à se montrer pour acquérir tout leur développement chez les animaux; ces derniers ont comblé par une gradation insensible tout l'espace compris entre une sensitive et l'être humain dans son développement le plus puissant.

Arrivé à l'homme, j'en ai fait aussi rapidement qu'il m'a été possible l'exposé anatomique et physiologique. La division adoptée a été celle de Bichat. J'ai admis des organes et des fonctions de la vie végétative, des organes et des fonctions de la vie animale. Cette classification a l'avantage de correspondre à l'existence de deux systèmes nerveux et à la division de l'âme en intelligence et conscience.

La vie animale ou de relation a embrassé l'étude du cerveau et des nerfs qui en dépendent, puis l'étude de l'appareil moteur et des organes des sens.

En parlant du tact, j'ai esquissé rapidement les propriétés des solides et du calorique qu'il explore; l'étude du goût a entraîné l'énoncé des propriétés des liquides; de même les gaz ont été examinés avec l'odorat, la lumière avec la vue, les sons avec l'ouïe. Il en est résulté un tableau à peu près complet des sensations et de leur mécanisme.

L'étude des fonctions végétatives a été précédée de l'examen du grand sympathique; puis sont venues : 1° la circulation, à laquelle se sont rattachées l'absorption, la nutrition et la sécrétion; 2° la respiration, qui a compris la calorification et la production de la voix et de la parole; 3° la digestion, d'où dépend l'assimilation et l'excrétion; 4° enfin la génération, à laquelle se rapportent le rapprochement sexuel, la gestation et la parturition.

En exposant le mécanisme de chacune de ces fonctions, j'ai noté avec soin les instincts qui s'y rattachent, et j'en ai tracé le tableau après avoir trouvé dans les organes des sens le tableau des sensations.

Après l'étude du corps est venue celle de l'âme ; sa définition a été *ce qu'il y a d'intellectuel et d'affectif dans l'humanité*, autrement dit, la réunion de l'intelligence et de la conscience.

J'ai dû démontrer comment la centralisation nerveuse, représentée par le cerveau et ses annexes, était l'origine du moi ; comment les sensations, en pénétrant jusqu'au moi, devenaient idées ; comment les idées, en tombant dans le domaine des facultés inhérentes à l'organisation cérébrale, devenaient l'intelligence.

Un travail analogue a expliqué l'origine de l'instinct, sa transformation en sentiment par son accès vers le moi, et la réunion des sentiments dans la conscience.

L'intelligence ou l'idéologie ne demandait pas de grands développements, parce qu'elle a été explorée dans ses détails les plus minutieux pendant le dernier siècle ; mais la conscience demandait l'attention la plus soutenue ; la plupart des philosophes en font à peine mention ; et si on en excepte Gall et Spurzheim, commentés par Lélut, bien peu ont tenté une classification des sentiments.

En faisant naître ces derniers des organes, il me fut facile de les passer successivement en revue et de les classer par ordre, de montrer comment les appareils répartis dans tout le corps donnent lieu à des

sentiments généraux, tandis que les appareils restreints donnent lieu à des sentiments partiels.

Plusieurs appareils concourant au même acte
donnent lieu à un sentiment complexe.

La sensation concerne toujours le monde extérieur ; l'instinct est plus intimement lié au monde
intérieur : la première est de sa nature indifférente,
le second implique toujours une impulsion vers un
acte déterminé. Cette impulsion est positive dans le
principe ; mais elle tend à devenir négative à mesure
qu'elle trouve satisfaction. C'est ainsi que la faim a
un caractère positif tant qu'elle représente une tendance vers l'alimentation, tandis qu'elle prend, sous
le nom de satiété et même de dégoût, un caractère
négatif, quand elle devient une répulsion pour les
aliments.

Plus le côté positif d'un instinct ou d'un sentiment
a d'énergie, plus son côté négatif peut devenir énergique ; s'il n'en était pas ainsi, le moi serait envahi
par le sentiment le plus impérieux, et les autres,
n'ayant jamais un instant de prépondérance, ne pourraient obtenir satisfaction ; ils seraient comme non
avenus. Mais du moment où l'impulsion intérieure,
la plus énergique, s'affaiblit en se satisfaisant, elle
perd de sa prépondérance, et fait place à une autre
qui domine à son tour pour être remplacée par une
troisième, etc. Chaque sentiment peut ainsi obtenir
son moment. Il arrive même que plusieurs, quand
ils concourent au même but, s'allient pour lut-

ter contre leurs rivaux et devenir prépondérants.

La force des instincts ou sentiments est toujours en raison directe de leur utilité, soit pour la conservation de l'individu, soit pour la conservation de l'espèce. La faim, par exemple, et le besoin de respirer sont autrement impérieux que le sentiment de l'art ; ils domptent dans un temps fort court les volontés les plus rebelles ; le moi est continuellement tenu de leur céder ; et tant qu'ils persistent, aucune autre impulsion intérieure ne peut se produire ; mais quand ils sont satisfaits, le champ est libre pour les autres instincts, qui, moins impérieux, peuvent s'équilibrer les uns par les autres sous l'influence de la volonté. Cette pondération est l'origine de la liberté humaine, qui s'accroît avec la satisfaction constante des besoins liés à la conservation de la vie, qui diminue, au contraire, avec la non-satisfaction et la persistance de ces besoins.

A mes yeux, la conscience est le véritable livre des destinées humaines : en ce livre se trouvent inscrites les lois morales et sociales de l'humanité : si tant de maux rongent les peuples, c'est que les philosophes n'ont pas su le lire ; ils ont cherché dans l'infini, dans les profondeurs de l'espace, des vérités qui étaient sous leur main, qu'ils portaient inscrites en eux-mêmes. Ils s'ignoraient, et ils ont voulu connaître la Divinité, préjuger ses intentions, la mesurer et assigner des limites à sa puissance. Questions oiseuses et stériles qui, de plus, ont inondé la terre de sang !...

Au lieu de chercher dans l'utopie l'intention de ce que vous nommez le Créateur, sachez la trouver dans l'expérience et la découvrir dans les êtres ; pratiquez le précepte inscrit il y a trois mille ans au fronton du temple de Delphes : Γνῶθι σεαυτὸν (connais-toi toi-même).

LIVRE PREMIER.

LIVRE PREMIER.

CHAPITRE PREMIER.

Matière inorganique.

Tout ce qui a une place dans ce monde, tout ce qui est limité, tout ce qui a longueur, largeur et épaisseur, tout ce qui frappe nos sens porte le nom de *matière* : au contraire, on nomme *espace* ce qui est supposé entre les portions de la matière et ce qui est mesuré par elle. L'espace ne pouvant être compris avec des limites, n'a pas de forme, pas de bords, pas de centre, pas de côtés : par rapport à lui-même ses divers points sont indifférents, puisque nous ne pouvons comprendre aucun d'eux plus rapproché du centre ou de la surface qu'un autre.

L'espace est partout et nulle part, c'est l'infini et ce n'est rien ; ses définitions positives portent avec elles incohérence et contradiction ; l'espèce humaine ne peut en avoir d'idée réelle ; elle ne peut s'en faire qu'une idée abstraile et négative ; pour elle c'est l'opposé de ce qui existe, c'est le néant.

Pris en lui-même, l'espace n'a et ne peut avoir aucune valeur ; il n'est qu'un mot utile tout au plus à éterniser certaines discussions philosophiques dans lesquelles on n'a pas voulu s'entendre ; mais annexé à la matière, il prend une valeur positive quoique toujours abstraite : il devient *distance* quand il mesure l'éloignement des agglomérations matérielles ; il devient *dimension* ou *étendue* quand il mesure leur longueur, leur largeur ou leur épaisseur.

La matière occupant successivement différents points de l'espace donne lieu au mouvement : cependant le mouvement ne peut être constaté que si les portions de matière se rapprochent ou s'éloignent : il est toujours le résultat d'une comparaison.

Supposons que la terre reste seule dans l'espace et le parcoure avec une vitesse de plusieurs millions de lieues à l'heure : nous établissons ainsi le mouvement d'une façon philosophique et ne pouvons le nier ; cependant il n'existera ni pour l'astronome ni pour le physicien : l'un et l'autre n'auront aucun moyen de constater son existence ; la terre ne présentera par elle-même aucune modification ; elle ne changera rien dans l'espace, puisqu'elle ne pourra s'éloigner d'un de ses points pour s'approcher d'un autre ; physiquement le mouvement n'existera pas : nous arrivons à l'absurde. Cet exemple a été choisi pour montrer combien l'expression abstraite et la discussion peuvent impliquer de contradictions et propager d'erreurs. Leibnitz et Newton, ou plutôt Clarke, ont discuté longuement sur l'espace et le mouvement sans pouvoir ni se convaincre ni s'entendre : tous deux avaient raison à leur point de vue ; seulement l'un faisait de l'espace une réalité, et l'autre une abstraction.

Pour nous, qui définissons l'espace l'opposé de ce qui existe, le rien, nous sommes obligés de définir le mouvement *l'éloignement ou le rapprochement des diverses portions de la matière.*

Cette définition coupe court aux discussions stériles : elle est, en outre, plus en harmonie avec les sciences physiques, qui tendent à démontrer que l'espace pur, le vide, l'opposé de la matière n'existe nulle part. Entre les astres, et en dehors de leur atmosphère, la théorie des vibrations lumineuses, qui domine aujourd'hui dans la science, admet forcément l'éther ou le fluide lumineux ; la projection en arrière de l'atmosphère des comètes indique bien que ces astres trouvent dans leur course une certaine résistance : or le fluide lumineux, l'éther, qu'il soit à l'état latent ou vibrant, ne peut être considéré comme autre chose que de la matière.

Du moment où nous supprimons le vide absolu, nous admettons que les corps ne peuvent se mouvoir sans déplacer quelques particules matérielles ; le mouvement ressemble toujours à la progression d'un poisson dans l'eau ou d'un oiseau dans l'atmosphère.

Supposer le transport de la matière dans le vide, c'est admettre ce qui n'existe pas et ce qui ne peut pas exister, c'est se créer une difficulté pour avoir le plaisir de la résoudre ; c'est élever un moulin à vent afin de renouveler l'un des plus fameux exploits du chevalier de la Manche.

Ce qui vient d'être dit pour l'espace peut en grande partie s'appliquer au *temps ;* et de même que le premier n'existe qu'à la condition d'être mesuré par la matière, de même le second n'existe qu'à la condition d'être mesuré par des phénomènes. Supprimez les astres et les mondes, une seconde et l'éternité deviennent une seule et même chose.

Formes de la matière.

Quatre formes principales sont affectées à la matière : elle peut être solide, liquide, gaz et fluide impondérable ; dans cette progression décroissante, les molécules adhèrent de moins en moins entre elles à mesure que décroît la force appelée *cohésion* par les physiciens. Cette force est à son summum dans un morceau de diamant, et à son minimum dans le fluide électrique (1). Grâce à ses divers degrés, les portions de matière peuvent se mouvoir en se déplaçant ; elles peuvent être aussi mesurées ; si elles avaient toutes la même forme, l'immobilité existerait dans le monde, et l'infini dans la matière ; la mort serait partout et la vie nulle part.

La prédominance des fluides impondérables et la place immense qu'ils occupent permettent l'isolement des solides, des liquides et des gaz : elles permettent, en outre, les révolutions des astres et l'existence des mondes séparés.

Propriétés générales de la matière.

Il faut placer en première ligne *l'étendue*, déjà mentionnée dans la définition, et qui semble être l'essence même de la matière. Toute particule matérielle a nonseulement une forme, mais encore une dimension ; elle

—————

(1) Il ne faut pas confondre avec la cohésion la ténacité, la ductilité et la résistance, qui sont d'autres propriétés de la matière.

occupe dans le monde une place qui n'appartient qu'à elle, et ne peut être en même temps occupée par une autre; si bien que la propriété d'*étendue* implique la propriété d'*impénétrabilité*.

Appliquée à la matière en général, abstraction faite des *formes*, l'étendue absolue donne l'idée de l'infini : l'esprit humain ne peut pas comprendre que l'univers ait une limite, et cependant il ne peut embrasser que ce qui est limité; vainement il se fatigue à trouver une borne, une fin; vainement il accumule les mondes derrière les mondes, la matière étendue se présente toujours; c'est alors que l'idée de Dieu apparaît à travers l'immensité.

Autre est l'*étendue relative*, qui non-seulement limite les portions de la matière, mais détermine encore leur figure : elle est facilement embrassée par l'esprit humain; elle est la base des sciences géométriques.

Une seconde propriété générale de la matière est la divisibilité, ou l'aptitude à se séparer par fragments jusqu'à l'infini : la science, cependant, admet une molécule indivisible qui porte le nom d'atome.

Enfin, il reste à citer l'*attraction*, propriété essentielle de chaque particule matérielle, et dont Newton a formulé la loi en affirmant qu'elle est en raison directe de la masse, et en raison inverse du carré de la distance. En se limitant à la terre, elle prend le nom de pesanteur; elle exprime la force qui détermine la forme globuleuse de notre planète, et lutte contre la force centrifuge produite par le mouvement de rotation. Que la pesanteur cesse un instant de se faire sentir, et tout croulera à la surface de la terre! les rochers, les montagnes, les mers, les plantes et les animaux seront immédiatement projetés dans le ciel.

La pesanteur ou densité, très-énergique dans les solides et les liquides, décroît dans les gaz, où elle est obligée de lutter contre la force d'expansion, et devient nulle, ou plutôt impossible à constater, dans les fluides impondérables tels que la lumière, le calorique et l'électricité : cette dernière, cependant, a des propriétés attractives manifestes. Beaucoup de physiciens la considèrent comme cause de l'attraction et des mouvements divers qui s'opèrent dans le monde.

Telles sont les propriétés qui établissent philosophiquement l'existence de la matière prise d'une façon générale et abstraite. Mais il est des propriétés inhérentes à la matière considérée dans ses diverses parties et connue alors sous le nom de corps.

Des corps.

Ils sont solides ou fluides, pondérables ou impondérables, simples ou composés. On nomme corps simples ceux que la chimie ne peut plus décomposer, et dont les molécules ou atomes ont un aspect et des propriétés identiques. Les corps composés sont formés par la combinaison de plusieurs corps simples. Ces derniers sont dans l'état actuel de la science au nombre de 61, dont 46 métalliques et 15 non métalliques.

Corps simples non métalliques.

Oxygène.	Soufre.	Azote.
Hydrogène.	Sélénium.	Silicium.
Bore.	Iode.	Phthore.
Carbone.	Brome.	Arsenic.
Phosphore.	Chlore.	Tellure.

Corps simples métalliques.

Potassium.	Tantale ou colombium.	Étain.
Sodium.	Pélopium.	Cadmium.
Calcium.	Niobium.	Cobalt.
Baryum.	Antimoine.	Nickel.
Strontium.	Urane.	Molybdène.
Lithium.	Cérium.	Vanadium.
Magnésium.	Lantane.	Cuivre.
Aluminium.	Titane.	Osmium.
Yttrium.	Didyme.	Mercure.
Terbium.	Bismuth.	Rhodium.
Erbium.	Plomb.	Iridium.
Glucynium.	Zirconium.	Argent.
Thorinium.	Manganèse.	Or.
Chrome.	Zinc.	Platine.
Tungstène.	Fer.	Palladium.
	Ruthénium.	

Tels sont les *corps simples* ou *éléments* qui, dans l'état actuel de la science, composent la matière pondérée du globe terrestre ; ils sont doués de *cohésion* ou d'*expansibilité*, de *densité* et de *porosité*, d'*affinité*, de *solubilité*, d'*élasticité* et de *ténacité*.

Cohésion et *expansibilité*. Déjà mentionnée avec les diverses formes de la matière, la cohésion est la force qui fait adhérer les atomes entre eux : plus cette force augmente, plus la dureté des corps est considérable ; au contraire, quand décroît la cohésion, la dureté s'amoindrit jusqu'à la fluidité : alors la prédominance appartient à l'expansibilité, qui délie les atomes, les laisse rouler les uns sur les autres dans les liquides, les projette vers toutes les directions dans les gaz et surtout dans les fluides impondérables.

Malgré leur poids, ou même à cause de leur poids, les

molécules liquides tendent à rouler les unes sur les autres et à se rapprocher du centre de la terre, tant qu'elles trouvent de la pente et ne sont pas amenées au même niveau : seulement alors elles restent immobiles, et peuvent aisément être maintenues dans un vase ouvert par sa partie supérieure. Les gaz, au contraire, tout en étant soumis à la pesanteur, tendent à s'échapper dans toutes les directions, s'ils ne sont pas comprimés : ils ne peuvent être conservés qu'en des vases clos. Les fluides impondérables échappent à tous les obstacles et fuient dans toutes les directions ; la ténuité de leurs molécules fait qu'ils passent à travers les corps les plus serrés et les plus épais ; on ne peut conserver en vase clos ni le calorique ni l'électricité, qui se répandent librement à travers le monde.

Densité et porosité. Il est des corps dans lesquels les molécules sont très-rapprochées, alors ces corps sont *denses* ; il en est d'autres, au contraire, où les molécules sont écartées, on les nomme poreux : ceux-ci sont presque toujours légers ; les autres, au contraire, sont lourds, parce qu'ils accumulent dans un petit espace une grande quantité de molécules matérielles soumises à la gravitation ou pesanteur.

On ne peut constater aucun rapport entre la cohésion et la densité, entre la porosité et l'expansibilité ; car il est des corps très-durs, et cependant très-légers si on les compare à d'autres corps liquides et fort denses, comme le mercure, par exemple.

Si nous en croyons Laplace, la porosité des corps est énorme ; dans les plus denses, les pores occuperaient six milliards de fois plus d'espace que la substance du corps lui-même ; cette proportion augmenterait beaucoup dans les gaz.

Une des conséquences de la porosité est la compressibilité ou l'aptitude au rapprochement des molécules sous une pression extérieure. La compressibilité est toujours en raison inverse de la cohésion et de la densité, tandis qu'elle est en raison directe de l'expansibilité et de la légèreté. Un corps dur, quoique poreux, ne peut être comprimé ; il ne peut être qu'écrasé : un liquide fort dense est très-peu compressible, parce que la gravitation tient ses molécules rapprochées : au contraire, les gaz, qui sont à la fois très-peu denses et très-expansibles, sont susceptibles d'une compression excessive, et qui ne s'arrête qu'au moment où ils deviennent liquides.

Différentes causes peuvent faire varier la porosité des corps et accroître ou diminuer leurs dimensions : l'eau, par exemple, en s'introduisant en vertu d'une force qui porte le nom de *capillarité*, et qui tient à la porosité elle-même, entre les interstices de divers solides, mais surtout du bois, les dilate sensiblement. De même le calorique dilate les corps les plus durs ; son effet peut aller jusqu'à neutraliser l'action de la cohésion, et jusqu'à transformer les solides en liquides et les liquides en gaz ou vapeurs. Quand on mesure la quantité de calorique employée à la vaporisation d'un litre d'eau et l'énorme volume de la vapeur, on comprend jusqu'où peut aller la porosité des corps, et jusqu'où peut aller l'accumulation de fluide impondérable entre leurs molécules. Mais que les gaz ainsi dilatés viennent à être comprimés brusquement, leur calorique est aussitôt dégagé en quantité assez considérable pour que des corps très-combustibles puissent être enflammés. La compression de l'air atmosphérique a pu servir à organiser des briquets ; de même, en martelant certains métaux et en rapprochant leurs atomes, on expulse une grande quantité de calorique.

Affinité. La force qui tend à combiner les corps simples porte le nom d'affinité. Elle semble tenir à leur état électrique, et se manifeste avec toute son énergie quand leurs électricités s'attirent ; tandis qu'elle est nulle quand les électricités se repoussent.

Comme la combinaison des corps se fait d'atome à atome, il faut, pour que l'affinité se manifeste, que les molécules soient libres et puissent se séparer ou se mouvoir les unes sur les autres ; il faut, en un mot, que la matière soit à l'état fluide. Aussi la chaleur, par ses propriétés liquéfiantes, est-elle un moyen énergique de favoriser l'affinité. La lumière agit de même, mais avec une intensité beaucoup moindre.

Ce qui lutte avec le plus d'énergie contre l'affinité, c'est la cohésion : tant que les corps restent durs et solides, ils ne peuvent se combiner ; seule la solidité donne de la stabilité aux divers composés, tandis que la fluidité est l'origine de combinaisons et de décompositions incessantes.

Qu'on suppose un monde formé de corps solides, et on peut être certain que rien ne changera à sa surface! il ne pourra s'y trouver ni plantes ni animaux ; les roches n'y subiront aucune dégradation ; nul phénomène de composition ou de décomposition ne pourra être constaté ; ce sera la stabilité absolue au milieu du mouvement de progression qui semble commun à tous les mondes.

Grâce à l'attraction et à l'affinité, les corps ne sont pas inertes, comme on le croit et comme on le dit journellement : loin d'être inertes, ils ont leurs tendances, leurs antipathies, leurs répulsions ; on les voit rechercher un corps voisin, s'unir à lui jusqu'à confondre leurs existences, et composer un être nouveau qui lui aussi aura de nouvelles sympathies et des tendances nouvelles. Par l'affinité naissent chaque jour des milliers d'êtres, qui mourront demain en donnant naissance à des composés nouveaux ; par elle, la matière est dans un enfantement incessant ; par elle, la surface et les entrailles de la terre et des mers se peuplent et fourmillent ; par elle enfin, chaque molécule, chaque atome a une existence qui lui est propre et qui peut s'associer à des milliers d'autres existences. Jusqu'où peut s'étendre la série de transformations commandées par l'affinité ? c'est ce que l'esprit humain ne peut mesurer ni comprendre : cela touche à l'infini.

Solubilité. Une propriété qui vient constamment en aide à l'affinité est la *solubilité*. Elle permet à certains corps de désagréger leurs molécules, et de les disperser dans un fluide dont ils deviennent partie intégrante sans se combiner à lui. Le sel (chlorure de sodium) est tenu en dissolution dans l'eau de mer, où il garde la composition et la plupart des qualités qui lui sont propres : que l'eau vienne à être évaporée, et le sel se retrouve intact.

L'eau et les liquides peuvent à leur tour se dissoudre dans les gaz et dans l'air ; sous forme de vapeur, enfin des solides émettent dans l'atmosphère un grand nombre de molécules dont la présence difficile à constater par des moyens physiques et chimiques n'échappe cependant pas à l'odorat. Telle est la ténuité de ces molécules volatiles, qu'un gramme de musc peut remplir pendant plusieurs années un appartement de ses émanations sans perdre sensiblement de son poids.

La solubilité, en incorporant à l'eau ou aux gaz certains corps solides, leur donne une mobilité qu'ils ne possèdent pas par eux-mêmes, leur permet de se diviser jusqu'à l'infini, et leur fournit les moyens de se transporter où les appellent leurs tendances naturelles. Voilà pourquoi l'air et l'eau sont indirectement l'origine de tous les phénomènes de composition et de décomposition qui se passent à la surface du globe; voilà pourquoi ils sont pour les animaux et pour les plantes l'un des principes de la vie. Il serait merveilleux d'analyser ce que les brouillards, la pluie, les ruisseaux, les fleuves et la mer donnent d'animation à cette vie générale de la croûte terrestre! De même, l'atmosphère est la grande voie, le grand moyen de transport de particules organiques ou inorganiques, dont le nombre effraye l'imagination. L'analyse de la vie nous dira la part qu'y prennent l'air et l'eau : quant à présent, nous devons nous renfermer dans l'étude des corps non vivants.

Élasticité. C'est la force par laquelle un corps, après avoir cédé à une pression extérieure, tend à reprendre sa figure ou son volume primitif. L'élasticité varie dans les solides, les liquides et les gaz. Dans les solides, elle suppose soit l'aptitude à l'*extension*, soit l'aptitude à la *compression*, et, la plupart du temps, l'une et l'autre réunies. Quand on courbe un morceau de bois ou une tige d'acier en forme d'arc et qu'il n'y a pas rupture, évidemment cette courbure ne peut exister sans qu'il y ait traction et allongement des couches de bois ou de fer qui forment le côté convexe de l'arc, et sans qu'il y ait pression et raccourcissement des couches qui forment le côté concave. Que l'on rende libres les deux extrémités de l'arc, il reprend sa rectitude primitive avec d'autant plus d'exactitude, que son élasticité est plus considérable. Plus les corps résistent à l'allongement et au raccourcissement, plus ils sont *rigides;* au contraire, leur *flexibilité* est en raison directe de leur aptitude à s'allonger et à se raccourcir.

Il est des corps à la fois très-rigides et très-élastiques : tel est l'acier. Sa double aptitude multiplie son emploi dans les arts. D'autres corps sont très-flexibles, et n'ont pas une élasticité moindre : citons en première ligne le caoutchouc, dont l'usage s'accroît à mesure que se multiplient les moyens de le dissoudre et de le façonner.

En général, les corps rigides ne sont élastiques qu'à la condition d'avoir une extrême minceur; mais avec une ténuité suffisante, tous sont doués d'élasticité, parce que tous sont doués d'une extensibilité ou d'une compressibilité appréciable; s'il en était autrement, la dilatation produite par quelques degrés de chaleur, ou la compression produite par le plus léger abaissement de température, suffirait pour les réduire en poudre impalpable. Il est facile d'infléchir une lame de mica ou une fibre d'amiante, et de constater leur élasticité; mais si l'on essaye de courber une pierre à plâtre ou un morceau de silicate d'alumine, il y a aussitôt rupture, leur épaisseur nécessitant une trop grande compression d'un côté, et une trop grande extension de l'autre. Cependant, avec une longueur suffisante, ces corps pourraient se courber d'une façon appréciable, et la preuve, c'est qu'un coup de marteau sur une pierre de taille la fait vibrer et lui fait produire un son : or, la vibration et la sonoréité sont produites l'une et l'autre par l'élasticité; c'est une série d'ondulations ou de courbures des solides transmises à l'atmosphère et de là à l'oreille.

Les liquides, faute de rigidité, n'opposent aucune résistance à l'extension, et ne sauraient être élastiques dans le même sens que les solides; ils ne réagissent que contre la compression, et d'une manière aussi limitée que leur compressibilité. Ils ont cependant, grâce à la mobilité de leurs molécules et à leur tendance à prendre toujours leur niveau, un mode de vibration ou d'oscillation, très-facile à constater en lançant une pierre dans une eau tranquille ou en considérant la surface d'un lac ridée par le vent. On voit le dérangement moléculaire produit par la pression de la pierre ou de la brise se transmettre de proche en proche, et ne s'éteindre qu'après des oscillations multipliées.

Quelque chose d'analogue constitue l'élasticité des gaz : si on les comprime, ils peuvent céder énormément et occuper un espace dix fois moins considérable; mais, à peine libérés de la pression, ils reviennent exactement au volume qu'ils occupaient antérieurement. Un ballon rempli d'air et bondissant sous la main d'un enfant exprime bien l'élasticité des gaz ; la propagation du son à travers l'atmosphère ne l'exprime pas moins exactement. Le son n'est pas autre chose que des vibrations ou ondulations aériennes se transmettant de proche en proche comme celles de l'eau, mais avec une rapidité proportionnelle au peu de densité des gaz, c'est-à-dire de 337 mètres par seconde.

Ténacité. Nulle ou à peu près dans les liquides et les gaz, la ténacité varie infiniment dans les solides; son rôle est d'empêcher les molécules, non pas de rouler les unes sur les autres, ce serait de la cohésion, mais de se séparer par une solution de continuité. Un morceau de quartz est très-dur, mais peu tenace; quand il cède à une pression, il n'est plus qu'une série de fragments, que du sable; au contraire, un fil d'or ou de lin est très-peu dur, mais fort tenace.

La ténacité se partage en deux propriétés secondaires dans les métaux où elle atteint son apogée, tels que le fer, l'or, le platine; elle prend le nom de *ductilité* quand elle exprime leur aptitude à se réduire en fils très-fins, et par cela même très-résistants; elle devient *malléabilité* quand elle exprime leur aptitude à se transformer en lames très-minces. Le fer est très-ductile, mais est peu malléable; le plomb, au contraire, est très-malléable, mais peu ductile; l'or et le platine réunissent les deux propriétés à un haut degré.

Beaucoup de produits organiques étant composés de fibres déliées, accolées les unes aux autres et douées de résistance dans le sens longitudinal, sont très-tenaces; telle est une corde, par exemple : si les fibres s'entrelacent, la ténacité se manifeste dans différentes directions; elle s'observe sur une étoffe carrée, dans le sens de la chaîne et de la trame, ou vers les quatre côtés opposés; elle est, au contraire, peu considérable vers les angles.

La ténacité est sans cesse mise à profit dans les arts : elle est utilisée de mille manières dans l'organisation des plantes et des animaux; sans elle la vie ne pourrait guère exister sur la terre.

Fluides impondérables.

Longtemps la science les a considérés comme immatériels, et maintenant encore qu'ils ont pris place au milieu de la matière (1), ils ne peuvent être rangés parmi les corps palpables et visibles.

Ils constituent une classe à part d'êtres qui nous échappent par leur subtilité, qui fuient nos instruments d'analyse, qui font sur nos sens des impressions fugitives, qui nous environnent, qui nous font vivre, et qui paraissent constituer la limite des notions de l'humanité.

Il est quatre espèces de fluides impondérables, ou plutôt le même fluide affecte quatre modifications, qui sont : *l'électricité, le calorique, la lumière* et *le fluide organique.* Ils sont répandus non-seulement dans la terre et dans l'atmosphère, mais encore *dans l'espace, dans le vide*, ou, pour parler plus exactement, dans l'intervalle des mondes. Ils sont alors supposés dans un état mixte et uniforme, connu sous le nom d'*éther.* La lumière, l'électricité, le calorique, le fluide organique, ne sont que des vibrations particulières, se transmettant de proche en proche, comme les ondulations se propagent dans les liquides, et comme les sons ou vibrations aériennes se propagent dans les gaz; seulement, la vitesse de transmission, fort peu considérable pour l'eau, est de 337 mètres par seconde pour le son, et de

(1) Voici quelles raisons doivent faire considérer les fluides impondérables comme matériels : Un courant électrique établi au moyen d'un conducteur, entre un verre contenant une dissolution d'iode et un autre verre contenant une dissolution d'amidon, ne tarde pas à colorer l'amidon en bleu, ce qui ne peut avoir lieu que par le transport de l'iode : or, comment comprendre le transport de particules pesantes par quelque chose qui n'a pas de poids?

Le calorique, en s'introduisant dans les pores des solides, des liquides et des gaz, les dilate ; il occupe donc une place, il est étendu, il est matière. On ne comprendrait pas qu'il pût agir sur le sens du tact, ni que la lumière pût agir sur le sens de la vue, s'ils sont immatériels.

79,572 lieues ou 318,288,000 mètres pour la lumière (1).

On voit ainsi la vitesse de transmission augmenter avec la ténuité des corps vibrants, et diminuer avec leur densité ; si bien qu'en considérant l'air atmosphérique et l'éther comme également élastiques, en représentant la ténuité du premier par 337, et celle du second par 318,288,000, on trouve que la densité de l'éther est 944,000 fois moindre que celle de l'air ; on se demande ce que peut être cette substance 900,000 fois moins matérielle qu'un corps rejeté lui-même, avant Galilée, en dehors de la matière. Ces chiffres effrayent l'imagination ; ils justifient mieux que toutes les descriptions le titre de fluide impondérable ; ils disent l'impossibilité pour l'espèce humaine d'une notion complète de l'éther.

Électricité. Aucun moyen autre que l'impression sur les sens n'étant donné à l'homme de constater l'existence des corps ou des êtres naturels, c'est dans le phénomène, dans ce qui apparaît, qu'il faut chercher la notion d'électricité. Qu'on prenne une tige de verre ou un morceau de cire à cacheter, qu'on les frotte avec de la laine ou la fourrure d'un mammifère, et qu'on les approche de corps légers, ces derniers sont immédiatement attirés, bien que l'œil le

______

(1) Voici comment a été calculée la vitesse de la lumière. Roemer, en cherchant la cause des inégalités remarquées dans les mouvements des satellites de Jupiter par l'observation de leurs éclipses, trouva bientôt qu'elle dépendait des retards éprouvés par la lumière pour parvenir jusqu'à nous : quand la terre se trouvait placée entre Jupiter et le soleil, la disparition des satellites devançait le calcul ; au contraire, quand la terre se trouvait placée de l'autre côté du soleil, le retard était de 16 minutes $\frac{1}{2}$ environ d'où il conclut que la lumière mettait ce temps pour parcourir l'orbite terrestre, et traversait la distance qui nous sépare du soleil en 8 minutes 13 secondes.

plus perçant ne puisse rien distinguer à la surface du verre ou de la cire d'Espagne. Cette matière invisible et douée d'attraction porte le nom d'électricité. Mais des expériences faciles à répéter prouvent qu'elle n'est pas toujours identique dans sa composition ; car, si l'on touche avec la cire à cacheter une petite boule de moelle de sureau suspendue à l'extrémité d'un fil de soie, cette boule, d'abord attirée, est repoussée après le contact ; tandis qu'elle s'approche avec une sorte d'empressement de la tige de verre. La conclusion est que l'électricité de la résine n'est pas identique à l'électricité du verre, que deux corps chargés d'électricité de même nature se repoussent, tandis qu'ils s'attirent si l'électricité est de nature différente.

Les mêmes phénomènes sont loin de se présenter si la petite boule de moelle de sureau est suspendue à un fil de chanvre ou de laiton ; elle ne conserve pas l'électricité qui lui est communiquée, et se trouve attirée indifféremment par le verre ou la résine : il faut en conclure que certains corps sont isolants, et ne laissent pas échapper l'électricité, tandis que d'autres corps lui offrent une issue facile. Une série d'expériences a prouvé que le cuivre, le fer et la plupart des métaux, l'eau, le charbon, etc., sont bons conducteurs de l'électricité ; au contraire, le verre et plusieurs cristaux, la résine, la soie, les cheveux, la laine, les matières cornées et l'ambre jaune (*électron*), sont mauvais conducteurs. Ces derniers ont été nommés *idio-électriques;* ils conservent l'électricité qui leur est communiquée par le frottement ; les bons conducteurs la laissent échapper.

Un corps chargé d'électricité agit à distance sur le corps dont on l'approche, et y détermine une électrisation opposée à la sienne. Si on augmente la quantité de fluide, une étincelle part, les deux électricités se confondent, et se neutralisent réciproquement ; elles retournent à l'état d'éther ou de fluide naturel. Telle est la foudre. Qu'un nuage chargé d'électricité vitrée vienne à passer sur la tête d'un homme, il y détermine l'accumulation d'une grande quantité d'électricité résineuse ; si une étincelle va de l'un à l'autre, l'homme est foudroyé par le choc en retour, ou par l'électricité vitrée restée libre dans son corps. L'électrisation n'est donc que la séparation de l'éther en fluide vitré et en fluide résineux ; cette séparation peut s'opérer en une multitude de circonstances, dont la plus fréquente est le contact de deux corps différents. Volta, en utilisant une expérience de Galvani, qui démontrait cet effet du contact de deux corps, eut l'idée de produire un courant électrique continu ; pour cela, il fit souder un disque de zinc à un disque de cuivre, et s'aperçut que le zinc était continuellement chargé d'électricité vitrée, tandis que le cuivre était chargé d'électricité résineuse ; mais la tension électrique était bien faible ; et il la rendit plus énergique en superposant dans le même sens plusieurs disques semblables, séparés seulement par des rondelles de drap mouillé, de façon que le cuivre fut constamment opposé au zinc, et que la somme des électricités vitrées vint aboutir à une extrémité de la pile, tandis que la somme des électricités résineuses se porta à l'autre extrémité.

Telle est la pile galvanique ou voltaïque dans toute sa simplicité ; elle a été beaucoup perfectionnée de nos jours ; des combinaisons chimiques ont ajouté à sa puissance ; mais elle repose toujours sur le même principe.

L'électricité qui s'échappe de ses deux extrémités ou *pôles* peut, au moyen de fils conducteurs, être dirigée à droite ou à gauche, selon les besoins. Quand on approche les fils conducteurs, on les voit, si la pile est composée de nombreux disques ou *paires*, échanger des étincelles avec dégagement de chaleur et de lumière. Cette expérience réussit même dans le vide, où aucune combustion ne peut s'opérer; elle démontre péremptoirement que l'électricité peut devenir calorique et lumière avant de retourner à l'état d'éther ou fluide naturel, que tous, enfin, ne sont qu'une modification du même principe.

Aux expressions de vitrée et de résineuse, pour désigner les deux espèces d'électricité, on a substitué les expressions de positive et de négative, comme plus scientifiques, le sens du courant étant toujours du pôle positif vers le pôle négatif.

Jusqu'ici il a été impossible de mesurer la rapidité avec laquelle se meut l'électricité sur les corps bons conducteurs; cette rapidité approche de l'instantanéité; elle est probablement égale à celle de la lumière traversant l'espace; aussi a-t-elle été appliquée avec grand avantage à l'organisation de certains télégraphes.

Bien d'autres données ont été fournies à la science par l'étude des courants électriques : M. Orsted s'aperçut qu'ils agissent puissamment sur l'aiguille aimantée; et dès lors MM. Ampère et Arago, utilisant cette découverte, démontrèrent l'identité du magnétisme et de l'électricité.

M. Ampère fit voir que les courants électriques s'attirent quand ils vont dans le même sens, et se repoussent quand ils vont dans des sens opposés; M. Arago montra que les fils métalliques traversés par un courant attirent le fer, l'acier, le cobalt et le nickel, exactement comme les aimants; enfin, il parvint à aimanter un barreau d'acier en le soumettant, au moyen d'un conducteur contourné en spirale, à un courant électrique.

De ces travaux et de bien d'autres encore, il résulte que la terre est incessamment parcourue, peut-être en raison de la variété des corps qui composent ses diverses couches et de l'action du soleil, par des courants perpendiculaires au méridien, et parallèles à l'équateur ou plutôt à l'écliptique. Ces courants portent de l'est à l'ouest ; ils contraignent l'aiguille aimantée à prendre une position telle, que ses courants leur soient parallèles et marchent dans le même sens.

Plus les sciences progressent, plus le rôle que joue l'électricité dans ce monde devient important : elle se mêle à tous les actes de composition et de décomposition chimique, dont elle est probablement la cause principale ; elle préside à la météorologie et à la plupart des phénomènes qui concernent l'atmosphère ; elle se dégage en grande quantité d'un corps en combustion, d'un arbre qui végète, de la terre frappée des rayons solaires ou envahie par les brumes de la nuit. Qu'on regarde autour de soi, on la retrouve partout et toujours. Il faut croire qu'elle est pour beaucoup dans la cristallisation et la stratification des minéraux, dans les phénomènes capillaires et les dissolutions (1), peut-être même dans les courants sous-marins. M. Davy a reconnu un mouvement de rotation manifeste dans les liquides traversés par les courants électriques ; il a vu, au-dessus de chaque fil conducteur, l'eau s'élever en forme de cône, et se transformer en entonnoir par l'approche d'un aimant.

Calorique. Par sa qualité de fluide impondérable, par ses

----

(1) *Annales de Physique et de Chimie*, mémoires de M. Becquerel.

analogies avec la lumière et l'électricité, auxquelles il s'unit dans une foule de cas; enfin, par le rôle immense qu'il joue dans la nature, le calorique demande une mention spéciale et une étude attentive. Il n'affecte qu'un seul sens, le tact, et n'est connu que par l'impression qu'il fait sur la peau et les muqueuses. Cependant ses analogies avec la lumière sont telles, que nous devons lui attribuer la même forme. Comme la lumière, il se compose de rayons capables de traverser le vide, l'air et les corps translucides. Il est, en outre, capable de s'insinuer au sein de la matière, et de s'accumuler entre ses molécules. Il les éloigne, et les sépare par la force d'expansion qui lui est propre, jusqu'à transformer les solides en liquides, et les liquides en gaz.

Si on examine attentivement le calorique et l'électricité, on voit que, malgré leurs analogies, ils agissent en raison inverse l'un de l'autre : celle-ci est l'origine de la force qui rapproche les corps ; celui-là, au contraire, est la force expansive par excellence.

Cette action répulsive du calorique a probablement pour effet, étant appliquée aux planètes, aux étoiles fixes et aux comètes, de lutter contre l'attraction, et d'éviter des chocs ou des agglomérations capables de détruire l'équilibre des mondes.

Les causes qui transforment l'éther en calorique ne sont pas aussi nombreuses, à beaucoup près, que les causes productrices de l'électricité : il n'est guère de source abondante de calorique que l'action solaire et les compositions et décompositions chimiques, surtout celles qui portent le nom de combustion, et qui tendent à combiner l'oxygène de l'air avec d'autres corps, et surtout avec le carbone et l'hydrogène.

En partant du soleil, les rayons calorifiques sont toujours lumineux; peut-être même ne sont-ils que lumière avant d'atteindre l'atmosphère de la terre et des autres planètes. Il est tout au moins certain, pour l'observateur escaladan une haute montagne, que leur chaleur décroît, à mesure qu'il s'élève, dans une progression qui doit la faire supposer nulle en dehors de l'atmosphère terrestre. Ceci est loin d'être une certitude : il en résulterait que le soleil n'émet pas de calorique, mais détermine la formation de ce dernier à la surface des planètes, par l'influence de ses rayons lumineux sur les atmosphères : plus celles-ci seraient denses, plus la chaleur produite serait considérable; elle deviendrait énorme dans Jupiter et dans Herschell, qui, en raison de leur volume et de la pesanteur énergique qu'il détermine, ont une atmosphère très-dense; ils trouveraient de la sorte une compensation à leur éloignement du soleil.

En général, toute production d'une lumière vive, même celle qui résulte d'un échange d'étincelles électriques, sans combustion possible, amène toujours un dégagement de calorique; seulement, ce dernier se propage plus difficilement, ses atomes paraissent plus grossiers que ceux du fluide lumineux; ils sont arrêtés en grande partie par les corps translucides. Quels liens unissent ainsi la chaleur à la lumière? c'est ce que la science n'a pu encore préciser.

On sait que le calorique, en sa qualité de fluide impondérable, ne peut être maintenu enfermé dans une substance, quelle qu'elle soit. Il s'épand librement au dehors, échauffant par *contact immédiat* les corps juxtaposés, ou par *rayonnement* ceux qui sont placés à quelque distance.

Grâce à cette propriété, les particules de matières qui sont voisines tendent toujours à se mettre en équilibre de température, la plus chaude émettant plus de rayons qu'elle n'en reçoit, la plus froide recevant plus de rayons qu'elle n'en émet.

Mais cet équilibre est loin de s'établir avec la même rapidité dans les divers corps. Si la transmission du calorique a lieu par contact, elle est d'autant plus rapide que le corps est plus dense, et que ses molécules sont plus rapprochées: c'est ainsi que l'or, le platine, l'argent sont les meilleurs conducteurs du calorique, tandis que le charbon, la laine, le coton, la plume, l'air, etc., en sont les plus mauvais.

Si la transmission a lieu par rayonnement, sa rapidité est non-seulement en raison de la densité des corps, mais encore en raison de l'état de leurs surfaces. Sont-elles noires et rugueuses, le rayonnement et l'absorption sont considérables; ils sont minimes, au contraire, si les surfaces sont blanches et polies. Il suffit, pour s'en assurer, de prendre deux boules de cuivre de même grosseur, et de recouvrir l'une d'elles d'une légère couche de noir de fumée; on verra celle-ci s'échauffer et se refroidir avec beaucoup plus de rapidité que l'autre.

Tous les corps n'ont pas la même *capacité* pour le calorique, c'est-à-dire que, pour s'élever d'un nombre déterminé de degrés, les uns demandent, sous le même volume, beaucoup plus de fluide que d'autres. Ce qu'ils retiennent ainsi en excès, sans que l'effet en soit appréciable sur le thermomètre, porte le nom de *calorique latent*.

De la vapeur d'eau à 100 degrés, par exemple, contient 5 fois 1/2 autant de calorique que de l'eau à la même température. Des effets analogues se remarquent dans la fusion des solides. Leur capacité pour le calorique est moindre que celle des liquides, et les liquides ont eux-mêmes moins de calorique latent que les gaz.

Il ne faut pas croire que cette chaleur, dont l'accumulation est en raison inverse de la densité et de la cohésion des corps, soit perdue ou destinée à disparaître ; elle se retrouve dans son intégrité quand la matière change de forme, et passe de l'état gazeux à l'état liquide et de l'état liquide à l'état solide. La vapeur, qui se transforme en gouttes d'eau, émet une grande quantité de calorique, comme cela se remarque à l'approche des orages ; au contraire, l'eau qui se vaporise absorbe beaucoup de chaleur et rafraîchit l'atmosphère ; l'oxygène de l'air qui est un gaz, en devenant liquide par sa combinaison avec l'hydrogène, émet une quantité de chaleur qui porte le nom de feu, et qui n'est peut-être qu'une succession d'étincelles produites par la combinaison et la transformation en fluide naturel de deux électricités contraires, accumulées à la longue et latentes, comme le calorique.

Lumière. Le fluide lumineux n'affecte qu'un seul de nos sens, celui de la vue, et ne peut nous être connu que par une seule de ses propriétés : dans sa ténuité, il échappe à notre exploration, il n'existe, pour ainsi dire, qu'à l'état d'hypothèse.

D'après nos vues générales sur les fluides impondérables, il résulte d'une modification imprimée à l'éther ; modification considérée par la plupart des physiciens comme un état vibratile ayant la faculté de se propager de proche en proche avec une vitesse de 79,500 lieues par seconde.

Sans la crainte de multiplier les hypothèses, nous inclinerions à penser que la lumière est, ainsi que le calorique, produite par les étincelles électriques qui résultent de la combinaison des fluides positif et négatif : le soleil ne serait ainsi qu'une vaste pile voltaïque ; la combustion avec dégagement de lumière, déterminée par des affinités chimiques, ne serait que la combinaison, au moyen de la chaleur, des électricités contraires et latentes que renferment les corps.

Si nous annexons l'expérience à cette hypothèse, nous trouvons que tout corps lumineux imprime à l'éther une série de vibrations qui se propagent en ligne droite et forment les rayons de lumière. Ces rayons, à mesure qu'ils s'éloignent du point d'émergence, occupent un plus grand espace, sans pouvoir se multiplier ; ils deviennent de plus en plus rares, et le calcul a fait découvrir que leur nombre est en raison inverse du carré de la distance. Ceci fait comprendre comment il est des corps diversement éclairés.

Une autre cause de la décroissance de la lumière tient aux milieux qu'elle traverse ; tous retiennent quelques rayons, mais les uns les laissent passer en grand nombre, et pour cette raison sont dits *translucides, transparents, diaphanes ;* d'autres, au contraire, arrêtent la totalité des rayons lumineux et sont appelés *opaques ;* l'une de leurs faces est dans l'ombre, tandis que celle qui reçoit la lumière est éclairée, devient lumineuse à son tour, en répercutant les rayons qu'elle reçoit, et devient capable d'éclairer les corps voisins. Il y a donc trois espèces de lumière, celle qui est directe, celle qui a traversé des corps diaphanes, et celle qui est réfléchie. La lumière directe, et telle que la produit le soleil, est considérée en physique comme formée d'ondes éthérées, d'inégale grandeur, quoique douées de même vitesse. Cette combinaison des ondes lumineuses produit la blancheur.

D'autres phénomènes se manifestent quand les rayons lumineux traversent les corps diaphanes : d'abord il y a ralentissement dans leur course ; puis, s'ils pénètrent obliquement dans un milieu plus dense, ils se rapprochent de la perpendiculaire ; ils s'en éloignent, au contraire, s'ils pénètrent dans un milieu plus rare. C'est pour cela que le bâton qu'on enfonce à moitié dans une eau limpide paraît brisé par le milieu. La construction des lentilles de verre est basée sur ce phénomène, qui porte le nom de *réfraction*. Leurs deux faces, n'étant pas parallèles, tendent à dévier, à l'entrée et à la sortie, tous les rayons lumineux qui viennent les frapper, et à les rassembler vers un seul point.

Il arrive encore que les ondes lumineuses, en traversant une lentille ou un prisme de verre, sont brisées de telle sorte, que le rayon blanc est décomposé ou dispersé en sept couleurs inégalement déviées. Voici l'ordre qu'elles présentent à partir de la moins réfractée : rouge orangé, jaune, vert, bleu, indigo et violet. En mesurant l'espace occupé par ces couleurs, on voit qu'il est loin d'être égal pour chacune d'elles ; il présente les mêmes rapports que les tons de la gamme musicale, le spectre pouvant être comparé à une corde vibrante qui produit les sons de la gamme quand on vient à appuyer sur les points destinés à marquer la séparation des couleurs principales.

Jusqu'ici la physique n'a pas étudié les lois d'harmonie ou de discordance des couleurs ; elle laisse l'œil seul juge de l'effet produit par le rapprochement des teintes, quand elle pourrait fournir au peintre, au décorateur, à l'industriel, d'utiles enseignements, soit en établissant une gamme de couleurs, soit en désignant quelles couleurs sont *complémentaires* des autres, c'est-à-dire les ramènent au rayon blanc en s'unissant à elles. De même, d'utiles enseignements pourraient être tirés de cette observation, que, dans les décompositions chimiques et les actes de physiologie végétale, les changements de couleur s'opèrent en suivant l'ordre ascendant ou descendant du spectre. Ainsi, en automne, les feuilles des arbres passent du vert au jaune, puis du jaune à l'orangé, pour arriver au rouge en dernier lieu. Au printemps, les jeunes bourgeons suivent l'ordre inverse, et dans certaines plantes le vert arrive jusqu'aux limites du bleu.

Il nous reste à étudier la lumière réfléchie : lorsqu'un rayon lumineux frappe la surface d'un corps opaque, faute de pouvoir le traverser, il est immédiatement réfléchi, en faisant un angle égal à celui de son incidence; c'est-à-dire, par les mêmes lois qu'une bille d'ivoire est réfléchie sur les bandes d'un billard. Si la surface est polie, il se peut que la lumière soit réfléchie en conservant ses proportions; dans ce cas, le rayon reste blanc; mais il se peut que certaines portions du spectre soient absorbées, tandis que d'autres portions seront réfléchies. Tel est le phénomène de la production des couleurs par réflexion : les corps qui absorbent ou dispersent toutes les parties du rayon blanc paraissent noirs; ceux qui réfléchissent la même proportion de toutes ces parties paraissent blancs.

Il se peut que dans certains corps demi-transparents, comme la nacre de perle, la lumière soit décomposée, et que les diverses couleurs soient réfléchies sous des inclinaisons différentes, par rapport à l'œil de l'observateur.

Les plumes du paon et du pigeon, certaines étoffes de soie, ont la propriété de disperser ainsi, dans des directions différentes, les couleurs du spectre. Enfin, parmi ces étoffes il en est qui absorbent des couleurs, en laissent passer d'autres, et en réfléchissent d'autres encore; si bien que, placées devant une fenêtre, elles sont loin d'être colorées comme dans le fond de l'appartement.

Fluide organique ou vital. Son existence, tour à tour contestée et admise sous le nom d'esprits vitaux, de magnétisme animal, de fluide nerveux, semble, depuis les magnifiques travaux sur les nerfs, qui datent de ce siècle, être définitivement acquise à la science. Ses analogies avec le fluide électrique sont incontestables, et c'est au point que plusieurs savants mémoires ont été faits pour prouver leur identité; de même, il entretient les relations les plus intimes avec le calorique et la lumière, si l'on en juge par l'influence de ces deux fluides sur l'existence des êtres organisés.

On ne peut admettre l'être vivant sans un principe de vie, et on ne trouve ce principe de vie qu'où il y a calorique, lumière et électricité, ou tout au moins deux de ces fluides (1).

Dans quelle proportion chacun d'eux concourt-il à la formation du fluide organique dont ils paraissent par mille faits être l'origine? c'est ce qu'il est difficile de déterminer. Cependant la lumière semble prédominer dans la vie des plantes, tandis que le calorique prédomine dans la vie des animaux; l'électricité joue un grand rôle de part et d'au-

______

(1) Certains animaux qui vivent dans des eaux souterraines et des mousses qui végètent dans des grottes prouvent que la lumière n'est pas indispensable à la vie.

tre ; elle préside à cette foule de phénomènes de composition et de décomposition qui constituent la nutrition, la respiration, la circulation, et elle semble aviver incessamment les actes vitaux et le fluide organique qui les dirige.

Il est cependant un degré de tension dans le calorique et l'électricité qui semble incompatible avec l'existence du fluide organique : la vie n'est plus possible avec cent degrés de chaleur ; de même, la foudre est pour les plantes et les animaux une cause de mort ; il faut donc admettre que dans les deux cas le fluide vital est décomposé, comme se détruit la lumière sur une surface noire, comme se détruit l'électricité en produisant la chaleur et la lumière pendant la combustion.

Pour le fluide organique, comme pour tous les autres, il y a un mouvement continuel de composition et de décomposition ; ce fluide augmente à proportion qu'il décompose les autres et se les assimile ; il diminue quand il est décomposé par eux ; il tend à se multiplier dans les conditions de température, de lumière et d'électricité où se trouve la terre : en deçà et au delà, il tendrait à décroître.

Partout où se concentre un courant organique, un être vivant se forme, c'est-à-dire que des molécules sont attirées et ajoutées les unes aux autres dans un ordre déterminé, et de manière à puiser soit dans la terre, soit dans l'eau, soit dans l'atmosphère, les éléments de réparations incessantes. Ce n'est plus une juxtaposition de molécules identiques comme dans la cristallisation ; ce ne sont plus des formes mathématiques amenées par l'agglomération de prismes ou de pyramides ; l'accroissement se fait de dedans en dehors ; chaque molécule, avant de devenir solide, est d'abord liquide ou gazeuse ; presque toujours elle est transportée par des courants aqueux dont le fluide vital détermine l'ordre et la direction : or, comme ce fluide entretient des rapports continuels avec l'électricité, la chaleur et la lumière, il forme l'être organisé de manière à profiter de l'électricité, de la chaleur et de la lumière.

Il est remarquable que les corps simples dont l'agglomération et la combinaison constituent principalement les êtres organisés, sont tous susceptibles de passer à l'état de gaz, et de donner ainsi une plus grande prise aux fluides impondérables. Si le *carbone*, l'*hydrogène*, l'*oxygène*, l'*azote*, le *phosphore*, le *soufre*, l'*iode*, etc., qu'on rencontre comme parties constituantes dans les tissus des animaux et des végétaux, n'étaient pas susceptibles de passer à l'état gazeux, la génération spontanée, partout admise aujourd'hui, ne saurait exister ; le fluide vital n'aurait pas la force d'attirer à lui des particules solides, ni de les ranger de manière à pourvoir à leur réparation.

Nous avons cherché à faire comprendre, au moyen du fluide vital et de la composition chimique, comment doit être envisagée la génération spontanée des être vivants ; génération qui seule a pu peupler la terre dans l'origine : il reste à démontrer comment un être organisé quelconque peut transmettre la vie à des êtres semblables à lui, en un mot quel fait général constitue la génération ordinaire.

Du moment où nous admettons dans l'être vivant des courants organiques, nous le supposons analogue à une pile voltaïque ; nous admettons un fluide positif et un fluide négatif qui s'attirent et tendent à se combiner. La disposition du système nerveux dans les animaux et des appareils divers dans les plantes nous montre que les courants principaux doivent se diviser en une foule de courants secondaires. Ceux-ci à leur tour se modifient avec les organes, décomposent les liquides et les gaz de cent manières différentes, enfin produisent cette complication d'appareils qui se remarquent dans les êtres organisés. Supposons maintenant un point où ces divers courants nerveux viennent aboutir, et où chacun d'eux apporte son mode de composition et de décomposition il en résulte un être nouveau qui est en petit la représentation de l'être plus vaste d'où il procède, et qui en se séparant trouve en soi les éléments d'une vie nouvelle, comme la tige d'acier soustraite au contact de l'aimant garde ses propriétés magnétiques et devient un aimant à son tour.

Un grain de blé est incessamment traversé par des courants organiques qui tendent à décomposer l'air et l'eau, à attirer toutes les molécules en harmonie avec eux, à développer, à accroître, leur base physique, à produire enfin une végétation en tout semblable à celle de la tige de blé d'où ils tirent leur origine : de même le têtard ou l'animalcule spermatique représente en petit un système nerveux, cerveau et moelle compris, qui n'est autre chose que l'appareil électrique ; nous voulions dire organique, producteur et directeur du fluide vital des animaux. Que l'animalcule soit placé dans des conditions telles que son organisation si délicate ne soit pas altérée, et avec elle ses courants nerveux, il se développe comme se développe un grain de blé placé au milieu de l'azote, du carbone, de l'hydrogène, de l'oxygène et de l'humidité nécessaires à son accroissement.

Ces questions trouveront l'extension qu'elles comportent quand nous traiterons de la génération des plantes et des animaux ; elles ont quant à présent pour utilité principale de démontrer que partout où se rencontre la vie on doit admettre, sous peine de sortir des lois générales de la nature, l'existence du fluide organique.

Il varie beaucoup, il est vrai, et dans ses effets et dans sa composition ; il présente surtout de notables différences dans les deux grandes divisions des êtres organisés. Aussi sommes-nous autorisés à admettre un *fluide animal* ou *nerveux* et un *fluide végétal* ou *médullaire ;* la moelle dans les plantes dont le mode de reproduction est apparent jouant à peu près le même rôle que le système nerveux dans les animaux.

Telle est l'idée que le rapprochement des diverses branches des sciences naturelles peut donner du fluide organique. Il résume en lui l'électricité, le calorique et la lumière, c'est-à-dire les causes principales de tous les mouvements qui ont lieu dans ce monde ; il agglomère toutes les manières d'exister, il les traduit en une seule formule : la vie.

Rien, à nos yeux, ne peut représenter plus complétement cette âme de la terre et des planètes, qui semble s'agrandir avec les âges et multiplier les êtres vivants en compliquant chaque jour leur organisation. Née de la lumière et de la chaleur, elle donne à ces êtres la lumière et la chaleur, c'est-à-dire l'intelligence et le sentiment ; née de l'électricité et du principe d'attraction, elle leur donne la passion qui attire et repousse ; une étincelle part et un nouveau flambeau s'allume, un nouvel être surgit ; puis, quand le flambeau s'éteint, quand l'être vivant expire, la lumière et la vie retournent au foyer général de vie et de lumière, pour s'en séparer encore et présider à de nouvelles transformations.

Ainsi se trouvent expliquées d'une façon toute physique ces idées de métempsycose qui dès l'origine des nations se sont manifestées à l'état de sentiment, et se sont traduites en des actes d'une touchante naïveté ; témoin cette mère aspirant l'âme de son fils sur les fleurs qui parent une tombe, et croyant recueillir dans les émanations de l'amour des plantes un principe de fécondité pour son sein.

Rien ne meurt ici-bas, il n'y a que des transformations ; aucune étincelle de lumière, de sentiment, de chaleur et de vie ne peut se perdre ; pas plus que ne se perd un bloc de granit ou un morceau de cristal de roche. Il faut même supposer, en vertu de ces lois générales d'attraction par lesquelles se rassemblent les atomes de même nature, que l'âme de l'homme retourne à l'homme, que l'âme de l'ami retourne à l'ami, que l'âme du père retourne au fils.

Dans cette transfusion continuelle, la vie se perpétue en une série d'êtres variables quant à leur classe, leur ordre, leur espèce, variables quant à l'âge de la terre auquel ils appartiennent. C'est à tort qu'on croit à l'inaltérabilité des races ; ici-bas tout se transforme en une progression insensible, mais irrécusable. Il fut un temps, sur notre globe, où l'excès du calorique et peut-être de la lumière excluait l'existence du fluide organique : alors il n'y avait ni plantes ni animaux, mais la matière se rangeait en des cristallisations que l'état actuel des fluides impondérables rendrait impossibles. Puis, de l'abaissement du calorique et de la lumière naquit un fluide organique d'abord incomplet, et qui donna naissance à une végétation bitumineuse et voisine de la cristallisation ; ce fait est attesté par l'existence des houillères. Des animaux rayonnés et des mollusques surgirent ensuite ; puis arrivèrent les vertébrés et une foule de végétaux ; enfin, de progression en progression, le fluide organique fit surgir les mammifères, les singes et l'homme, dont les races différentes attestent suffisamment la perfectibilité. Si on ne rencontre pas du polype jusqu'à l'homme toute la filière animale, la cause en est dans les révolutions qu'à subies la terre, dans la destruction de certaines races qui en fut la suite, et surtout dans le mode d'alimentation des carnassiers : ils ont dû détruire bien des classes d'animaux et établir de nombreuses lacunes ; de plus, l'espèce la plus avancée tend toujours à se développer au détriment de ceux de sa race qui restent en retard. Les Européens, par exemple, tendent évidemment à envahir le monde et à absorber dans leur sang plus fécond toutes les autres familles humaines. En trois siècles, ils ont dominé, étouffé, détruit la race américaine ; ils envahissent le continent africain par ses deux extrémités ; ils sont en Océanie ; ils se répandent en Asie, et, par leur seule présence, détruisent la race hindoue, dont ils changent les mœurs et les habitudes. Dans mille ans peut-être, la terre ne sera qu'une vaste Europe, dont les habitants présenteront à peine quelques traces du sang nègre, chinois et sémitique ; la distance de l'homme au singe se sera agrandie, à moins que la domesticité ne transforme les orangs et les chimpansés en des hommes véritables.

Histoire de la terre.

Édifiés désormais sur la matière pondérable et impondérable, sur ses forces et sur ses formes, nous avons à l'étudier dans ses différentes transformations, et à remonter, s'il se peut, jusqu'à son origine.

L'homme, constamment disposé à tout rapporter à lui-même, a de tout temps fait naître et mourir la terre comme lui-même se voyait naître et mourir. Imbu de la nécessité que tout doit avoir un commencement et une terminaison, il a admis une création et une fin du monde; il a fait fabriquer le globe par un être infini et impérissable, exactement comme un vase d'argile est fabriqué par la main du potier ; il a voulu de plus donner une figure humaine à cet auteur de toutes choses.

De telles idées, admissibles par des peuples dans l'enfance, ne sont plus compatibles avec l'état actuel de la science; chaque découverte géologique en démontre l'absurdité.

D'abord, la forme sphérique de la terre et des planètes, combinée avec la pesanteur, démontre clairement que ces globes ont d'abord été liquides; le mode de cristallisation des granits et des terrains primitifs indique que la liquéfaction a été produite par le feu ; nous pouvons donc affirmer qu'une chaleur de 3,000 degrés, nécessaire à la fusion de certains minéraux, a existé à la surface de la terre. Fut-il un temps où cette liquéfaction fut précédée de l'état gazeux, où le gaz lui-même fut précédé de l'état de fluide impondérable, si bien que tout procéderait d'une sorte d'éther général et d'une divisibilité infinie de la matière? c'est ce qu'il est permis de supposer, mais ce que nul n'est en droit d'affirmer ; la science ne remonte que jusqu'à l'état de liquéfaction produit par une chaleur capable de dissoudre les granits. Depuis cette époque jusqu'à nos jours, un refroidissement continuel a peu à peu solidifié la croûte terrestre, dont la surface n'a guère, de nos jours, qu'une chaleur moyenne de 11 ou 12°. Mais la température

augmente dans une progression à peu près constante
quand on pénètre dans les entrailles du globe ; elle s'accroît d'un degré pour 30 mètres de profondeur, de telle
sorte qu'on peut supposer le centre de la terre encore à
l'état d'ignition et de liquéfaction. Pour arriver à une
température de 3,000 degrés, il faudrait pénétrer à
90,000 mètres de profondeur ou traverser les 45 lieues
qui mesurent l'épaisseur de la croûte du globe. Cette épaisseur est minime, si on la compare au volume de notre
planète, elle n'est pas 1/50 de son diamètre. Pour calculer le temps qui a dû s'écouler depuis l'état d'ignition de
la surface de la terre jusqu'à nos jours, il ne suffit pas,
comme le fit un naturaliste célèbre, de faire chauffer une
boule d'argile, de mesurer le temps qu'elle met à se refroidir, et de comparer son volume à celui de la terre ; on
obtient ainsi un résultat évidemment inexact. Quand une
chaleur de 3,000 degrés régnait à la surface de la terre,
l'eau et mille autres substances volatiles étaient à l'état de
vapeurs ; elles formaient une atmosphère immense, qui,
agissant à la manière d'une lentille, concentrait sur la terre
une foule de rayons solaires perdus pour elle aujourd'hui.
De plus, cette atmosphère devait répercuter une grande
quantité des rayons calorifiques qu'elle recevait, et empêcher une déperdition trop considéralbe de la chaleur. D'une
autre part, la croûte terrestre, en se solidifiant, a donné
lieu à un rayonnement de calorique toujours moindre ; c'est
au point que de nos jours, si nous en croyons les calculs
de Fourier, sa surface n'est plus affectée que de 1/30 de
degré par l'influence du foyer intérieur (1). M. Poisson.

(1) *Annales de Chimie et de Physique*, octobre 1824.

croit que la surface de la terre, pour passer de 3,000 degrés à l'état actuel, a exigé un million de siècles ; encore
son évaluation est-elle trop peu considérable. Entre des
époques aussi éloignés, bien des transformations ont dû
s'opérer ; les suivre a été le but principal de la géologie.

Tant que la surface du globe a dépassé 100 degrés,
aucun être vivant n'a pu s'y montrer. Les roches ignées
ou plutoniennes étaient solidifiées et se montraient sous
une surface plus ou moins régulière, entrecoupée d'arêtes
montagneuses. Mais un refroidissement un peu plus considérable permit à l'eau d'exister autrement qu'à l'état de vapeur, et de se répandre sur le sol en une couche plus ou
moins épaisse. Cette eau, en se refroidissant, perdit de son
aptitude à dissoudre les corps tels que la silice, la chaux, le
fer, l'alumine, la magnésie, etc., etc. ; elle en abandonna
une partie, qui se déposa à la surface des granits et forma
la première couche des terrains neptuniens. Par suite
des vents et des courants, les dépôts durent s'amasser
en îlots à la surface desquels surgirent spontanément des
végétaux d'une organisation très-simple, tels que les fougères. Ces végétaux cependant, en raison de l'humidité et
de la température qui les entourèrent, en raison surtout
de l'état de l'atmosphère, prirent un développement considérable. Noyés, sous les tropiques, dans des flots de lumière, d'électricité et de chaleur, baignés par un air surchargé de carbone, d'hydrogène et d'oxygène, entourés de
tous les éléments de végétation et de vie, ils prirent un
accroissement prodigieux : ils attirèrent à eux, sous forme
de résine ou d'huile essentielle, les principes combustibles
dont l'air était surchargé ; et quand leurs racines furent
impuissantes à les soutenir, ils se couchèrent les uns sur

les autres, résistèrent à la putréfaction en raison de l'abondance de leurs principes résineux, et contribuèrent de leurs débris à élever le sol sur lequel ils reposaient. En considérant les houillères, dont les bancs épais attestent cette végétation des premiers âges de la terre, l'esprit reste saisi d'étonnement : plus il contemple ces amas de charbon, moins il comprend les prodiges de végétation qui ont dû les produire. Il cherche vainement des termes de comparaison dans les forêts de Saint-Domingue ou de la côte de Guinée : ces forêts sont à celles qui ont produit les houillères ce que le champ de blé est à une haute futaie.

Loin des tropiques la végétation fut moins serrée et moins puissante; vers les pôles elle ne comprit guère que des mousses et des lichens, la longueur des nuits et des jours étant incompatible avec l'existence des fougères arborescentes.

Tandis que la vie revêtait la forme végétale sur les îlots sortis du sein des mers, elle revêtait dans l'eau non-seulement la forme végétale, mais encore la forme animale : des polypes, des mollusques, des animaux articulés naissaient de toutes parts; leurs coquilles leurs tests, leurs carapaces absorbaient une quantité d'éléments calcaires ou siliceux qui, déposés peu à peu au fond des mers et liés entre eux par la vase ou le sédiment, furent l'origine des terrains et des rochers neptuniens sur lesquels l'action des eaux ne peut être méconnue. A mesure que se refroidissait la terre, les gaz qui l'entouraient tendaient à passer à l'état liquide, et les liquides eux-mêmes tendaient à se solidifier; une couche de nouvelle formation enveloppait peu à peu les granits, et s'épaississait aux dépens des débris d'animaux, de végétaux, et par les dépôts vaseux; une chaleur encore considérable augmentait la puissance d'agrégation naturelle à l'eau ; les schistes, les grès et les calcaires se formaient.

Si nulle convulsion n'était survenue, ces diverses couches, partout horizontales, seraient superposées d'une manière uniforme, et n'offriraient, dans les diverses portions du globe, que les différences produites par la lumière et la chaleur solaires dans les êtres vivants des régions polaires et tropicales ; les calcaires et les houillères seraient bien plus épais vers les tropiques, parce que la mer y nourrit plus de coquillages et la terre plus de végétaux que dans les régions polaires. Mais il est loin d'en être ainsi : les terrains produits par l'eau se sont élevés en montagnes ou se sont creusés en vallées ; leurs bancs de roche ont perdu la position horizontale et se sont inclinés sur les versants ; des houillères très-riches ont été découvertes dans le voisinage du cercle polaire, et démontrent, avec de nombreux fossiles, que ces régions furent jadis voisines de l'équateur. Voilà des signes évidents de cataclysmes qui ont soulevé les terrains et changé la position relative de la terre. Quelle explication la science donne-t-elle de ces faits? Établit-elle entre eux une corrélation ?

Au sujet des soulèvements montagneux, les idées les plus généralement reçues sont que *la masse liquide qui occupe l'intérieur du globe éprouve un retrait graduel par suite de son refroidissement progressif. La croûte solide, forcée par son propre poids de suivre ce mouvement interne, s'écrase sur elle-même, produit une ride à la surface de la terre, et, réagissant sur la matière pâteuse située au-dessous d'elle, force une partie de cette dernière à s'élever en formant les axes d'un système de chaînes de montagnes*. (Explication de la carte géologique de France par **MM**. Dufrénoy et Élie de Beaumont).

Cette explication est ingénieuse ; mais elle suppose que le retrait produit par le refroidissement est plus considérable au centre de la terre qu'à la surface, et c'est l'inverse qui a lieu ; de plus, elle ne se rattache en rien au changement de l'équateur terreste. M. Félix de Boucheporn, dans ses *Études sur l'Histoire de la terre*, nous paraît avoir approché davantage de la vérité. Il cherche à démontrer la possibilité du choc d'une comète, et examine ce qui doit avoir lieu si ce choc ou froissement s'exerce dans le voisinage du pôle. Évidemment alors la terre reçoit une impulsion dont le double effet est de la dévier de sa route ordinaire autour du soleil, et de lui imprimer un nouveau mouvement de rotation qui transporte l'équateur vers le pôle. Avec l'équateur se déplace la force centrifuge ; elle tend à relever les anciennes régions polaires, tandis que la force centripète tend à déprimer une partie des anciennes régions équatoriales. Trop faible pour résister à cette double tendance, la croûte terrestre, obligée de transformer en aplatissement l'exagération de sa courbure vers l'ancien équateur, se ride en chaînes de montagnes ; au contraire, elle est dans l'impossibilité de se distendre pour suffire à la saillie des anciens pôles, et se couvre de crevasses, aussitôt comblées par la pâte intérieure et l'eau des mers que le déplacement de la force centrifuge tend à amener vers le nouvel équateur. Ces soulèvements montagneux et ces déplacements des mers font très-bien comprendre comment on peut trouver au sommet des montagnes élevées des débris d'animaux qui vivent dans l'eau salée.

Si l'on excepte les soulèvements montagneux, il est

difficile d'imaginer comment les terres ont pu s'élever au-
dessus de la nappe d'eau qui recouvre le globe; l'action
des courants, et des polypiers qui ont fait surgir tant d'îles
dans l'Océan pacifique, pourrait seule en donner l'explication. Mais quand de longues chaînes montagneuses s'éle-
vèrent du sein des mers, quand de grandes îles et des con-
tinents surgirent, de nouvelles conditions d'existence
se manifestèrent pour les êtres vivants; des reptiles terrestres, des oiseaux, des mammifères, des plantes innombrables furent le produit des altérations du climat; ils
s'adaptèrent à la latitude, à l'élévation du sol et à sa composition.

Avec les terres élevées parurent les rivières et les lacs
d'eau douce; leur action eut pour résultat, en se combinant avec les pluies et les changements de température, de
détruire les arêtes de la pierre, d'entraîner mille débris au
fond des vallées, de se peupler de plantes et d'animaux
dont les cadavres augmentèrent les dépôts d'alluvion, de
créer enfin des terrains de nouvelle espèce.

Lorsqu'un système de plantes et d'animaux était ainsi
organisé sur une région de la terre, un nouveau cataclysme
venait tout détruire, transformait en montagnes le fond des
mers, et attirait les mers sur les montagnes, fondait les
glaces du pôle sous les feux de la zone torride, couvrait de
glace la magnifique végétation des tropiques, et faisait
naître de cette mort générale de nouveaux principes de vie.

M. Élie de Beaumont admet 12 soulèvements montagneux rien que pour l'Europe; M. Félix de Boucheporn
compte 14 grandes révolutions terrestres, tandis que M. de
Humboldt, dans son tableau des formations géologiques
adopté par Cuvier, établit 14 couches de terrains stratifiés.

Cette concordance entre des hommes guidés par des vues différentes est remarquable : elle établit pour la terre 14 âges distincts, dont 12 sont postérieurs aux premières manifestations de la vie.

Un jour viendra où la science géologique, après avoir rassemblé dans toutes les parties du monde les débris fossiles de chaque couche de terrain, nous dira les merveilles des différents âges de la terre : par la direction des chaînes de montagnes, elle saura où furent placés les pôles et les équateurs ; la hauteur des soulèvements lui permettra d'indiquer quelle fut l'énergie de la force centrifuge, du mouvement de rotation, et, par suite, quelle fut la longueur des nuits et des jours (1) ; elle verra la taille des productions animales et végétales s'accroître avec la lenteur du mouvement diurne, s'abaisser avec la rapidité de ce mouvement ; elle verra l'inclinaison sur l'écliptique amener des changements considérables dans les saisons, et modifier profondément les animaux pendant l'été et pendant l'hiver ; témoin le mammouth ou éléphant velu, trouvé dans les glaces du détroit de Béring.

Les travaux de Cuvier ont démontré surabondamment comment, avec un seul os, un seul débris, on pouvait reconstituer l'animal entier, indiquer les conditions de son existence, la latitude sous laquelle il vivait, la nature de ses aliments, le degré de son intelligence, ses instincts, ses mœurs, ses aptitudes... A mesure qu'elle progresse, la science nous ouvre de nouveaux horizons. Quelque jour elle appellera l'art à son aide pour rappeler à nos yeux les

(1) Ce travail est fait en partie : voyez *Études sur l'Histoire de la terre,* par Félix de Boucheporn.

aspects de la nature antédiluvienne : elle nous montrera dans les premiers âges une mer infinie, vaseuse et peu profonde, où fourmillent les insectes, les crustacés, les coquillages et quelques poissons ; sur des îlots de boue végétent d'immenses fougères et des roseaux, tandis qu'un ciel terne, nuageux, sinistre, tamise une lumière rouge et verse une chaleur suffocante.

A l'intervalle de quelques millions d'années, la scène aura changé, des montagnes auront surgi du sein des mers, et auront porté leurs têtes de granit dans les nuages ; leurs flancs déchirés et visqueux se seront couverts de lichens et de mousses ; ils recéleront mille cavernes où se glisseront des reptiles aux formes étranges. Tout sera court, rapide, éphémère dans cette époque reculée : le soleil aura à peine surgi au-dessus de l'horizon, qu'il se plongera dans la mer ; les végétaux seront bas, serrés, épais ; les animaux, déjà variés, seront peu volumineux ; leur pesanteur sera diminuée par la force centrifuge : ils s'élanceront dans les airs ; ce sera le temps des dragons et des chauves-souris.

Mais après quelques déluges et quelques cataclysmes, la scène aura complétement changé. La nature, au temps qui a précédé notre âge, devait être magnifique, tout devait y prendre des proportions gigantesques. De longs jours et de longues nuits favorisaient la croissance des plantes et des animaux, et augmentaient les proportions de la vie ; une atmosphère plus douce et plus chargée d'eau stimulait la respiration, augmentait la densité de la fibre, accroissait la force, et permettait de lutter contre une pesanteur énergique.

C'est le temps des mastodontes et d'autres pachydermes, c'est le temps des carnassiers gigantesques. Qu'on se représente des forêts proportionnées à de tels animaux! qu'on imagine les fruits qui devaient les nourrir, et les fleurs qui devaient précéder de tels fruits! Ce fut l'âge des géants. Mais un jour des montagnes s'ajoutèrent à d'autres montagnes, comme pour se rapprocher du ciel; les géants périrent sous les débris : l'âge de l'homme avait commencé.

A ces grandes révolutions générales sont venues s'ajouter des révolutions partielles qui, de notre temps encore, secouent telle ou telle portion de terre, et donnent lieu à des phénomènes qu'il nous est impossible de passer sous silence; chacun a deviné qu'il s'agit des volcans. Ils sont généralement considérés comme autant de soupiraux par lesquels les profondeurs incandescentes du globe communiquent avec la surface; mais une nouvelle théorie, basée sur la différence chimique que présente la lave comparée aux produits granitiques, et sur l'alignement des volcans, tendrait à faire considérer ces derniers comme le résultat de l'oxydation intérieure, au moyen de l'eau, des minéraux qui composent les roches primitives ou plutoniennes.

Pendant les grandes révolutions terrestres, l'eau, en s'infiltrant dans les failles ou fissures qui se produisent alors, se trouve, sous une haute température, en contact avec des métaux inoxydés. Elle leur cède son oxygène, tandis que son hydrogène, en se combinant avec le chlore et le soufre, forme les vapeurs d'acide chlorhydrique et sulfhydrique qui s'échappent en grande quantité du cratère des volcans ou des sources minérales placées presque toujours dans leur voisinage. L'hydrogène, en pénétrant, sous une haute température chimique, à travers les calcaires neptuniens ou les bancs de houille, et se combinant avec leur carbone, donne lieu aux sources de bitume; enfin, le développement d'une immense quantité de gaz donne lieu aux explosions volcaniques que caractérisent les tremblements de terre et les éruptions.

Quoi qu'il en soit de ces diverses théories, les sédiments ou terrains neptuniens portent, en une multitude de points, la trace d'une action ignée postérieure à leur formation : par le contact des granits incandescents, les calcaires ont perdu les traces de leur stratification primitive, et sont devenus ces marbres variés dont les carrières avoisinent les volcans; les schistes sont devenus des jaspes rubanés, les grès sont devenus des porphyres, etc. Ces transformations, connues généralement sous le nom de *métamorphisme*, se mêlent de productions directement volcaniques ou vulcaniennes, telles que les basaltes, les trachytes et les scories connues sous le nom de laves modernes. Qu'on ajoute à toutes ces perturbations les infiltrations, à travers les roches et sous forme de filons, d'un grand nombres de minéraux, et l'on comprendra ce qu'il a fallu aux savants de patience et de sagacité pour se guider à travers ce dédale.

De cette esquisse, trop rapide pour reproduire fidèlement la physionomie de la terre actuelle et antédiluvienne, on doit conclure : 1° que la matière porte en elle des moyens de transformations incessantes et infiniment variées; 2° qu'il fut un temps où nul être vivant n'existait sur notre planète; 3° qu'après l'apparition des êtres organisés, une série de cataclysmes eut pour résultat d'anéantir plusieurs systèmes d'êtres vivants, et d'en faire surgir plusieurs autres; 4° que la vie a toujours été se multipliant et se perfectionnant sur le globe, si bien qu'après avoir commencé par des plantes cryptogames et des zoophytes, elle offre maintenant des végétaux phanérogames et des mammifères, au sommet desquels il faut placer l'homme, le dernier venu d'entre eux, selon toute apparence; 5° qu'un nouveau cataclysme anéantira l'homme et les espèces contemporaines, pour faire place à des êtres d'une nature plus élevée et plus intelligente.

CHAPITRE DEUXIÈME.

Des êtres vivants.

Il ne s'agit plus ici de corps homogènes et dont toutes les réactions peuvent être calculées à l'avance ; les êtres organisés sont dissemblables non-seulement les uns des autres, mais dissemblables encore quant aux diverses parties qui les composent et qui portent le nom d'*organes*. Les organes, en raison de la variété de leur structure et de leur forme, réagissent diversement soit sur le monde extérieur, soit sur l'être dont ils font partie ; cette réaction se nomme *fonction* ; l'ensemble des fonctions se résume dans la *vie*.

Lorsque tous les organes sont intacts et que rien à l'extérieur ne vient gêner leurs fonctions, l'état de l'être organisé est la *santé* ; il devient *maladie* quand une ou plusieurs fonctions importantes sont lésées ; enfin la suspension totale des fonctions est la *mort*. L'être alors n'est plus *organisé*, il devient de la matière *organique*.

Vingt corps simples, dont onze non métalliques et neuf métalliques, entrent dans la composition des êtres organisés et possèdent l'aptitude à la vie (1). C'est l'*oxygène*,

(1) Bérard, *Cours de Physiologie*, t. I, p. 58.

l'*hydrogène*, le *carbone*, l'*azote*, le *phosphore*, le *soufre*, le *chlore*, le *fluor*, l'*iode*, le *brome*, le *silicium* ; puis le *potassium*, le *sodium*, le *calcium*, le *magnésium*, l'*aluminium*, le *fer*, le *manganèse*, le *cuivre* et le *plomb*. Quatre d'entre eux, l'*oxygène*, l'*hydrogène*, le *carbone* et l'*azote* forment la base de presque tous les êtres organisés, et semblent indispensables à la vie : les trois premiers prédominent dans les tissus des végétaux ; l'azote, au contraire, se rencontre en plus grande abondance dans les tissus animaux.

Pourquoi cette espèce de choix entre les éléments quand il s'agit de constituer les corps organisés ? pourquoi cette inaptitude de quarante et un éléments à se rattacher à la vie ? L'abondance de l'azote dans l'animal peut-elle nous dire ce qui sépare son existence de celle du végétal ? A toutes ces questions la science n'a donné jusqu'ici que des réponses évasives ; elle domine la matière inorganique ; elle sait transformer du minerai en fer et en acier, du quartz en verre et en cristal ; elle fait subir aux métaux mille changements divers ; elle crée des alcalis, des acides, des sels ; elle opère des prodiges d'industrie ; mais elle est impuissante à créer une plante ou un insecte. C'est que la vie n'est pas seulement le résultat d'une combinaison chimique aidée de l'électricité du calorique et de la lumière ; ce n'est pas seulement du carbone, de l'hydrogène, de l'oxygène se rapprochant dans des proportions déterminées, un nouvel agent est nécessaire, et cet agent est le fluide organique.

Lui seul peut expliquer par ses attractions et ses répulsions pourquoi certains corps simples sont compatibles ou incompatibles avec la vie; pourquoi les êtres vivants s'organisent sous des figures infiniment variées, et qui n'ont aucun rapport avec celles des minéraux. Comparons le germe de chaque être organisé à une pile organique d'où partent, comme d'une pile électrique, des courants dissemblables quant à leur nature et quant à leurs attractions ou répulsions. Un grain de blé tombe à la surface du sol, deux courants stimulés par l'action de l'humidité se développent aussitôt : l'un est attiré vers la terre, et donne naissance à la radicule ; l'autre est attiré vers l'atmosphère, et donne naissance à la plumule ; tous deux réagissent à leur manière sur le milieu ambiant ; ils produisent des organes très-dissemblables, et une série de fonctions distinctes, mais concourant au même but et produisant la vie.

L'existence du minéral résulte d'une série d'attractions produites par l'électricité, la lumière, la chaleur, et étudiées sous les noms de cohésion, d'affinité, etc. L'existence de l'être organisé est aussi le résultat d'une série d'attractions mal étudiées jusqu'ici, mais qui se manifestent clairement dans la racine du saule pleureur perçant un mur cimenté pour boire l'eau d'un étang ; dans cette fleur qui suit le soleil dans sa course et se contourne pour lui présenter le fond de son calice ; dans ces entraînements qui chez les animaux portent le nom de magnétisme, d'amour, de sympathie, etc. Chaque modification dans les courants organiques entraîne une modification dans les organes : or, comme l'eau, l'air, la terre, la chaleur et le froid, l'obscurité et la lumière, les agents chimiques et les êtres vivants eux-mêmes agissent sur ces courants, les organes varient et se compliquent à l'infini, tout en conservant dans le même individu la corrélation d'où résulte la vie.

Pour connaître les êtres vivants, la science n'a donc pas dû seulement étudier leur composition et faire l'analyse exacte des corps qui les constituent, elle a dû prendre un à un chacun de leurs organes ; elle a dû en étudier la structure, pour en connaître les fonctions. Grâce au scalpel, elle a reconnu des tissus très-divers de figure, de composition et de volume ; elle a vu ces tissus se grouper en appareils distincts : l'être organisé n'a plus été seulement divisé en carbone, hydrogène, oxygène, etc., mais en écorce et en aubier, en tige et en racine, en feuilles et en fleurs, en muscles, en vaisseaux, en os, en tête, en membres, etc., etc.

Plus la machine vivante est compliquée, plus son mode d'existence est complexe ; c'est évident pour qui parcourt dans son ensemble la série et la gradation des êtres organisés.

Prenons ceux qui sont au bas de l'échelle : examinons les algues, les lichens, les mousses, les champignons, dont le tissu, presque partout homogène, n'admet qu'un nombre très-restreint d'organes : nous trouvons une existence qui diffère peu de celle des cristaux et des corps inorganiques : mais si nous passons à des végétaux d'un ordre plus élevé, si nous observons un arbre, par exemple, loin d'y rencontrer une structure homogène, nous y voyons de l'écorce, de l'aubier, du bois, des branches et des racines, des feuilles, des fleurs, des fruits, etc. Des vaisseaux variés dans leur forme et leur dimension provoquent dans le bois et l'aubier l'ascension de la séve, qui, après avoir subi une élaboration particulière dans les feuilles, redescend par l'écorce et va porter l'accroissement et la vie dans tout l'organisme. Ainsi se trouve organisée une circulation qui à elle seule, pour ainsi dire, est la loi d'existence du végétal : elle développe les bourgeons et les tiges ; elle donne les moyens de résister à l'extrême froid et à l'extrême chaleur; enfin elle est l'origine des actes reproducteurs qui sont le phénomène le plus complexe que le végétal puisse offrir à nos yeux. A l'époque de ses amours, il se pare des couleurs les plus brillantes ; il se couvre de fleurs qui répandent autour d'elles les plus suaves parfums : les nectaires se remplissent de miel ; et parfois l'étamine, douée tout à coup de la faculté de se mouvoir, s'approche de l'organe femelle et verse sur lui sa poussière fécondante : épuisée par cet effort, la fleur se flétrit, les pétales se détachent, enfin le développement du fruit absorbe ce qui reste de séve et de vigueur.

Les plantes annuelles meurent et se désorganisent aussitôt qu'elles ont amené leur graine à maturité ; elles semblent avoir concentré tous les principes de leur vie dans les vies embryonnaires qui doivent leur succéder, et qui peuvent demeurer à l'état latent pendant de longues années (1), pour apparaître quand surgissent les circonstances favorables à la germination. Ces circonstances sont avant tout la présence de l'humidité, de l'oxygène, de la chaleur et de l'électricité, sans lesquels nulle vie n'est possible, parce que les courants organiques ne sauraient se développer sans eux.

C'est ici le cas d'exposer comment on peut comprendre l'existence de ces courants dans les plantes. Prenons un grand arbre, un noyer par exemple : depuis l'extrémité

---

(1) Des pois, retrouvés dans des tombeaux égyptiens, ont germé, bien qu'ayant plusieurs milliers d'années d'existence. Souvent, à la suite de fouilles, de défrichements ou de profonds labours, on voit naître des végétaux inconnus dans la contrée, et dont les graines étaient enfouies depuis bien longtemps.

de ses racines jusqu'à l'extrémité de ses branches, on y rencontre, en procédant de l'extérieur à l'intérieur, d'abord l'écorce, puis le bois, puis un tube central ou médullaire ; entre l'écorce et le bois il n'y a pas continuité, mais simplement juxtaposition et adhérence ; au moment où la végétation est très-active, ils sont séparés par une substance demi-liquide et probablement isolante, le *cambium*. Des fibres longitudinales et formées de vaisseaux se remarquent aussi bien dans l'écorce que dans le bois ; elles sont entrecoupées de fibres transversales. Enfin, au centre de la plante le canal médullaire offre de curieuses particularités : il est rempli d'une substance molle et spongieuse, la moelle, qui se superpose en une série de disques, et rappelle l'organisation d'une pile valtaïque. Supposons que la moelle ait, à l'imitation de la pile, les moyens de produire un fluide : ce dernier se répandra dans la partie voisine du canal médullaire, c'est-à-dire dans le bois, et, attiré soit par la lumière, soit par les gaz atmosphériques, se dirigera vers la lumière et l'atmosphère ; peut-être même la disposition des fibres ligneuses ne lui permet-elle de progresser que de bas en haut. D'après cette hypothèse, la séve, attirée par le courant organique, comme l'eau est attirée par un courant électrique, sera provoquée à un mouvement ascensionnel constant, et tendra à s'accumuler à l'extrémité des branches : là elle rencontrera les gemmules ou boutons qui feront obstacle à sa marche : elle les distendra, les poussera, pour ainsi dire, devant elle, et, guidée par les courants organiques, les développera dans un ordre déterminé et uniforme. Elle les projettera partout où se rencontreront l'air et la lumière, dont nous avons déjà signalé l'affinité avec le fluide végétal.

Cette affinité a pour manifestation principale la production des feuilles, qui sont pour la plante des racines atmosphériques : leurs nervures, en même temps qu'elles conduisent la séve dans leurs vaisseaux, conduisent également le fluide végétal, et le mettent en rapport avec la lumière, d'où il tire un surcroît d'activité, peut-être même une modification dans son essence, et avec l'air atmosphérique, dont il décompose l'acide carbonique, gardant le carbone et rejetant l'oxygène.

Ainsi doivent se comprendre les courants fluides et liquides qui relient les deux extrémités opposées, les deux pôles du végétal : ces courants vont de la racine à l'extrémité de la tige, des spongioles radiculaires aux feuilles. Mais, pour qu'il y ait cercle complet, *circulation*, ils sont tenus de redescendre de l'extrémité des branches à l'extrémité des racines, et ce mouvement contraire au premier se fait par l'écorce. Tel est le mécanisme de la circulation : dans son trajet elle cède çà et là les portions de la séve qui sont en harmonie de composition et de vitalité avec telle ou telle partie du végétal. Quand, par leur passage à travers les feuilles, les liquides nourriciers ont pris plus de densité en s'assimilant les particules de charbon contenues dans l'atmosphère et en exhalant une portion de leur eau primitive, ils se condensent vers la région intérieure de l'écorce en des fibres ligneuses (le *liber*), qui peu à peu s'ajoutent au bois et forment les moyens d'accroissement du végétal dans le sens de la largeur.

D'après cette théorie de la végétation, il est manifeste que la force ascensionnelle de la séve doit être en raison directe du volume de la moelle et du nombre des vaisseaux contenus dans les parties centrales et ligneuses, tandis que la force descendante est en raison directe du volume de l'écorce.

Lorsqu'il existe une disproportion entre ces deux forces, et qu'une moelle volumineuse coïncide avec une écorce très-mince, on peut être assuré que la séve afflue vers les régions supérieures du végétal, produit un accroissement rapide des bourgeons, s'étale en feuilles volumineuses, se dépense en fleurs et en fruits énormes ou très-multipliés. C'est ce qui se remarque dans le sureau, dans le grand soleil, dans la vigne et plusieurs plantes sarmenteuses; le même phénomène a lieu dans les jeunes tiges de chêne, de bouleau, de paulonia, etc. Mais à mesure qu'elles vieillissent, l'écorce augmente et la moelle diminue; aussi chaque année voit les feuilles perdre de leur volume et les bourgeons prendre un accroissement moins rapide; un vieux chêne végète tardivement, ses branches ne se développent plus en proportion de sa tige; la séve, paresseuse dans son mouvement ascendant, descend avec rapidité; elle abandonne d'abord les branches les plus élevées et les laisse dépérir, puis se retire successivement des autres en se maintenant en dernier lieu vers celles qui avoisinent le plus la terre.

L'art a mis ces dispositions à profit en greffant certains arbres sur d'autres dont l'écorce est plus mince; la marche de la séve descendante est ainsi entravée, les sucs séjournent et s'accumulent dans les fleurs et dans les fruits, qui, par cet artifice, deviennent plus volumineux et acquièrent plus de saveur. Il suffit souvent de faire une incision transversale à l'écorce, et de créer un obstacle à la séve et aux courants organiques descendants, pour rendre productif un arbre fruitier jusque-là stérile.

Il est des arbres et des plantes (monocotylédones) dont la moelle est mêlée au bois, les palmiers par exemple, et dont l'écorce n'a qu'une organisation incomplète ; aussi la séve est-elle avant tout ascensionnelle, et produit-elle des feuilles énormes et des fruits très-abondants : le maïs, le bananier, les roseaux et les graminées nous sont autant d'exemples de ce fait.

Divers moyens sont donnés à l'homme d'accélérer ou de ralentir le mouvement de la séve, soit en agissant sur les courants organiques, soit en agissant sur les éléments qui composent la séve elle-même. Que la moelle, par exemple, vienne à être détruite dans une portion de la tige, comme cela a lieu dans beaucoup de vieux arbres, le courant organique n'est plus produit que par la moelle des racines et des branches ; il offre des lacunes, il répartit la vie d'une façon moins active : au contraire, son activité peut être augmentée par la chaleur, par la lumière et par certains réactifs chimiques, dont l'action alcaline est en opposition avec l'état acide de l'atmosphère.

Des sels de soude, de potasse ou d'ammoniaque, déposés au pied d'une plante, stimulent presque immédiatement la circulation et la nutrition, qui se ralentissent, au contraire, par l'effet de réactifs acides.

De ces faits il ressort que chaque plante est une chimie vivante dont les affinités sont déterminées non plus par l'électricité ordinaire, mais par un autre fluide analogue dont les réactions sont spéciales à la végétation.

De même les végétaux présentent un état et des lois physiques qui leur sont particuliers : la séve vivante, par exemple, résiste énergiquement à la congélation et se maintient souvent à une température bien supérieure à celle de l'air ambiant. Dans d'autres circonstances elle résiste à l'action des rayons solaires, et repousse le calorique qu'ils contiennent. Nous savons déjà qu'elle lutte contre la pesanteur dans son mouvement ascensionnel : nous allons maintenant la voir échapper à la géométrie par les figures qu'elle affecte dans sa solidification.

Les cristaux présentent des figures régulières et toujours les mêmes. Les plantes, au contraire, tout en conservant la même physionomie, varient infiniment ; leurs diverses parties sont cylindriques, prismatiques, ovoïdes, droites, courbes, planes, etc. : une feuille elliptique, et découpée vient s'ajouter au cylindre que représente l'extrémité d'une branche ; une fleur en développant ses pétales et ses étamines peut varier dix fois de figure dans une journée : la décrire exactement et la mesurer serait une chose impossible, chaque phase de sa vie implique une transformation.

Jusqu'où la figure des êtres organisés est-elle susceptible de modifier les lois de la physique et de la chimie ? jusqu'où va son influence dans les phénomènes qui composent la vie ? voilà avant tout ce qu'il faudrait savoir et ce que la science ignore à peu près complétement.

Les physiciens ont découvert quelle influence un morceau de verre prismatique, biconvexe ou biconcave peut exercer sur la transmission ou la décomposition des rayons lumineux : ils savent aussi que l'électricité s'accumule plus facilement sur une pointe que sur une surface plane ou arrondie ; mais ils ignorent quelle influence la figure des tubes peut avoir sur l'ascension des liquides et sur la composition ou la circulation de la séve. De ces tubes ou vaisseaux, les uns, en admettant seulement telle sorte de liquide, donnent naissance à des organes d'une composition spéciale, tandis que d'autres, dirigés vers un point déterminé, y font affluer des sucs d'une autre composition.

Chacun a pu remarquer que les surfaces tomenteuses ou veloutées se laissent difficilement pénétrer par les liquides ; aussi les parties des végétaux facilement putréfiables, telles que les prunes, les pêches, les raisins, les feuilles charnues du chou et de la capucine, sont-elles prémunies, par un duvet court et serré, contre l'action de l'humidité.

Il est de même à supposer que la figure des feuilles, leur disposition aréolaire et leur apparence velue, sont pour beaucoup dans la décomposition de l'acide carbonique de l'air, dans l'assimilation du carbone et l'exhalation de l'oxygène qui en est le résultat ; l'aspect lisse de leur surface supérieure indique la facilité avec laquelle sont repoussés les rayons lumineux et calorifiques du soleil, qui sans ce moyen préservatif produiraient souvent une désorganisation complète dans les pays chauds.

On peut voir par ce simple aperçu combien le mode d'existence du végétal diffère de celui du corps inorganique ! tandis que celui-ci offre à peine à l'observateur quelques impulsions physiques et chimiques, celui-là possède une vie complète, des organes et des fonctions très-divers.

Cependant, comme il est fixé au sol par des racines, et que la faculté de se mouvoir lui manque, il est dénué de sensibilité ; il ne peut éprouver ni plaisir ni douleur, faute de pouvoir rechercher le premier et fuir la seconde.

Si les plantes ne sentent pas, dans l'acception absolue du mot, si elles ne peuvent se déplacer volontairement, elles ne laissent pas que d'éprouver quelques impressions et d'exécuter des mouvements partiels. La sensitive retire ses feuilles du contact de la main, qui semble lui produire une douleur ; beaucoup de fleurs suivent le soleil dans sa course, et se tournent de manière à présenter le fond de leur calice à ses rayons vivifiants.

Dans les forêts les arbres s'incurvent à droite et à gauche pour assurer à leurs rameaux une somme suffisante d'air et de lumière : à qui se plaît dans l'observation de la nature, les faits de ce genre ne manquent pas.

Multiplier davantage ces exemples serait très-inutile : le peu que nous avons dit suffit pour démontrer dans le végétal non-seulement les tendances qui tiennent à l'attraction et à l'affinité observées dans les corps inorganiques, mais encore des impulsions particulières et variables, selon les heures du jour ou de la nuit, selon la chaleur ou la froidure, la sécheresse ou l'humidité. Ces impulsions et les actes qui en sont la suite varient autant que la structure des plantes, et sont liés intimement à la vie ; sans eux la végétation serait impossible ; elle ne saurait s'accommoder aux circonstances extérieures ; elle ne saurait surtout offrir à nos yeux une aussi grande variété de figures.

A mesure qu'on remonte l'échelle organique, on voit ainsi se développer l'aptitude à réagir sur le monde extérieur et s'accroître le champ de la vie. De même que le lichen a une existence plus complexe que le cristal le plus parfait, de même aussi l'arbre de nos forêts a une vie bien plus compliquée que le lichen. Montons un degré de plus dans la vie, et nous arrivons à l'animal ; nous y arrivons par une gradation insensible, par le zoophyte qui tient aux deux classes des êtres organisés : il est fixé sur un rocher ; il se reproduit par bourgeons ou bouture ; il n'appartient à l'animalité que par sa composition chimique et son tube digestif. Au-dessus de lui se trouvent des animaux que l'impossibilité de se déplacer condamne à l'hermaphrodisme, comme la plupart des plantes ; puis viennent les insectes ; enfin les vertébrés, dont la progression se termine à l'homme.

Si on cherche ce qui caractérise l'animalité, on trouve en première ligne la sensibilité ou l'aptitude à recevoir des impressions intérieures ou extérieures : de ces impressions, les unes sont agréables, les autres sont pénibles, c'est-à-dire qu'elles se résument dans le plaisir et la douleur. Mais doter ainsi un être vivant sans lui donner les moyens de fuir celle-ci et de rechercher celui-là, serait le condamner à mourir du supplice de Prométhée ou de Tantale ; la sensibilité entraîne forcément la motilité ou l'aptitude au déplacement.

Du moment où la motilité est admise, la nutrition au moyen de racines devient impossible, il faut un autre mode de réparations, et l'appareil digestif devient la conséquence de l'appareil moteur, comme ce dernier dérivait lui-même des appareils des sens.

Sensation, mouvement et digestion, tels sont les trois faits principaux qui caractérisent l'animal et qui s'ajoutent chez lui aux aptitudes diverses, déjà étudiées dans les plantes sous les noms de circulation, de respiration, de nutrition, de sécrétion et de reproduction. Seulement ces fonctions ne s'exécutent ni de la même manière, ni par les mêmes agents : outre une différence notable dans la disposition organique, un nouvel agent se rencontre chez l'animal ; c'est le fluide nerveux, qui diffère essentiellement du fluide médullaire ou végétal. Ce dernier, réparti dans toute la longueur de la plante, se partage en deux courants, l'un interne ou ascendant, l'autre externe ou descendant, d'où résulte un cercle complet, une circulation continuelle. Mais dans le plus bel arbre il n'y a pas de centre de vie ; une branche détachée et plantée en terre peut devenir un autre arbre à son tour. Dans l'animal il y a bien aussi des courants nerveux continuels, mais ils viennent tous aboutir au même centre, qui se trouve ainsi l'arbitre général de la vie : par ces courants il reçoit la communication de toutes les impressions venues du dehors, et peut connaître où l'organisme commence et où il finit ; il peut se séparer du monde extérieur ; enfin il reçoit toutes les aptitudes de la sensibilité ; par les courants qu'il envoie dans les divers appareils, il peut déterminer des contractions et déplacer l'organisme d'une façon générale ou partielle ; il devient encore l'arbitre du mouvement.

Il ressort de tout ceci que l'animalité est constituée avant tout par un centre sensitif et moteur, par le système nerveux, par la source du fluide vivant, et qu'étudier l'animal, ses facultés et ses diverses réactions sur le monde extérieur, sans connaître l'appareil qui les produit, c'est vouloir commettre de nombreuses erreurs.

Pour nous, dont le but est d'étudier l'homme non pas comme un être abstrait et idéal, mais comme une portion de la nature et de l'animalité ; pour nous, qui voulons savoir si le mécanisme des organes ne peut expliquer la supériorité humaine ; pour nous, qui, avant d'avoir recours à l'hypothèse, voulons savoir si la réalité ne peut suffire, l'étude du cerveau, ou, si l'on veut, du centre sensitif et moteur, doit précéder toutes les autres études, parce que la sensibilité et la motilité sont pour quelque chose dans toutes les fonctions.

Ces dernières se divisent en deux grandes classes : les unes, entièrement soumises au moi et à la volonté, ont été nommées fonctions de relation, et sont particulières à l'animal ; les autres, au contraire, soustraites partiellement au centre sensitif, ont été nommées fonctions végétatives ou organiques ; la source du mouvement et du sentiment leur vient d'une annexe du système nerveux général du *grand sympathique*, dont l'étude doit précéder l'examen de chacune des fonctions qui lui sont subordonnées.

Qu'on n'aille pas croire, d'après cette division, que les fonctions soumises au centre sensitif, au cerveau, sont parfaitement distinctes de celles que dirige le grand sympathique, et que nulle relation n'existe entre elles : au contraire, les deux centres nerveux ont des voies de communication multipliées et sollicitent sans cesse leur intervention réciproque.

La digestion, par exemple, bien que dirigée par le grand sympathique et placée sous son influence, ne peut s'opérer sans l'intervention du cerveau et de la volonté, qui choisissent les aliments, les introduisent dans la bouche et opèrent leur mastication. De même la respiration ne peut avoir lieu sans que le cerveau fasse dilater la poitrine. Ces actes volontaires deviennent cependant obligatoires par l'action du grand sympathique, qui, au moyen de la faim et du besoin de respirer, met une limite à la liberté cérébrale et lui ôte la faculté du suicide.

Par opposition, on voit des actes volontaires, comme la course, la danse, la gymnastique, accélérer les mouvements du cœur, qui cependant sont soustraits à la volonté, Une nutrition plus active est nécessaire pendant un exercice violent ; elle s'opère sous l'initiative cérébrale, bien qu'elle fasse partie des fonctions végétatives et involontaires.

En somme, le cerveau préside à la vie extérieure, et le grand sympathique à la vie intérieure. Cette division, basée sur l'anatomie et la physiologie, se maintiendra non-seulement dans l'examen des organes et des fonctions, mais encore dans l'étude de l'âme humaine. Un même système doit réglementer le physique et le moral, puisque dans l'étude de l'humanité ils ne peuvent être séparés que par abstraction, et que l'un apparaît toujours comme conséquence de l'autre. Mais, sans donner à l'avance une solution qui doit être appuyée sur des preuves irrécusables, et sans nous livrer sur les différentes classes animales à des études qu'il faudrait recommencer intégralement dans l'anatomie et la physiologie de l'homme, nous croyons devoir donner immédiatement la classification des organes et des fonctions de notre espèce.

LIVRE DEUXIÈME.

CHAPITRE PREMIER.

De l'homme.

TABLEAU DE SES ORGANES ET DE SES FONCTIONS.

CENTRES NERVEUX.	NERFS.	ORGANES.		FONCTIONS.	
Encéphale, vie animale.	Nerfs qui vont du centre à la périphérie.	Muscles.		Mouvements.	
	Nerfs qui reviennent de la périphérie vers le centre.	Organes des sens.		Tact. Goût. Odorat. Vue. Ouïe.	
Grand sympa-thique et vie végétative.	Nerfs centrifuges et centripètes.	Cœur et vaisseaux.	CIRCULA-TION.	Absorption. Nutrition. Sécrétion.	
		Appareil de la respiration.	RESPIRA-TION.	Calorification. Voix et parole.	
		Appareil de la digestion.	DIGESTION	Assimilation. Excrétion.	
		Appareil génito-urinaire.	GÉNÉRA-TION.	Rapprochement sexuel. Gestation. Parturition.	

D'après ce tableau, l'appareil nerveux, comme expression de la sensibilité et de la motilité que nous savons caractériser l'animal, se trouve placé avant tous les autres organes. Son étude anatomique permet d'analyser ses fonctions, qui, observées dans les muscles, disent l'origine du mouvement, tandis que dans les appareils sensitifs elles disent l'origine de la sensibilité. L'étude successive des sens fera comprendre le mécanisme du tact, du goût, de l'odorat, de la vue et de l'ouïe; elle établira les relations de l'homme avec le monde extérieur. De même, l'étude des fonctions intérieures, toujours soustraites en partie à la volonté, comme le prouve leur persistance pendant le sommeil, doit commencer par le grand sympathique, leur régulateur général. Puis viendra l'appareil circulatoire et la circulation, qui possède, avec les nerfs, le privilége de se mêler à toutes les fonctions; puis le poumon et la respiration, qui servent à donner au sang la chaleur et les principes vivifiants; puis le tube digestif et la digestion, qui tirent du monde extérieur des éléments de réparation; enfin, l'appareil génito-urinaire et la reproduction qui pourvoient au maintien de l'espèce. Dans ce cadre se trouvera embrassée la vie humaine tout entière.

APPAREILS ET FONCTIONS QUI CONCERNENT L'EXTÉRIEUR.

Cerveau et moelle épinière.

C'est le centre où viennent aboutir toutes les sensations, et d'où émane le principe de tout mouvement volontaire; il occupe la partie supérieure de la tête, est protégé par le crâne, boîte osseuse très-résistante; enfin, il est placé dans le voisinage des yeux, des oreilles, de la langue et du nez, appareils sensitifs dont il reçoit plus facilement les impressions. Mais, par suite de cette situation à l'extrémité du corps, il est obligé, pour communiquer avec le reste de l'organisme, d'*envoyer* un *prolongement*, chargé de recueillir les impressions venues des membres et de l'autre extrémité du tronc ; ce prolongement, nommé moelle, est aussi contenu dans un canal osseux pratiqué dans l'intérieur de la colonne vertébrale.

Comme la plupart des autres appareils, le cerveau, ou mieux l'*encéphale*, est un organe symétrique, divisé en deux parties inégales : l'une, antérieure, plus volumineuse, est le cerveau proprement dit ; l'autre, postérieure, moins considérable, est le cervelet. Les proportions du premier au second sont comme 8 est à 1.

Le cerveau, plus étendu d'avant en arrière que latéralement, a sa face supérieure en forme de voûte ; il est aplati inférieurement. Des scissures, dont la profondeur, dans les différentes espèces animales, est en raison directe de l'intelligence, forment, au niveau de la substance cérébrale, une foule de circonvolutions, dont l'irrégularité échappe à une description exacte. Leur objet est de donner plus d'ampleur, dans un espace restreint, à la surface du cerveau dans laquelle se trouve l'origine des facultés intellectuelles.

Une autre scissure, longitudinale d'avant en arrière et beaucoup plus profonde que celles dont il vient d'être fait mention, divise le cerveau en deux moitiés latérales qui portent le nom d'hémisphères : les hémisphères communiquent entre eux au moyen d'une large bande de substance cérébrale nommée *corps calleux*.

Dans le cerveau se trouvent pratiquées des cavités dites

ventricules ; elles sont remplies par un liquide incolore et transparent dont l'action est inconnue.

Le cervelet présente dans sa structure beaucoup d'analogie avec le cerveau, et s'il n'est pas divisé en deux moitiés par une scissure longitudinale ; s'il a moins de longueur d'avant en arrière que latéralement, il offre aussi une foule de circonvolutions minces et serrées ; un ventricule est pratiqué dans son épaisseur ; enfin, sa couleur, quoique un peu plus sombre, diffère peu de la couleur de la substance cérébrale.

Du cerveau et du cervelet partent quatre faisceaux volumineux (deux pour chaque organe), qui s'unissent pour former la *moelle allongée*. Elle semble être le nœud de l'encéphale, le moyen d'union de ses diverses parties, le centre de vie de tout l'organisme ; elle se dirige d'avant en arrière et de haut en bas vers le trou occipital, où elle prend le nom de *bulbe rachidien*, pour devenir enfin *la moelle épinière*, et se prolonger jusqu'au niveau de la deuxième vertèbre lombaire.

La moelle est blanche à l'extérieur, et a la forme d'un cylindre de la grosseur du doigt. En avant et en arrière, un sillon faiblement tracé indique son partage en deux moitiés égales. Chaque moitié se divise elle-même en deux faisceaux, l'un, antérieur, que nous verrons plus tard présider à la motilité, et l'autre, postérieur, qui préside à la sensibilité de presque tout le corps.

Quoique renfermés dans la boîte osseuse du crâne et dans le canal osseux pratiqué dans la colonne vertébrale, les centres nerveux seraient continuellement exposés à des commotions et à des lésions dangereuses, si plusieurs membranes ne les enveloppaient et ne leur servaient de moyen de protection. La première de ces membranes, celle qui est immédiatement appliquée sur la substance nerveuse, est la *pie-mère.* Sa trame est lâche, cellulaire, transparente, mais elle acquiert plus de densité sur la moelle épinière. Une infinité de vaisseaux se ramifient dans son épaisseur, et elle pénètre non-seulement dans les sillons et les scissures cérébrales, mais jusque dans les ventricules.

La seconde membrane (arachnoïde), celle qui se trouve placée entre les deux autres, est mince, transparente, très-polie à sa surface, et présente deux feuillets, l'un qui adhère à la pie-mère, mais sans pénétrer dans les circonvolutions et les ventricules, l'autre qui adhère à la troisième membrane, dont il reste à faire la description.

Par cette disposition, les deux feuillets de l'arachnoïde sont toujours en contact par leur surface polie, ils facilitent le glissement des diverses parties de l'encéphale ou de la moelle, et rendent leurs mouvements inoffensifs.

La troisième enveloppe des centres nerveux est la dure-mère, membrane fibreuse, d'un blanc nacré qui, par sa surface externe, adhère au crâne, tandis que l'arachnoïde tapisse sa face interne ; elle présente différents replis en forme de faux, dont l'un pénètre profondément dans la scissure qui sépare les hémisphères du cerveau, tandis que les autres s'interposent au cerveau et au cervelet. Ces organes, ainsi maintenus dans toutes les directions, ne sauraient peser les uns sur les autres dans les différentes positions que peut prendre le corps ou dans les secousses qu'il peut subir.

Structure intime de l'encéphale.

La ténuité des organes doit faire du microscope notre principal instrument. Par lui, nous voyons que la substance nerveuse se compose, en très-grande partie, de fibres (1) affectant la forme tubuleuse, et contenant dans leur cavité une substance visqueuse, homogène, transparente et incolore. Mais les parois des tubes n'ont pas toujours la même épaisseur : les unes sont assez fortes pour qu'on puisse distinguer les deux lignes interne et externe qui en marquent l'épaisseur ; elles appartiennent aux tubes *à double contour*, tandis que les tubes *à contour simple* ont des parois dont il est très-difficile de distinguer l'épaisseur.

Les fibres à double contour sont blanches, et constituent par leur agglomération la substance blanche du cerveau ; les fibres à contour simple sont plus foncées, et constituent la substance grise : celles-ci paraissent plus particulièrement consacrées à la vie organique, et celles-là aux phénomènes de la vie de relation. Jusqu'ici le microscope n'a démontré d'autre différence entre les tubes nerveux affectés aux sentiments et ceux qui président au mouve-

(1) Les travaux des micrographes, tant anciens que modernes, doivent faire définitivement admettre une fibre nerveuse primitive, perforée dans la direction de son axe. C'était l'opinion de Borelli, de Leuwenhoeck dans les derniers temps de sa vie, de Ledermuller. D'autres expérimentateurs des temps actuels, tels que MM. Leuret, Valentin, Maudl, Ehremberg, Longet, etc., sont à peu près du même avis ; leurs dissidences sont peu importantes, et tiennent peut-être au plus ou moins de perfectionnement de leurs instruments ou à la manière dont ils ont opéré. Dans la cavité intérieure de la fibre nerveuse existe une substance transparente et demi-liquide.

ment que des ganglions ou renflements nerveux sur les racines des premiers. *Jamais les fibres nerveuses, qu'elles soient de même nature ou d'espèce différente, ne s'unissent les unes aux autres, toujours et partout elles marchent indépendantes* (1).

On a encore admis dans le cerveau et la moelle une substance non fibreuse, demi-liquide, tenace, gélatineuse, nommée *substance cendrée* par Rolendo, *substance jeune* par Valentin. De même les micrographes ont trouvé des globules volumineux et ovoïdes dirigés par leur grosse extrémité du côté de la substance blanche du cerveau, et par leur extrémité aiguë du côté de la substance grise. Ces globules se rencontrent non-seulement dans le cerveau, et la moelle, mais encore dans les ganglions du grand sympatique, dont nous aurons à nous occuper plus tard.

Telles sont les données à peu près certaines que nous possédons sur la structure intime du centre cérébro-rachidien ; il nous faut maintenant étudier ses moyens de communication avec l'ensemble de l'organisme.

Ils consistent en des conducteurs composés d'un faisceau de fibres nerveuses semblables à celles dont nous venons de donner la description : ces conducteurs, ou nerfs de grosseur très-variable, contiennent une multitude de tubes à double contour ou à contour simple suivant leur destination. Ils sont de forme à peu près cylindrique, d'un aspect blanc jaunâtre et d'un tissu très-résistant ; ils sont enveloppés d'une membrane nommée *névrilème*, qui les protége en même temps qu'elle les isole des tissus voisins.

(1) Longet, *Anatomie et Physiologie du système nerveux.*

A mesure qu'un nerf s'éloigne du centre d'où il émane et qu'il se rapproche de l'organe qu'il doit animer, quelques fibres se détachent du conducteur principal, et par leur réunion constituent une branche : bientôt celle-ci se divise en rameaux, puis chaque rameau en ramuscules ; si bien que de division en division toutes les fibres nerveuses finissent par se séparer les unes des autres et par se disséminer dans les différents appareils. Plus tard, ce mode de distribution sera apprécié ; pour l'instant, il est utile de faire remarquer que l'immense majorité des nerfs (tous peut-être), et, en particulier, ceux qui naissent de la moelle épinière, contiennent deux ordres de fibres, les unes motrices, les autres sensitives. Ce fait a été mis hors de doute par de nombreux travaux qui datent du commencement de ce siècle. On sait même que toutes les racines nerveuses nées des cordons antérieurs de la moelle épinière sont dévolues au mouvement, et que les racines nées des cordons postérieurs appartiennent au sentiment. Elles s'éloignent du centre cérébral accolées les unes aux autres, mais ne se confondent jamais ; et comme leur nombre est à peu près pareil, aussitôt qu'une certaine quantité de fibres sensitives se détache d'un tronc nerveux pour se rendre dans un organe, il est permis de supposer qu'elles sont accompagnées de la même quantité de fibres motrices. Parvenues dans les tissus qu'elles doivent animer, elles ne s'y terminent pas brusquement, et pour ainsi dire sans issue, mais chaque tube nerveux, s'incurvant sur lui-même en forme d'anse, va s'*anastomoser*, c'est-à-dire se réunir bout à bout avec celui qui se trouve dans son voisinage. Nous verrons plus tard quelles raisons nous obligent à croire que cette anastomose a toujours lieu entre un nerf du sentiment et un nerf du mouvement : il s'agit pour l'instant de bien constater ce mode de terminaison par anses. D'abord démontré par MM. Prévost et Dumas, il a ensuite été admis par Burdach et par le plus grand nombre des physiologistes. Breschet et Valentin ont même étendu ce système aux nerfs des sensations spéciales.

D'après cette manière de voir, le cerveau et la moelle, par le moyen des nerfs, embrasseraient tout l'organisme dans un réseau si serré et si complet, que l'aiguille la plus ténue ne saurait être enfoncée dans notre peau sans froisser une fibre nerveuse et déterminer une douleur. Chacun, par ce seul fait, peut apprécier l'exactitude de la surveillance exercée par le centre cérébral sur toutes les parties du corps.

Il reste à examiner de quelle façon le froissement imprimé à une fibre nerveuse de l'extrémité d'un membre est instantanément transmis au cerveau. Après avoir considéré l'instrument, il est nécessaire de voir comment il fonctionne. Une série de faits doit nous guider dans cet examen.

Constatons, avant tout, qu'après la ligature, et à plus forte raison après la section des nerfs qui animent un membre, le mouvement volontaire et le sentiment sont instantanément abolis dans ce dernier. Mais qu'après la section on applique à l'extrémité du nerf détaché les pôles d'une pile électrique, et tout aussitôt le membre commence à se mouvoir. On a pu, de la sorte, faire opérer des sauts et des bonds à des grenouilles, à des mammifères et même à l'homme, quelques instants après leur mort. Ces mouvements, qu'on obtient ainsi par l'électricité après la section des nerfs, se font sans que l'animal sur lequel on opère en ait conscience, s'il est vivant.

De ces faits doit se tirer une double conclusion : 1° la ligature, qui n'altère guère la substance des nerfs et ne détruit en rien leur continuité, ne peut produire la paralysie qu'en arrêtant le cours d'un agent capable de parcourir la fibre nerveuse avec la rapidité de l'éclair ou de l'électricité ; 2° la faculté dévolue à cette dernière de produire des mouvements dans les membres après la section des nerfs établit une analogie forcée entre elle et l'agent nerveux. Il est même des auteurs qui ont voulu voir entre eux une identité parfaite, et qui, pour soutenir leur opinion, ont invoqué, outre la rapidité de l'action nerveuse, les appareils électriques observés chez certains poissons, comme la torpille, l'anguille de Surinam, etc., enfin l'aptitude de l'électricité à produire des mouvements.

Si tout cela indique des analogies, il est des faits qui marquent de nombreuses différences : ainsi le fluide ou agent nerveux a peu d'action sur les électroscopes les plus sensibles ; il est susceptible de se renfermer dans la substance nerveuse, d'être isolé par le névrilème et arrêté par la ligature des nerfs, tandis que l'électricité se répand indifféremment dans la fibre nerveuse, ses enveloppes et les autres tissus, sans qu'une ligature puisse en rien entraver sa marche.

Sans pousser plus loin une discussion à peu près résolue par la science, admettons que les nerfs sont parcourus par un fluide analogue mais non semblable à l'électricité, et que celle-ci n'a probablement la faculté d'exciter des mouvements qu'en poussant, pour ainsi dire, devant elle, le fluide nerveux.

Une particularité du principe de l'innervation, c'est que, dans une même fibre nerveuse, il ne peut suivre qu'une direction qui pour les nerfs moteurs est du centre à la périphérie, et pour les nerfs sensitifs est de la périphérie vers le centre. L'exactitude de cette théorie nous est encore confirmée par la pile galvanique : ses pôles, appliqués aux racines antérieures des nerfs rachidiens, provoquent des contractions spasmodiques dans les régions où se rend le nerf ; mais l'animal ne paraît ressentir aucune impression ; il se débat, au contraire, et donne des signes d'une violente douleur si le galvanisme est appliqué aux racines postérieures ou sensitives : après la section des racines antérieures on applique vainement l'électricité à l'extrémité du nerf qui adhère à la moelle, aucun mouvement ne se produit, de même qu'après la section des racines postérieures on tente en vain de réveiller une sensation en irritant le nerf dans toute sa longueur, bien que la racine antérieure soit intacte et laisse exister une communication avec le centre sensitif.

Ces expériences, variées par plusieurs savants, ont toujours donné les mêmes résultats quand elles ont été bien faites ; aussi croyons-nous inutile d'ajouter d'autres preuves moins décisives pour démontrer que le fluide nerveux ne suit dans les nerfs qu'une direction, que cette direction est de la périphérie vers le centre dans les nerfs sensitifs, que nous nommerons désormais *centripètes*, et du centre vers la périphérie dans les nerfs moteurs, que nous appellerons *centrifuges*, pour mettre dans notre langage plus d'exactitude. Il est, en effet, des nerfs, procédant des racines antérieures de la moelle (moteurs), qui se rendent à la peau, où ils ne peuvent évidemment produire de mouvement volontaire.

Ils ne peuvent servir aux sensations, puisque le principe

nerveux ne saurait, par leur intermédiaire, rétrograder vers le centre cérébral. Quelle peut être alors leur utilité?

Voilà certainement une des questions les plus importantes et en même temps les plus ardues que puisse poser la physiologie actuelle ; cependant elle n'est pas insoluble même avec les notions que nous venons d'acquérir.

Supposons, en effet, une fibre nerveuse centrifuge se portant vers un organe inhabile au mouvement, tel que la peau : le fluide nerveux n'en suivra pas moins sa marche ordinaire, puis, au moyen des anses ou anastomoses que nous avons vues exister à l'extrémité des ramifications nerveuses, il passera dans les nerfs centripètes, et reviendra au cerveau par leur intermédiaire, exactement comme le fluide électrique au moyen de conducteurs métalliques se porte instantanément de Paris à Rouen et de Rouen à Paris. L'organisme est ainsi enfermé dans une télégraphie nerveuse dont l'aboutissant général est le cerveau. Avant de démontrer l'utilité de cette théorie pour l'explication d'une multitude de faits physiologiques, qu'il nous soit permis de citer les dispositions anatomiques sur lesquelles elle repose :

D'abord, il est de remarque que tout nerf procédant de la moelle se compose partie de fibres centripètes, partie de fibres centrifuges, et que, si on admet leur terminaison par anses ou anastomoses, on ne comprend pas à quoi peuvent servir ces dernières à des fibres nerveuses de même espèce et dans lesquelles le fluide nerveux ne peut suivre qu'une direction, tandis qu'on comprend parfaitement l'utilité des anastomoses entre fibres d'espèces différentes pour la continuation du courant nerveux. Il est douteux que parmi les nerfs sortis directement du cerveau et qui se répandent dans la face, il en soit d'exclusivement centrifuges, comme les troisième, quatrième, sixième et septième paires, et d'entièrement centripètes, comme la cinquième paire : ils ont plusieurs racines dont il est bien difficile de suivre l'origine à travers la substance cérébrale ; d'ailleurs la cinquième paire s'anastomose fréquemment avec les autres.

Il est vrai qu'on ne peut constater le même fait à l'égard des nerfs de sensations spéciales, et qui président à la perception des odeurs, des couleurs et des sons; mais rien ne démontre qu'ils ne sont pas composés de deux ordres de fibres, et leur terminaison par anse, admise par Breschet et d'autres anatomistes, doit le faire supposer.

D'autres faits anatomiques du même genre nous font admettre l'abouchement par leur extrémité périphérique des deux ordres de fibres nerveuses, et par suite l'établissement de courants nerveux continuels qui, allant du centre aux extrémités, seraient l'origine des mouvements, et, revenant des extrémités au centre, seraient l'origine des sensations : ces courants ne paraissent pas même s'interrompre en passant par le centre sensitif. Il est de remarque, par exemple, qu'après la section de la racine sensitive d'un nerf rachidien, si on vient à irriter la partie de cette racine qui tient à la moelle, on détermine souvent des contractions spasmodiques dans les organes où se rend la branche motrice ; de même nous avons vu des hommes paralysés entièrement de leurs membres inférieurs exécuter des mouvements des jambes et des cuisses quand on venait à leur gratter la plante des pieds. Ils n'avaient pas conscience de ces mouvements, qui s'exécutaient évidemment sous l'influence de la stimulation produite à travers la moelle épinière par les nerfs sensitifs sur les nerfs centrifuges.

La généralisation de faits semblables a été nommée, par Marshall-Hall, *action réflexe de la moelle épinière* ; plus tard nous verrons quelles raisons nous la font supposer identique dans le cerveau.

Comme preuve physiologique de l'existence des courants nerveux, il ne faut pas oublier l'espèce de solidarité qui lie la contractilité à la sensibilité ; quand l'une d'elles s'affaiblit dans un membre, il est rare que l'autre reste intacte ; et de même des femmes vaporeuses que le moindre contact blesse, que la moindre contrariété exaspère, sont susceptibles, dans certains moments spasmodiques, d'efforts prodigieux si on les compare à l'exiguité de leurs membres. Plusieurs hommes ont peine à les maintenir dans un accès d'hystérie.

Comment expliquer cette augmentation simultanée de la sensibilité et de la contractilité, sinon par l'accélération du courant nerveux ?

Après avoir reconnu l'existence du fluide nerveux, son mode de progression dans les nerfs, il est nécessaire d'examiner si sa composition est toujours la même et si le cerveau est l'unique source d'où il procède. Cette double question peut paraître frivole, mais l'importance en sera sentie par la suite.

D'abord, est-il probable, est-il même possible que le principe qui fait mouvoir un membre soit identique à celui qui fait sécréter une glande, qui perçoit les rayons lumineux ou les ondes sonores ? Le simple bon sens suffit pour répondre négativement. Mais, s'il n'y a pas identité, d'où peuvent provenir les différences ? faudra-t-il les attri-

buer au cerveau ou aux nerfs ? Avant de discuter ce point,
il est utile d'examiner si les nerfs sont capables de sécréter
du fluide nerveux, parce que dans le cas contraire la question se trouverait résolue par voie d'exclusion. Ici, comme
en toute circonstance, l'expérience doit être notre guide :
elle démontre qu'après avoir opéré sur un animal vivant
la section d'un nerf centrifuge, on peut encore obtenir par
l'électricité appliquée à ce nerf totalement isolé du cerveau
toute une série de mouvements. On objectera que ces mouvements s'opèrent par du fluide nerveux déposé à l'avance
dans la trame du nerf, et que cette provision une fois épuisée (ce qui, d'après M. Longet, s'opère en quatre jours),
le fluide électrique est impuissant à provoquer des contractions.

A cela nous répondrons que l'accumulation dans un nerf
d'un fluide excessivement fugace, en assez grande quantité pour suffire à des milliers de contractions, est une chose
impossible. Si après quatre jours de galvanisation le principe moteur s'éteint, il ne faut pas oublier qu'un nerf est
gravement altéré par le fait même de sa section ; il a cessé
d'être tendu, la circulation s'opère incomplétement dans
son voisinage, enfin l'action incessante de l'électricité n'est
pas innocente. Une preuve que le fluide nerveux peut persister indéfiniment dans les nerfs privés de relations avec le
cerveau, c'est les contractions produites dans des membres
paralysés depuis longtemps par une section ou une destruction partielle de la moelle épinière. Remarquons enfin
que les nerfs diffèrent d'aspect, de structure et de densité,
selon les organes qu'ils doivent animer.

C'en est assez pour se croire autorisé à dire les nerfs capables de produire du fluide nerveux ; d'une autre part, il

serait injuste de déshériter complétement l'encéphale de cette production : admettons une conclusion mixte, qui fera des nerfs l'origine d'un fluide destiné à modifier et à renforcer l'influx cérébral, à le mettre en harmonie avec les organes vers lesquels il se dirige. On comprendra facilement ainsi comment le centre sensitif, aidé des différents nerfs, peut suffire à des fonctions très-différentes, et telles qu'elles apparaissent dans les appareils moteurs et sensitifs.

Par les deux ordres de nerfs que le centre nerveux envoie dans presque tous les organes, par les courants centrifuges et centripètes qui parcourent incessamment les tubes nerveux, il est facile d'entrevoir la surveillance rapide, instantanée, exercée sur tout l'organisme par l'encéphale. On peut comprendre de même, au moyen de la substance jaune de Valentin, comment une impression apportée par un courant nerveux dans un coin de l'encéphale se répand instantanément dans tout le reste de l'organe. Ces actes, produits par un fluide, se passent avec la rapidité d'action des fluides, avec la rapidité de la lumière ou de l'électricité.

Ici se présente une question importante : le fluide nerveux reste-t-il constamment enfermé dans les nerfs, ou peut-il s'épandre au sein des organes? peut-il même, comme l'électricité, passer dans l'atmosphère, et se transmettre d'un individu à un autre, soit par contact immédiat, soit à distance? La question vaut la peine d'être débattue; voyons si les faits ne peuvent la résoudre?

Tout observateur a pu voir souvent une impression de terreur, de joie, de courage. se transmettre presque instantanément à une foule, comme par l'étincelle électrique, souvent il lui est arrivé d'entendre, après un long silence, la personne assise à côté de lui émettre précisément l'idée qui l'occupait, bien qu'il ne l'eût manifestée d'aucune manière. Qui ne connaît la contagion de l'amour même lorsqu'il est silencieux? qui n'a été pris subitement du souvenir d'un ami absent depuis longues années et, deux minutes après, ne l'a pressé dans ses bras?

Ces faits, qui varient à l'infini, prouvent qu'en dehors de nous se fait une émanation du principe des passions, des idées, des sentiments, de la mémoire et des affections ; mais quel est ce principe, sinon le fluide nerveux? N'est-ce pas lui qui dote les animaux de toutes leurs facultés?

Quant à la question de savoir à quelle distance il peut se transmettre et jusqu'où s'étend son influence, ce sera l'objet d'une nouvelle étude quand nous parlerons des sympathies et du magnétisme.

Courants nerveux centrifuges et appareil moteur.

Édifiés désormais sur la structure du système nerveux, sur les agents qui lui servent à étendre son action dans tout l'organisme, nous avons à suivre la marche des courants nerveux.

Au moment où ils émanent du cerveau et ae la moelle, ils se portent en grande majorité par les nerfs centrifuges, dans les organes du mouvement qui se nomment *muscles*. Les muscles se composent de faisceaux de fibres très-ténues, rouges, molles, luisantes, très-vasculaires, qui n'ont pas grande ténacité et se rompent facilement sur le cadavre. Il est des muscles de toutes les formes : les uns sont plats et membraneux, d'autres sont cylindriques, le plus grand nombre est plus volumineux au centre qu'aux extrémités et affecte irrégulièrement la forme d'un fuseau (1). Tous enfin ont été accommodés, par la nature, selon les régions qu'ils doivent occuper et les fonctions qu'ils doivent remplir. Ils se terminent, en général, par des fibres d'un blanc nacré, très-dures et très-résistantes qui font suite à la fibre musculaire rouge, et par leur réunion forment les tendons destinés à transmettre facilement, mais d'une façon tout à fait inerte, l'effort des muscles. Ces derniers, malgré leur énergie, sont incapables de suffire seuls aux actes de déplacement ; ils manquent complétement de rigidité, et leur force, pour être efficace, doit s'appliquer à des leviers à peu près inflexibles. Ces leviers sont les os.

Le problème à résoudre ici était d'organiser, sans le soustraire aux lois générales de nutrition et de vitalité de l'organisme, un appareil capable d'être à la fois la charpente du corps et de se plier à des mouvements excessivement variés. Voici comment le problème a été résolu : une trame gélatineuse, incrustée de phosphate calcaire, a concilié la résistance et la vie ; pour éviter une trop grande pesanteur, la substance osseuse a été, dans les membres, disposée en forme de tubes qui, remplis par la moelle, unissent au plus haut degré la résistance à la légèreté.

L'augmentation de volume qui en résulte permet aux muscles de trouver de nombreux points d'attache. Les os, plats et courts, offrent une structure analogue : toujours ils portent à la périphérie une lamelle osseuse très-dure et

______

(1) Borelli admet huit figures dans les muscles : il en trouve de prismatiques, de rhomboïdaux, d'orbiculaires, de croisés, des penniformes, de figure spirale, de rayonnés et de composés.

très-tenace, tandis que leur centre est occupé par une substance spongieuse imbibée de moelle.

Loin que les os soient unis entre eux et soudés en une
seule pièce, la plupart n'adhèrent à leur voisin qu'au moyen
de ligaments très-solides qui leur permettent de se mouvoir
les uns sur les autres et les transforment en des leviers
droits ou coudés selon les besoins. On nomme articulation
le point d'union et de frottement des différents os. Ces
frottements très-multipliés amèneraient une usure rapide,
si les surfaces articulaires n'étaient recouvertes d'une matière polie, blanche, élastique et résistante (le cartilage),
dont l'épaisseur est toujours en raison directe du poids et
du froissement que supportent les extrémités osseuses : une
matière analogue à du blanc d'œuf baigne les cartilages
et ajoute à leur poli.

Les articulations portent, dans la science anatomique,
un nom générique destiné à indiquer la série de mouvements qu'elles permettent : certaines n'admettent que des
mouvements très-restreints, d'autres, au contraire, surtout aux membres, suffisent aux mouvements les plus variés et les plus étendus ; enfin, il en est qui forment une
couture entre les os plats, entre ceux du crâne, par exemple, et qui ne permettent aucun mouvement, mais diminuent seulement les chances de fracture, en cédant à une
forte pression.

Les muscles, au moyen de leurs fibres tendineuses, s'attachent ordinairement sur deux os articulés ensemble,
puis, prenant leur point d'appui sur le plus solide et le plus
voisin du corps, font mouvoir le second dans diverses directions. Rappelons-nous que, par suite de son tissu mou et
flexible, le muscle ne saurait avoir aucune force d'élon-

gation, et qu'à la moindre résistance dans ce sens il s'affaisserait sur lui-même ; au contraire, rien n'empêche qu'il ne se raccourcisse et ne tire sur ses deux extrémités avec une grande énergie. C'est, en effet, la contractilité musculaire que la nature a choisie comme principe de tout mouvement chez les animaux (1) ; elle est capable de combiner, avec des leviers placés presque toujours bout à bout, la force à la vitesse. Chaque muscle, par son raccourcissement, ne peut exécuter qu'un seul mouvement, si bien que la variété des mouvements entraîne l'existence d'une grande variété de muscles. Ces derniers sont très-nombreux (2); ils entourent les os et déterminent avec eux les formes et les saillies du corps ; leur puissance de raccourcissement est extrême, et peut égaler un poids de plusieurs milliers de kilogrammes quand ils sont volumineux ; aussi, comme le champ de leur raccourcissement est très-limité, en général, et que dans les actes nécessaires à la vie des animaux la vitesse est plus utile que la force, l'application de la contractilité musculaire aux os sacrifie presque toujours la force à la vitesse et représente un levier du troisième genre. Cependant cette disposition change quand une grande vigueur doit être déployée : on voit, par exemple, le pied, qui dans l'espèce humaine est destiné à supporter le poids du corps et à le projeter en haut et en avant, pendant la course, représenter un levier du deuxième genre, quand les muscles du mollet le font mouvoir ; de même les mouvements

(1) Les mouvements érectiles semblent de prime abord faire exception à cette règle ; mais ils sont, aussi bien que les principaux actes circulatoires, soumis à la contractilité.

(2) Chaussier en comptait 368.

qui étendent l'avant-bras sur le bras s'opèrent sur un levier du premier genre.

Ce serait une erreur d'imaginer que les os sont indispensables à l'action de tous les muscles et que tout mouvement suppose l'appui de leviers inflexibles. L'exemple du cœur, de la langue, des instestins vient démontrer que beaucoup d'organes peuvent exécuter des mouvements par la seule intervention des muscles, seulement ces mouvements ont peu d'énergie, à moins que la fibre musculaire ne soit disposée en anneau. Dans ce cas elle peut exercer une constriction violente sur l'espace qu'elle circonscrit.

Après avoir étudié l'organisation des nerfs, puis celle des muscles, il nous resterait à dire comment ceux-là font contracter ceux-ci : avouons tout d'abord que cette question physiologique n'est pas encore vidée. On sait que les fibres nerveuses sont disposées entre les fibres musculaires, que les premières déterminent, sous l'influence du cerveau ou d'un courant électrique, le plissement des autres, et substituent à leur rectitude une forme ondulée dont l'effet inévitable est de rapprocher leurs deux extrémités, autrement dit de les raccourcir. Voilà le fait, et il nous suffit ; quant à son explication elle a été tentée d'une façon très-ingénieuse par MM. Leuret et Lassaigne ; mais leur théorie n'a pas été acceptée généralement ; l'essentiel pour nous est d'être certains que tout mouvement s'exécute sous l'influence des courants nerveux produits par les nerfs centrifuges, et que le centre sensitif peut rendre plus ou moins rapides, plus ou moins intenses, pour diminuer ou augmenter l'énergie des contractions musculaires. Il en résulte que l'émission par le centre sensitif de fluide nerveux vers les muscles est synonyme de mouvement. Mais l'expérience

directe démontrant que le cerveau possède non-seulement
la faculté de commander tel ordre de mouvements, mais
encore de mesurer leur intensité de manière à ne pas produire un effort herculéen pour soulever une paille, ou une
constriction très-énergique pour saisir un objet délicat et
exposé à se briser, il reste à examiner comment peut être
mesurée l'intensité des mouvements : pour cela nous devons nous adresser à notre théorie de l'innervation : elle
nous démontre que les courants nerveux, après s'être ren-
dus dans les muscles par les nerfs centrifuges pour produire
le mouvement, retournent au cerveau par les nerfs centripètes pour produire des impressions qui varient avec les
modifications subies par le fluide nerveux, dans son trajet ;
si bien que le cerveau en commandant un mouvement est
toujours instruit du degré de son accomplissement. Ceci,
comme on le voit, constitue dans les muscles une sensibilité particulière, sensibilité qui a été niée par certains physiologistes, sur cette considération qu'on pouvait couper et
brûler le tissu musculaire sans produire de vives douleurs,
mais qui a été rendue incontestable par les enseignements
de M. Bérard. Ce professeur, en signalant la sensibilité des
muscles, a ouvert à la métaphysique de nouveaux horizons.
Certes cette sensibilité n'est pas identique à celle de la peau
et des membranes muqueuses, elle n'a rien de tactile, elle
se trouve en harmonie avec les fonctions des organes d'où
elle émane ; non-seulement elle mesure les efforts de l'animal, et le dispense d'employer autant d'énergie pour franchir une taupinière que pour escalader une montagne,
mais elle renferme bien d'autres conséquences.

Quand un homme promène son bras dans l'espace,
il n'a besoin ni du secours de l'œil, ni du secours du

tact, pour savoir quelle position occupe son membre par rapport à lui; il en a conscience par les contractions musculaires produites et par les impressions qui en dérivent; il a en lui-même et *à priori* la notion du mouvement avec les moyens de déplacer tout ou partie de son corps; il possède enfin, en changeant la position de son bras, un moyen d'apprécier les distances, faculté précieuse, que chacun de nous met continuellement en pratique, surtout dans l'obscurité (1). Il est vrai que le tact est ici un utile auxiliaire, mais seul il ne pourrait nous dire si l'obstacle que nous rencontrons est à 2,000 mètres de nous ou 0,01 mètre. De même la main en se promenant sur un corps solide ne juge pas de ses dimensions, comme l'ont imaginé les sensualistes, par la succession d'impressions tactiles qu'elle reçoit, mais par l'appréciation de l'espace qu'elle parcourt, appréciation qui ne peut être donnée que par la sensibilité des muscles mis en mouvement. La preuve expérimentale en est facile : il suffit de fixer la main sur un meuble; et de faire passer différents corps sur les doigts, les yeux étant fermés ; on s'aperçoit qu'on ne possède aucun moyen de juger exactement les dimensions de ces corps. Du reste, estimer les distances et mesurer les dimensions des corps est une même opération cérébrale ; elle dérive évidemment du courant nerveux centripète qui émane des organes moteurs, ou, ce qui est la même chose, de leur sensibilité. Avant de chercher quelles peuvent en être les conséquences intellectuelles, il est utile de poursuivre nos recherches et de découvrir les autres séries d'idées qui

(1) En parlant de l'organe de la vue, nous démontrerons comment il tient des muscles la faculté d'apprécier les distances.

doivent être attribuées à la sensibilité des muscles, ou à la faculté d'apprécier l'énergie de leurs contractions.

Supposons le bras d'un homme étendu horizontalement dans l'espace et maintenu dans cette position par la contraction des muscles de l'épaule et du bras ; supposons, en second lieu, qu'on vienne à charger la main de corps plus ou moins lourds : la mesure des contractions nécessaires pour maintenir le bras et la main dans la même position, et pour faire équilibre à la tendance des corps à se rapprocher de la terre, peut seule donner une idée de leur poids. A ceux qui croiraient devoir rapporter au tact ce que nous attribuons aux muscles, et qui verraient l'origine des sensations de pesanteur uniquement dans la pression imposée à la peau de la main par les corps pesants, on peut répondre que la main pourvue de gants apprécie le poids des objets comme la main nue, bien que le tact soit singulièrement amoindri ; on peut répondre surtout que la main appuyée sur un plan solide et dégagée de la nécessité d'emprunter les contractions musculaires pour se soutenir, est privée de la faculté d'estimer même grossièrement le poids des objets. Il suffit, au reste, de voir les hommes habitués à des appréciations de ce genre sous-peser et faire flotter dans l'espace par des contractions musculaires successives les corps dont ils veulent estimer la valeur, pour s'assurer que les sensations de pesanteur ne sont que l'appréciation de l'effort nécessaire pour maintenir un objet au-dessus d'un plan solide. Une autre preuve que la pression subie par la peau est pour peu de chose en tout ceci, c'est qu'il n'existe pour la sensibilité tactile aucune différence entre la pression exercée par un corps lourd et celle que produit un étau, bien que la sensibilité musculaire ne puisse s'y méprendre : aussi voyons-nous dans cette sensibilité l'origine du sentiment de l'équilibre.

Un homme placé debout, au milieu de l'obscurité, ne peut savoir si son corps incline à droite ou à gauche que par la pression plus considérable subie par l'un ou l'autre de ses membres inférieurs et que par l'énergie musculaire employée pour résister à la flexion. Mais tandis qu'un membre supporte une pression plus considérable, l'autre se trouve allégé d'autant ; l'inclinaison d'un côté ou le manque d'équilibre est manifeste. La même chose arrive si la pointe des pieds supporte une pression plus considérable que le talon ; une chute en avant est imminente ; l'inverse a lieu si le talon supporte un poids plus considérable que les orteils.

Une longue étude est nécessaire pour acquérir le sentiment de l'équilibre : l'enfant met plusieurs mois pour l'obtenir même grossièrement, et bien des chutes viennent prouver son peu d'expérience.

Quand il est parvenu à se maintenir sur ses extrémités inférieures, il lui faut encore une grande étude musculaire pour porter successivement ses pieds en avant et progresser, sans perdre l'équilibre.

Ses jambes apprécient le poids du corps aussi mal que ses bras estiment le poids des objets circonvoisins, et, de même qu'on le voit choir fréquemment, de même on le voit tenter de soulever des masses de pierre ou de fer qui excèdent dix fois ses forces. Ce n'est que peu à peu et par un exercice continuel que se complète l'éducation musculaire ; une grande variété de mouvements est alors acquise, et certains hommes obtiennent d'une façon merveilleuse le sentiment de l'équilibre ; les bateleurs des foires peuvent

donner une idée de ce que produit en ce genre l'habitude
et un exercice continu : leurs muscles acquièrent une telle
subtilité d'impression, qu'ils recueillent les moindres différences dans les contractions opérées par les divers points
du corps, et peuvent obtenir une précision de mouvements
inconnue aux autres hommes.

Par ce simple aperçu on voit où peut conduire l'analyse
des faits physiologiques, et comment les courants nerveux
qui traversent les muscles sont non-seulement l'origine
des mouvements, mais encore un moyen pour le cerveau
d'apprécier les distances ainsi que le volume des objets,
d'obtenir le sentiment du poids et par suite celui de l'équilibre. Tel est le rôle intellectuel joué par des organes considérés longtemps comme dépourvus de sensibilité ; plus
tard nous verrons que leur rôle affectif n'est pas moindre,
et qu'ils sont l'origine d'instincts très-impérieux.

Courants nerveux centripètes. — Appareils sensitifs.

Dans l'étude des courants centrifuges nous avons vu
qu'ils étaient l'origine des mouvements volontaires, et
qu'au moment où ils revenaient vers le cerveau ils devenaient principe de sensations ; de même en analysant les
courants nerveux qui reviennent de la périphérie vers le
centre, nous allons voir qu'ils sont, pour l'animal et
l'homme en particulier, l'unique moyen de communication avec le monde extérieur. N'oublions pas cependant
que tout courant centripète est précédé d'un courant centrifuge, et que, dans l'anse nerveuse suivie par le fluide,
celui-ci peut subir des modifications qui dépendent soit de
la structure de l'organe et des nerfs, soit de l'intervention
d'un corps étranger. Le fluide nerveux ainsi modifié pro-

duit une *impression* sur le cerveau, il devient l'origine d'une *sensation* : il existe autant de *sensations* que de modifications nerveuses possibles, c'est-à-dire qu'elles peuvent se multiplier à l'infini.

Cependant les propriétés des corps, telles que l'étendue, la chaleur, la couleur, la sonorité, etc., sont assez restreintes, et peuvent se classer : elles permettent d'établir ainsi une classification des impressions qu'elles produisent. Par exemple, les sons auxquels donnent naissance les corps vibrants peuvent varier énormément, mais, en définitive, ils modifient toujours le fluide nerveux d'une manière analogue, ils peuvent toujours être maintenus dans un même ordre d'impressions. On peut en dire autant d'autres attributs des corps, tels que la figure, la saveur, l'odeur, etc.; d'autre part, il est manifeste que des impressions si subtiles ne peuvent être recueillies par les mêmes nerfs, et que la structure de l'un, si elle est en harmonie avec les sons ou les vibrations aériennes, ne saurait être en harmonie avec les saveurs produites par les particules de corps tenus en dissolution dans un liquide. La nature, pour rendre ces attributs des corps accessibles au centre sensitif, a donc dû varier les appareils nerveux destinés à les recueillir. Elle a créé cinq de ces appareils qui seuls peuvent, avec les organes locomoteurs, nous mettre en rapport avec le monde extérieur; ils portent le nom de sens ou d'organes sensitifs, et se composent des appareils du *tact*, du *goût*, de *l'odorat*, de *la vue* et de *l'ouïe*. Outre les différences que présente leur structure, les tubes nerveux dont ils sont sillonnés n'offrent ni la même organisation ni la même apparence, tandis que les nerfs de la peau ou de l'organe du tact sont déliés, minces, résistants, très-allongés; les fibres nerveuses qui, dans l'œil, doivent subir l'influence des rayons lumineux, sont molles et courtes.

En combinant les différences que présente la structure des nerfs des appareils sensitifs avec la faculté (attribuée aux tubes nerveux) de produire du fluide, et de modifier ainsi les courants qui émanent du cerveau, nous sommes forcés d'admettre que ces courants, quand ils redeviennent centripètes, peuvent subir, de la part des nerfs des sens mis en contact avec des agents extérieurs, des modifications spéciales et dont la réaction produit la *sensation*. Cette dernière équivaut donc pour le cerveau à recevoir du fluide nerveux modifié, et cette modification, dont il est impossible de concevoir l'essence, se nomme couleur quand elle est produite par des rayons lumineux, saveur quand elle est produite par des corps sapides, son quand elle est produite par des vibrations aériennes, etc. L'impression produite sur le centre sensitif peut être fugitive, mais elle peut persister, quoique affaiblie en l'absence de l'agent extérieur d'où elle procède ; elle porte alors le nom de mémoire ; elle porte le nom d'hallucination quand, après la disparition de l'agent extérieur, elle conservé la même vivacité que pendant sa présence. Ce sujet sera traité d'une manière plus approfondie quand il sera question d'apprécier les diverses aptitudes qui résultent pour le cerveau des sensations qu'il est temps de passer en revue.

Appareil du tact.

Plusieurs raisons nous engagent à commencer nos études par lui : il semble en premier lieu résumer les autres appareils sensitifs qui tous subissent, par contact, l'action des agents extérieurs ; il est, en second lieu, le sens le plus étendu, puisqu'il occupe toute la périphérie du corps ; en troisième lieu, il se montre tout d'abord au bas de l'échelle animale, et constitue à lui seul les relations des animaux rayonnés avec le monde extérieur ; enfin la simplicité de son organisation, comparée aux impressions qu'il produit sur le cerveau, peut être considérée comme une introduction à des appareils plus compliqués.

La peau, siége du tact, est une membrane répandue sur toute la surface du corps. Elle est composée d'un tissu de fibres élastiques et jaunâtres qui, dans leur entrecroisement en différents sens, laissent entre elles des espaces coniques ou alvéoles, dont la base est dirigée vers les couches profondes et le sommet vers la superficie de la peau, qui se trouve ainsi percée d'une multitude d'ouvertures très-ténues. Par ces ouvertures font saillie de petits cônes, nommés papilles, dont le nombre varie avec les régions, et dont l'étude est d'autant plus importante, qu'eux seuls peuvent apprécier les propriétés tactiles de la matière. Ils représentent des éminences de forme irrégulière, molles, spongieuses, érectiles, dans lesquelles semblent se donner rendez-vous les nerfs et les vaisseaux de la peau, qui s'y enroulent et s'y confondent de telle façon, que l'anatomie n'a pu encore explorer parfaitement ce dédale : elle sait que des vaisseaux et des nerfs se rendent dans la base des papilles et les douent d'une extrême vitalité. Le contact de tout corps solide produit sur elles une impression dont la vivacité irait jusqu'à la douleur, si la nature n'avait étendu entre elles et les corps extérieurs un vernis, une lamelle cornée fort mince en certaines régions, mais dont l'épaisseur est toujours en raison inverse de la sensibilité tactile.

Ce vernis corné, qui se nomme épiderme, est susceptible de s'épaissir beaucoup par le frottement des corps durs, comme on peut s'en apercevoir en examinant les talons d'un homme qui marche nu-pieds ou la main d'un forgeron. Le contact du fer brûlant développe un épaississement épidermique, une série de durillons qui anéantissent la sensibilité papillaire et permettent de saisir et de maintenir, sans douleur, dans la main, un charbon incandescent.

Il est des régions du corps, telles que l'extrémité des doigts, des orteils et des lèvres, où les papilles sont très-multipliées ; elles donnent aux régions qui viennent d'être mentionnées une sensibilité extrême, qu'on a voulu séparer du tact général sous le nom de *toucher*, et considérer comme un sens spécial ; mais une fois engagé dans cette voie, il faudrait aussi faire des papilles siégeant aux organes génitaux, au pourtour des ouvertures naturelles, à la langue et dans l'épaisseur des membranes muqueuses, un appareil tactile spécial. Cette complication nous répugne en ce qu'elle multiplie inutilement les données scientifiques ; en outre, il sera démontré plus tard que la subtilité d'impression des doigts tient autant à l'appui que leur prêtent les muscles qu'au nombre des papilles.

D'autres organes, tels que la matière colorante, les follicules sébacés, ceux qui donnent naissance aux poils et à la matière des ongles, les canaux excréteurs multipliés, etc., se trouvent encore dans l'épaisseur de la peau ; mais le peu de part qu'ils prennent aux fonctions tactiles rend ici leur étude peu intéressante. Il est plus avantageux pour l'objet que nous nous proposons de suivre les courants nerveux dans la peau. Quand ils arrivent du cerveau par les nerfs centripétes et ont une grande abondance, ils font contracter les fibres jaunes élastiques, rétrécissent par conséquent l'appareil tégumentaire et l'appliquent sur les os. Les alvéoles se rétrécissent, elles serrent les papilles, les allongent et leur donnent une saillie connue vulgairement sous le nom de chair de poule. Par un mécanisme analogue, les poils se hérissent, et toute l'enveloppe cutanée semble prise de turgescence; la susceptibilité du tact devient extrême; il suffit d'un froissement léger pour produire une douleur.

Toute émotion physique ou intellectuelle capable d'accélérer beaucoup les courants nerveux qui se rendent à la peau, comme l'impression brusque du froid ou du chaud, la peur, la joie, etc., produisent la contraction des fibres élastiques, et, par suite, le frisson, l'horripilation.

Telle est l'action principale qu'on peut attribuer aux courants nerveux centrifuges de l'appareil du tact; mais il n'en est pas de même quand ils reprennent leur cours vers le centre sensitif. La plupart d'entre eux sont tenus de traverser les papilles qui, si elles sont mises en contact avec un corps étranger, altèrent la composition du fluide, soit par le dégagement électrique qui se fait alors, soit par la pression, soit par d'autres causes qui nous échappent.

Le fluide ainsi altéré, au moment où il pénètre dans le cerveau cause une impression, une sensation tactile; cette sensation varie avec tous les agents extérieurs qui ont une action directe sur la papille, parce que chacun de ces agents altère différemment le fluide nerveux.

Le tact présente cela de particulier que, moins subtil en apparence que les autres sens, il est susceptible de donner des impressions plus variées et qui toutes ont une haute importance pour la conservation de l'individu et celle de l'espèce.

Il apprécie, en premier lieu, la température des corps ambiants, et seul il peut avertir le cerveau de la quantité de calorique soustraite ou ajoutée à l'organisme ; seul il peut préserver les espèces animales d'une congélation ou d'une brûlure imminente. Observons que cette faculté d'apprécier la température se trouve répartie sur toute la surface du corps et des membranes muqueuses, si bien qu'aucune lésion de température ne peut échapper à la vigilance du tact. Pour que le calorique manifeste son action sur la peau, le contact immédiat d'un corps solide ou liquide n'est pas indispensable ; le simple rayonnement suffit ; ce qui implique, pour l'appareil du tact, la faculté de constater à distance la présence des corps surchargés de calorique : de même la surface entière de la peau et des muqueuses peut apprécier la plus petite lésion provenant d'une violence extérieure, qu'elle soit produite par un instrument piquant, coupant ou contondant. Quant aux autres impressions tactiles, bien qu'elles ne soient pas entièrement étrangères à la périphérie du corps, la main est leur principal interprète, en raison de la multiplicité des papilles, de la séparation, de la flexibilité des doigts, et surtout de l'aptitude du pouce à s'opposer à chacun d'eux ; grâce à cette aptitude, les plus petits objets peuvent être saisis et explorés dans différents sens à la fois. Que l'extrémité d'un doigt vienne à être appliquée sur un corps, quel qu'il soit, l'impression de température une fois subie, bien d'autres encore sont à subir. Si par exemple, ce corps se termine par une pointe, le doigt affecté sur un seul point et pénétré dans sa substance ne saurait méconnaître une matière dure et aiguë; deux pointes très-rapprochées produisent la même impression qu'une seule, et le tact ne les reconnaît pas; mais il constate leur présence si elles sont éloignées seulement de quelques millimètres. Une multitude de pointes, inégales en acuité et en longueur, produisent une sensation d'aspérité, surtout si le doigt opère un froissement à leur surface. Au contraire, qu'il rencontre sur un espace plus ou moins grand une sensation de température très-vive, que nulle pointe, nulle aspérité ne vienne à blesser le tissu de la peau, celle-ci est évidemment en contact avec un corps poli. Les sensations de chaud et de froid, d'acuité, d'aspérité et de poli, appartiennent donc évidemment au tact : maintenant, que le doigt vienne à appuyer fortement sur un corps, et qu'il rencontre en lui une grande résistance, il constate sa dureté; au contraire, s'il pénètre dans une substance étrangère, et si la sensation, qui d'abord était localisée sur un point très-restreint, se manifeste dans le voisinage des phalanges, gagne la main et le poignet, la *mollesse* du corps est constatée; elle se rapproche de la fluidité, à mesure que la résistance opposée est de moins en moins considérable. Mais ce mot de résistance nous avertit que l'organe du tact n'est plus seul en jeu, car seul il ne peut constater l'énergie de la pression employée, il lui faut des auxiliaires, ce sont les muscles : avec eux il peut mesurer quelle force est employée pour vaincre la résistance qu'oppose un corps quel qu'il soit; il peut mesurer l'espace que parcourt le doigt quand il s'enfonce dans une substance étrangère, ou quand il se promène à sa surface.

Par cela seul que le cerveau peut, avec l'intermédiaire des muscles et sans le secours des sens, juger *a priori* de la position occupée par chaque partie de la main, il distingue les dimensions des objets, soit qu'il puisse les embrasser dans les doigts, soit qu'il promène la main sur leurs diverses parties, soit qu'il emploie les deux mains à cet examen. De même les doigts, en suivant les saillies et les anfractuosités de la matière, peuvent en apprécier la figure. Supposons, par exemple, une sphère enveloppée par la main, les yeux étant fermés, bien entendu : le centre sensitif constate la figure sphérique en estimant la position des doigts et des phalanges ; il connaît la température de la sphère, son poli ou ses aspérités, sa dureté ou sa mollesse, ses dimensions, sa pesanteur ou sa légèreté. Lors même que la sphère serait trop considérable pour être embrassée par la main, celle-ci, en se promenant sur divers points de la surface, en mesurant l'espace parcouru, et en rencontrant partout la même courbe, ne saurait méconnaître la figure sphérique.

Les autres parties du corps dénuées de la faculté de se mouvoir partiellement, comme la main (1), et privées du secours des muscles, ne peuvent, malgré une sensibilité tactile très-prononcée, apprécier exactement la figure des objets. Supposons, par exemple, qu'on vienne à appliquer les différentes faces d'un cube sur la poitrine d'un aveugle : il pourra bien reconnaître la température, le poli ou la rudesse des surfaces, mais il sera incapable de discerner un cube : cette impuissance se manifestera mieux encore avec un corps d'une figure plus compliquée. Rien cependant n'est subtil comme le tact des aveugles : on les voit

(1) Les pieds doivent être exceptés ; l'exercice leur donnerait une aptitude analogue à celle de la main, moins la disposition désavantageuse du gros orteil.

avec son secours exercer le métier de tourneur, de sculp-
teur sur bois, de ferblantier, et même de cordonnier : ceci,
mieux que toute chose, exprime quelle multitude et quelle
subtilité d'impressions fournit la peau aidée de l'apparei.
musculaire.

Elle peut même devenir l'origine de la notion de mouvement en constatant les déplacements de divers corps et
le changement de leurs relations avec ceux qui les environnent.

Le tact a sur l'organisme une action essentiellement
conservatrice : il avertit le moi, par le moyen de la douleur,
de toutes les lésions que subit la périphérie du corps ; il
veille à l'intégrité des fonctions des autres appareils sensitifs, et prête son appui à la plupart d'entre eux : sans lui
les yeux seraient impunément blessés par des grains de
poussière ou de sable, par la fumée, par des parcelles métalliques ; le conduit auditif serait obstrué par du céru-
men, des insectes ou de petits cailloux ; enfin les fosses
nasales seraient exposées à des accidents analogues. Des
dangers plus graves encore menaceraient l'organe du goût
et la langue en particulier ; outre les blessures que lui fe-
raient les dents, si elle n'était avertie de leur contact, elle
ne pourrait ni veiller à la mastication en repoussant les aliments sous l'arcade dentaire, ni apprécier leur degré de
trituration ; elle ne pourrait enfin organiser le bol alimentaire et présider à la déglutition. Chez les personnes atteintes
de paralysie de la moitié du corps, les aliments s'accumulent contre la joue et le côté de la langue privés de
sensibilité, et sont souvent gardés pendant de longs espaces
de temps, sans que rien vienne avertir de leur présence.
Faut-il rappeler la part que le tact prend aux excrétions

et surtout aux fonctions de la génération? Non-seulement il est l'origine de l'impression voluptueuse produite par le contact des lèvres ou de toute autre partie du corps de deux amants, mais encore il joue un rôle organique très-important dans l'acte de l'union sexuelle et de la fécondation. Enfin il dirige les élans d'une mère qui serre son enfant contre sa poitrine.

Nous devons croire que tant d'impressions diverses, acquises à l'espèce humaine par l'organisation de la main et par une peau dénuée d'écailles, de plumes ou de poils abondants, est pour beaucoup dans sa supériorité intellectuelle et affective. Il est manifeste que des oiseaux dont la peau est soustraite à l'action des agents extérieurs par des plumes serrées et abondantes, dont les pattes sont revêtues d'écailles épaisses, et dont la face est masquée par un bec ou appendice corné, ne sauraient éprouver la multitude d'impressions qui viennent d'être énumérées. La même chose pourrait être dite de la plupart des mammifères, quoiqu'à un degré moindre. Les singes, par la conformation de leur main ne sont pas très au-dessous des facultés tactiles de l'espèce humaine. Il sera démontré par la suite que le sens de la vue peut suppléer celui du tact pour certaines impressions, sauf pourtant pour les impressions de température qui sont acquises exclusivement au dernier.

Appareil du goût.

Il a son siége dans la bouche, et diffère peu par son organisation anatomique de l'appareil du tact, dont il ne paraît être qu'une annexe. Il se compose d'une multitude de papilles, non plus aiguës vers leur sommet comme les papilles tactiles, mais, au contraire, élargies et spongieuses, tandis que leur base se trouve rétrécie et composée d'un pédicule étroit. On ne saurait mieux comparer leur forme qu'à celle de certains champignons.

Ces papilles gustatives, disséminées sur la surface et surtout les bords de la langue, en font le siége principal du goût ; mais elles ne s'y rencontrent pas seules, et sont entremêlées d'une multitude de papilles coniques qui font également de la langue un organe de tact très-subtil.

La faculté de goûter se trouve aussi dévolue, quoiqu'à un degré moindre, à la face interne des joues et à l'isthme du gosier : contre l'opinion générale, le palais en est dépourvu à peu près complétement. Elle ne s'exerce pas indifféremment sur tous les corps, mais seulement sur ceux qui sont solubles ou susceptibles de passer à l'état liquide par dissolution. Aussi la mastication et l'abondante sécrétion de la salive, qui est le dissolvant des aliments par excellence, sont-ils des auxiliaires puissants du goût ; sans eux l'aptitude à goûter ne s'exercerait que sur les boissons, les gaz n'ayant pas sur les papilles gustatives une action plus directe que les solides. Deux nerfs sont destinés à transmettre au cerveau les impressions sapides par les courants nerveux centripètes, c'est le nerf lingual et le glosso-pharyngien. Tous deux également conduisent des impressions tactiles, et cette double aptitude ne dépend, selon toute apparence, que de la forme des papilles qui reçoivent leurs extrémités périphériques.

Placé à l'entrée des voies digestives, l'appareil du goût est la sentinelle qui doit explorer les aliments avant de permettre leur introduction dans l'estomac. Aidé dans ses fonctions par le tact subtil dont est douée la langue, il fait de la mastication et de l'insalivation des actes qui pour beaucoup d'hommes résument les plus grandes jouissances. Il tend, au grand bénéfice de l'estomac, à prolonger la trituration des aliments, à les pénétrer exactement de salive; enfin il explore curieusement chaque parcelle alimentaire prêt à provoquer l'expulsion de celles qui l'impressionneraient désagréablement, ou dont les qualités lui paraîtraient suspectes. Ici, rien d'analogue à ces impressions variées que nous avons observées dans le tact, et qui concernaient des qualités très-diverses de la matière. Le goût ne reçoit des corps qu'un seul ordre d'impressions, celui qui a trait aux saveurs. Mais ces impressions, qui ne concernent que les corps liquides ou solubles, et seulement l'une de leurs qualités, peuvent cependant varier infiniment. Qui pourrait énumérer les saveurs diverses, et l'emploi si habile qui en a été fait par les gourmands de tous les pays? Certains fanatiques de l'art des Apicius, des Lucullus, des Vatel, des Carême, des Brillat-Savarin et de tant d'autres moins célèbres, mais non moins méritants, ont tenté à différentes reprises de classer les saveurs et de les diviser en *salée, sucrée, acide, âpre, amère, poivrée, aromatique*, etc. Certaines imaginations poétiques ont ainsi voulu constituer une gamme sapide dont les saveurs principales seraient les notes, dont le régime gras serait le mode majeur et le régime maigre le mode mineur. Certaines saveurs combinées seraient harmoniques ou discordantes; plusieurs se rattacheraient à un type primitif qui serait le ton on aurait des plats à l'*aromatique majeur*, au *sucré mineur*, etc. Ainsi se trouverait réalisé l'art des saveurs, qui, si nous en croyons certains philosophes gourmands, est encore à l'état de barbarie, et pourrait donner les plus sublimes et les plus nombreuses jouissances. Il est certain que la vivacité du sens du goût se maintient à tous les âges, et que, loin de s'affaiblir chez le vieillard, elle semble acquérir par l'éducation ce que perdent les autres sens. Ajoutons que la nécessité d'une alimentation fréquente et la nature essentiellement variée de la nourriture donnent à l'espèce humaine de continuelles occasions d'exercer le goût.

Pour que les saveurs puissent diriger l'homme et l'animal dans le choix de leurs aliments, il est manifeste que les unes doivent êtres agréables et les autres repoussantes; les premières ayant pour objet de favoriser la mastication et la déglutition, les secondes, au contraire, tendant à amener le rejet de substances altérées ou nuisibles. Chaque espèce animale possède de la sorte un sens qui lui indique *a priori* et sans le secours de l'éducation la nourriture qu'elle doit choisir; aussi voit-on rarement les animaux domestiques ou autres faire une erreur à cet égard : il est vrai que pour beaucoup d'entre eux l'odorat est un puissant auxiliaire du goût. L'homme, au contraire, bien que doué de la faculté d'apprécier les saveurs à un haut degré, se trompe souvent sur la qualité de ses aliments, soit que leur variété surcharge sa mémoire d'un trop grand nombre de saveurs, soit que l'éducation et les mille préparations inventées par l'art culinaire tendent à altérer peu à peu l'organisation primitive du goût. Il est certain que beaucoup d'enfants manifestent, dans le principe, une répugnance invincible pour des aliments que plus tard ils doivent préférer à tous les autres; l'habitude exerce ici une action puissante; mais l'âge doit aussi être compté pour beaucoup, en ce qu'il modifie les aptitudes digestives et, selon toute apparence, l'appareil chargé de les régulariser. L'enfance, par exemple, aime les mets amylacés, tels que le lait, les fruits, les farineux, qui, d'après les lois de la nature, doivent faire la base de son alimentation. Aux approches de la puberté, le goût se modifie, et admet les viandes, les alcooliques, et les mets d'une saveur forte : cette tendance se prononce davantage dans l'âge mur. Enfin le vieillard préfère les saveurs chaudes, excitantes et aromatiques, qui proviennent d'aliments plus capables de relever ses forces.

Appareil de l'odorat.

Ainsi que les autres sens spéciaux, il réside à la face. Il se compose d'une double cavité placée au-dessus de la bouche et se prolongeant en haut jusqu'à la base du crâne, en bas jusque sur la voûte du palais, en avant jusqu'aux narines, en arrière jusqu'au gosier, dans lequel elle s'ouvre par deux orifices.

Dans la cavité siége de l'odorat est ménagée de haut en bas une cloison qui la divise en deux compartiments nommés *fosses nasales*, dont les parois osseuses sont tapissées par une membrane épaisse, très-vasculaire, se contournant sur les saillies des os en des replis dont le résultat est de présenter une vaste surface dans un espace restreint.

Les fosses nasales s'agrandissent, en outre, de plusieurs anfractuosité (*les sinus*) qui sont pratiquées dans l'épaisseur des os du front et de la face.

Cette disposition, dont le but est de donner une vaste surface à la membrane pituitaire qui perçoit les émanations odorantes, est surtout remarquable chez certains carnassiers, pachydermes et ruminants, dont l'odorat est très-fin. Des lamelles osseuses, nommées *cornets*, sont roulées sur elles-mêmes, et portent sur leurs faces externe et interne un repli de la muqueuse du nez. On remarque la même disposition, mais à un degré moindre, dans l'espèce humaine. La membrane des fosses nasales reçoit d'un nerf spécial, nommé olfactif, une multitude de rameaux qui vont s'épanouissant au milieu de nombreuses papilles destinées à recueillir des impressions odorantes. Ces papilles, comme le nerf olfactif, sont molles, spongieuses et incessamment baignées par un liquide visqueux et gluant dont l'utilité ne tardera pas à nous être démontrée.

Pour bien comprendre les fonctions de l'odorat et les embrasser dans leur ensemble, il faut remarquer que le tact est surtout destiné à indiquer les propriétés ou attributs des corps solides ; que le goût explore les corps liquides ou tenus en dissolution ; enfin, que l'odorat apprécie certaines qualités des gaz et surtout de l'air atmosphérique, dont l'action sur l'organisme est si importante. De même que l'appareil du goût est placé à l'entrée des voies digestives, de même aussi l'appareil de l'odorat est placé à l'entrée des voies respiratoires, comme une sentinelle prête à interdire le passage à l'ennemi, ou, pour parler physiologiquement, aux gaz malfaisants qui se trouveraient mêlés à l'atmosphère.

Si l'on veut bien comprendre par quel mécanisme les *odeurs* sont recueillies, il faut se souvenir que beaucoup de corps solides ou liquides sont volátils, c'est-à-dire laissent dissoudre un certain nombre de leurs molécules dans l'air extérieur, qui agit à leur égard comme agit la salive à l'égard des corps sapides. Ces molécules volatilisées sont pendant l'inspiration entraînées par l'air atmosphérique sur la membrane pituitaire, puis recueillies par le mucus des fosses nasales, enfin mises en contact avec les papilles et les extrémités du nerf olfactif, où elles déterminent une modification dans les courants nerveux, modification qui, transmise au cerveau, porte le nom d'odeur. Quelques savants sont allés jusqu'à penser que la molécule odorante se trouvait entraînée de toutes pièces dans l'encéphale : ils fondaient leur opinion sur la brièveté des nerfs olfactifs sur leur mollesse, enfin sur l'extrême ténuité des corpuscules odorants. On peut se faire une idée de leur diffusion par ce fait, qu'un décigramme de musc peut remplir pendant plusieurs années un appartement de ses émanations sans perdre sensiblement de son poids.

Sans nier ce que peuvent offrir de spécieux les raisons présentées en faveur de la transmission jusqu'au centre sensitif des parties volatiles des corps, nous repoussons cette transmission par la difficulté de comprendre comment des molécules gazeuses pourraient être entraînées à travers la substance des nerfs par les courants nerveux, et surtout en comparant ce qui a lieu dans les autres appareils sensitifs, comme l'oreille, dont les impressions sont produites, non par les émanations, mais par les vibrations des corps sonores. Il n'y a pas de communication possible entre l'air atmosphérique vibrant et les nerfs auditifs lors de la perception des sons.

Quel que soit, du reste, le procédé employé par la nature dans la production des odeurs, que celles-ci soient l'effet du transport à travers les nerfs de la molécule odorante ou d'une modification que sa présence imprime aux courants nerveux, l'essentiel pour nous est de remarquer dans l'appareil de l'odorat cette subtilité par laquelle il reconnaît en grande quantité, dans l'air respirable, des matières étrangères qui échappent aux analyses chimiques les plus habiles. On peut défier les réactifs les plus sensibles de recueillir dans l'air des molécules de musc assez nombreuses cependant pour produire des accidents nerveux et des troubles encéphaliques chez certaines personnes. Il en est de même des émanations marécageuses qui sont la cause de maladies terribles ; les efforts de la chimie n'ont pu parvenir jusqu'ici à démontrer positivement leur présence dans l'atmosphère, tandis que l'odeur de vase les décèle facilement au nez. Grâce à cette grande subtilité d'impression, l'appareil de l'odorat peut exercer une surveillance attentive sur l'air respirable, découvrir immédiatement au centre sensitif la présence de molécules nuisibles au poumon, et provoquer les actes préservatifs nécessaires. Par suite de leur communication avec le gosier et l'arrière-bouche, les fosses nasales peuvent encore exercer une surveillance utile sur les parties volatiles ou gazeuses que contiennent les aliments. Ces derniers, outre l'impression sapide qu'ils font sur l'appareil du goût, peuvent très-fréquemment affecter celui de l'odorat, et ajouter par son intermédiaire un nouveau plaisir à ceux que nous avons signalés dans l'alimentation. Les connaisseurs nomment *fumet* cette émanation de l'aliment qui s'adresse à l'odorat, et ils l'apprécient vivement dans les vins, dans certains fruits parfumés, dans le gibier, et en général dans tous les aliments que la fermentation a pourvus de principes volatils. Mais il est des aliments dont l'odeur peut paraître fort désagréable, alors que leur saveur n'inspire aucun dégoût ; tels sont les viandes faisandées, les fromages et une foule d'autres substances alimentaires.

Pour les odeurs comme pour les saveurs, on a essayé à diverses reprises d'établir une classification, sans que rien de bien exact ait été opéré jusqu'ici. Comment classer une série d'impressions dont la multitude des principes volatils peut seule donner l'idée, et qui varient encore à l'infini, selon qu'elles se combinent deux à deux, trois à trois? comment les rapporter à des types? comment surtout reconnaître les différents types qui peuvent se rencontrer dans chacune d'elles? Il nous paraît bien difficile d'arriver par cette voie à l'exactitude, surtout quand les moyens physiques ou chimiques d'appréciation manquent complétement, et qu'on ne possède pour se guider que des impressions fugitives et dont rien ne démontre l'identité dans chaque individu. Sans nous heurter à des impossibilités, laissons aux odeurs ce qu'elles ont de fugitif, et voyons les moyens d'action qu'elles fournissent à l'animal sur le monde extérieur. De prime abord, cette action paraît peu étendue, car l'odorat ne peut initier le centre sensitif qu'à un seul attribut des corps extérieurs. Mais en y regardant de plus près, cette notion unique en entraîne bien d'autres; elle s'exerce médiatement ou à distance, et décèle la présence d'êtres souvent fort éloignés, sans cependant donner à l'espèce humaine les moyens d'estimer les distances, sinon d'une façon très-inexacte. Il n'en est pas de même pour les animaux doués d'un odorat subtil : chez eux ce sens en remplace plusieurs autres, et s'associe à la plupart des actes de la vie. Le chien, par exemple, emploie pour se guider au moins autant son nez que ses yeux; c'est par l'odorat, et en recueillant les émanations laissées sur le sol

par les pas de son maître, qu'il parvient à le retrouver au
milieu de la foule ou dans la profondeur des forêts. C'est
par l'odorat qu'il suit le gibier à de grandes distances, le
découvre tapi dans l'herbe, et quand il se trouve à proximité, se met en arrêt devant lui, changeant ses allures et
sa manière de chasser selon les mœurs de la proie qu'il
convoite. La vigilance du chien de garde, la facilité avec
laquelle il reconnaît dans la nuit la plus profonde l'ennemi qui le menace; enfin, l'insuffisance des murs, des
portes et des obstacles pour lui déguiser la présence de
quelqu'un, sont dues aux mêmes moyens. Un livre entier suffirait à peine pour détailler le rôle que le sens de
l'olfaction joue dans les mœurs des animaux sauvages, et
la part qu'il prend à la plupart de leurs actes. Par lui le
cheval reconnaît, au milieu du foin qui garnit son râtelier,
la feuille de colchique qui lui serait un poison ; il reconnaît de même, au milieu des broussailles, le lion et le
tigre qui l'attendent au passage. L'odorat guide les amours
de la plupart des animaux des forêts ; il attache le mâle
aux pas de la femelle, et rend leur accouplement infaillible,
malgré une résidence habituelle distante souvent de plusieurs lieues. Quel chasseur, pendant de longues nuits
d'affût, n'a observé le soin avec lequel la plupart des quadrupèdes explorent les moindres traces, et ne s'est vu déceler au nez du renard méfiant ou du lièvre timide pour
avoir négligé de déguiser l'odeur de sa chaussure, pour
avoir effleuré quelques feuilles avec ses vêtements, ou pour
avoir oublié de prendre le dessus du vent? Un soir, par un
beau clair de lune, nous avons vu, sur la lisière d'un bois,
un petit lièvre flairer les pas de sa mère et prendre, pour
ainsi dire, la trace de mamelles qui devaient l'allaiter. Un

observateur dont la vie s'est écoulée au milieu des forêts (1) est persuadé que les animaux des classes supérieures émettent, quand ils sont vivement impressionnés, des odeurs qui varient avec les passions, et qui sont une indication manifeste pour les animaux dont l'odorat est subtil. Notre observateur se fonde sur ce qu'il a vu souvent un chacal, un renard, une hyène, etc., témoigner subitement une vive frayeur dans le lieu où un animal de même espèce avait été tiré une heure auparavant, sans qu'aucune circonstance extérieure ait pu motiver cette terreur. C'est peut-être par des moyens analogues que le chien reconnaît la colère de son maître sous de feintes caresses, juge d'abord des intentions d'un autre chien, fait, malgré sa faiblesse, de grandes démonstrations de courage, s'il reconnaît dans l'autre, plus robuste, les émanations de la peur, ou fuit au plus vite si l'odorat l'avertit d'intentions hostiles. De même un homme résolu n'a guère à redouter les attaques et les morsures des animaux sauvages ou domestiques ; les *émanations de courage* qui s'échappent de sa peau suffisent le plus souvent pour lui attirer le respect.

Nous n'osons pousser plus loin cette analyse des sensations odorantes, malgré l'intérêt qu'elles peuvent présenter, obligé que nous sommes de chercher la plupart des faits et des exemples chez les animaux. L'homme, sans être dépourvu d'odorat, ne peut approcher, sous ce rapport, de la finesse d'impression de beaucoup de quadrupèdes. Peut-être est-il heureux qu'il en soit ainsi ; car, si

____

(1) Le commandant Levaillant, membre de la commission scientifique de l'Algérie. (Communication orale.)

on donne le nez d'un chien pour instrument à l'intelligence d'un homme, il ne sera possible de lui cacher ni les impressions ni les actes de ceux qui l'entourent, et son bonheur sera exposé au danger d'une trop grande clairvoyance.

Appareil de la vision.

Il occupe la partie antérieure et supérieure de la face, est placé de chaque côté du nez, et se compose des deux globes oculaires destinés à recevoir les rayons lumineux, et à en transmettre l'impression au cerveau, par le moyen des nerfs optiques; de certains organes accessoires ou protecteurs, tels que les paupières, les cils, les muscles droits et obliques, la glande lacrymale; enfin des vaisseaux, des nerfs et des graisses de l'œil.

Celui-ci, souvent allongé en forme de tube, couvert de petites facettes, ou aplati d'avant en arrière dans les espèces animales, est presque sphérique dans l'espèce humaine. Il se compose d'une enveloppe dure, résistante, épaisse de deux millimètres, qui, opaque et d'un blanc nacré dans les trois quarts postérieurs du globe de l'œil, porte le nom de *sclérotique*, mais qui, translucide dans le quart antérieur prend le nom de *cornée*.

La cornée représente le segment d'une sphère plus petite que la sclérotique, dans laquelle elle est enchâssée : toutes deux réunies font l'enveloppe complète, la coque de l'œil.

Derrière la cornée se trouve une cloison (*l'iris*) colorée diversement selon les individus, placée transversalement, et adhérant par sa grande circonférence au point où la cornée s'unit à la sclérotique. Cette cloison est percée à son centre d'une ouverture nommée *pupille*, qui peut s'agrandir ou se rétrécir beaucoup, selon le degré d'éclairage ou de rapprochement des objets.

Sur la ligne d'adhérence de l'iris et de la sclérotique existe un bourrelet grisâtre où viennent abouter la plupart des membranes, des vaisseaux et des nerfs de l'œil : ce bourrelet, nommé anneau ou *cercle ciliaire*, donne naissance à l'iris par son angle antérieur, et par son angle postérieur à une autre cloison (la *couronne ciliaire*), percée à son centre d'une ouverture plus large que la pupille : dans cette ouverture vient s'enchâsser une espèce de lentille plus convexe, postérieurement, formée d'une substance très-transparente qui lui a valu le nom de cristallin, et renfermée dans une capsule qui adhère par sa circonférence à la face postérieure de la couronne ciliaire, à trois millimètres environ du bord de l'ouverture centrale de cette couronne.

L'espace compris entre la cornée et l'iris se nomme *chambre antérieure* ; il est rempli par un liquide très-ténu et transparent, *l'humeur aqueuse*, qui communique par l'ouverture pupillaire avec la *chambre postérieure*, comprise entre la face postérieure de l'iris, la couronne ciliaire et la face antérieure du cristallin.

Entre la couronne ciliaire, le cristallin et la paroi postérieure et latérale du globe oculaire, se trouve comprise une vaste cavité, remplie entièrement par une humeur de la densité à peu près du blanc d'œuf et d'une transparence qui lui a valu le nom d'humeur vitrée.

Tout le corps vitré est enveloppé postérieurement, par la rétine, membrane molle, demi-transparente, de couleur opaline, formée par l'épanouissement du nerf optique, qui

lui fait suite et sort du globe oculaire par sa partie postérieure et interne. Entre la rétine et la sclérotique se trouve
une membrane presque entièrement formée de vaisseaux et
s'étendant en avant jusqu'au cercle ciliaire, avec lequel
elle semble se confondre ; c'est la choroïde. Elle n'adhère
que faiblement à la sclérotique : entre ces deux membranes existe un enduit couleur bistre foncé, le pigmentum,
qui tapisse ainsi la grande cavité oculaire, se répand sur
la couronne ciliaire, et remplit par rapport à l'œil l'emploi
de l'enduit noir dont sont tapissés intérieurement la plupart des lunettes et des microscopes. Le nerf optique en
sortant du globe oculaire est cylindrique et a la grosseur
d'une forte tige de blé ; il se dirige en arrière et en dedans, s'unit avec celui du côté opposé, forme avec lui un
entre-croisement partiel, qui porte le nom de *chiasma*,
et, s'aplatissant, pénètre dans le cerveau vers sa partie
moyenne.

Cette description, quoique bien incomplète, nous permet
d'expliquer sommairement les divers phénomènes de la
vision, et la manière dont se comportent les rayons lumineux. Ces derniers, partis d'un point coloré, doivent
évidemment diverger et représenter un cône qui a son
sommet au point coloré et sa base à la cornée. Par suite
de sa convexité et de sa densité, celle-ci tend évidemment
à dévier les rayons, et, loin de leur permettre de continuer
leur marche divergente, elle tend à les rapprocher et à
les faire converger vers son centre, c'est-à-dire vers la
pupille. On comprend comment une grande quantité de
rayons lumineux, partis d'un point très-éclairé, peuvent
ainsi être introduits dans l'œil, et peuvent donner beaucoup d'intensité à la vision ; ce qui n'aurait pas lieu si la

cornée était plate (1), et se trouvait privée de sa puissance de réfraction. Mais, comme les lentilles, la cornée produit l'aberration de sphéricité, c'est-à-dire que les rayons qui traversent ses bords ne viennent pas tous converger au foyer principal: or l'iris est destiné à intercepter ces rayons égarés, et à jouer le même rôle que le diaphragme des lunettes.

On doit estimer que la cornée, par suite de sa forme et de sa densité, a pour effet ordinaire de ramener au parallélisme les rayons lumineux qui divergent au moment où ils viennent la frapper ; mais comme les objets lumineux peuvent être placés à des distances diverses, et que par suite les rayons qui en partent peuvent diverger plus ou moins, la cornée possède la faculté de prendre plus ou moins de convexité, sous la pression des muscles de l'œil, ou, si l'on préfère, une puissance de convergence plus ou moins considérable.

Parmi les rayons lumineux, il en est qui, en traversant l'humeur aqueuse des chambres antérieure et postérieure, pourraient être déviés; d'autres, réfléchis par la surface interne de la cornée, pourraient se diriger obliquement sur les bords du cristallin et produire des troubles dans la vision : or la couronne ciliaire est chargée de les intercepter ; il n'arrive donc que des rayons lumineux à peu près parallèles sur le cristallin, qui leur imprime une direction convergente, et les réunit à son foyer, représenté par la rétine. Mais, comme les autres lentilles, la cornée et le cristallin ne sont pas exempts d'aberration de réfrangibilité; ils

(1) L'affaiblissement de la vue du vieillard est dû en grande partie à l'aplatissement de la cornée.

décomposent les rayons lumineux blancs, et colorent de diverses manières l'image que forme leur réunion. On a prétendu que cet inconvénient était empêché par la plus grande densité des couches centrales du cristallin ; mais des expériences nous font croire que l'achromatisme de l'œil est produit par la présence de l'humeur vitrée, qui, par une puissance de dispersion plus considérable que celle du cristallin, et par une forme concave d'un côté et convexe de l'autre, joue, par rapport à l'œil, le rôle attribué aux ménisques de flint-glass dans les lunettes achromatiques.

En représentant par une ligne unique les cônes lumineux qui partent de plusieurs points éclairés et qui pénètrent dans l'œil, on doit admettre que ces divers cônes passent tous par le centre du cristallin, et aboutissent, s'ils viennent d'en bas, sur la partie supérieure de la rétine, et s'ils viennent d'en haut, sur sa partie inférieure ; s'ils viennent de gauche, sur sa partie droite, et s'ils viennent de droite, sur sa partie gauche. Par suite de ce mécanisme, les images qui, en définitive, ne sont qu'une succession de points lumineux, doivent se peindre renversées, et transposées de droite à gauche, ou de gauche à droite, sur la rétine, comme cela a lieu pour toutes les lentilles convergentes lorsqu'un corps lumineux est placé devant elles à une distance plus grande que celle de leur foyer. Cette disposition a embarrassé bien des philosophes, et Buffon a prétendu que l'erreur bien réelle de la vision était corrigée peu à peu par le tact. Mais cette opinion est rendue inadmissible par l'exemple de certains oiseaux et insectes qui font de leurs yeux un usage très-intelligent au moment où ils naissent et dont le tact est fort imparfait. Des aveugles de naissance ont, en outre, recouvré la vue, par suite d'une opération, sans *voir* les objets renversés. Il vaut mieux croire que chaque point de la rétine est un œil en miniature qui rapporte à un point donné de l'espace les rayons lumineux dont il est frappé, et que la formation de l'image est un travail purement cérébral, une sorte d'addition des divers points colorés. Rappelons-nous, en effet, que le nerf optique est composé de fibres très-ténues sans communication entre elles ; que chaque fibre, en aboutissant à un point très-restreint de la rétine, ne peut transmettre qu'une impression lumineuse très-restreinte. Une image n'est pas une substance, un corps qui puisse se transporter de toutes pièces ; ce n'est, en définitive, qu'une série d'impressions analogues à celles qu'un corps volumineux détermine sur une série de papilles cutanées pour se traduire par la *figure*. Rappelons-nous bien que les faits de lumière et de coloration consistent uniquement dans une impression produite par le fluide lumineux sur la rétine, impression qui, transmise au cerveau, devient lumière et couleur par la traduction qui en est faite par le nerf optique. C'est si vrai, que la section de ce nerf, dans l'ablation d'un œil cancéreux, ne produit d'autre impression qu'une lumière éblouissante.

A ceux qui demanderont comment une substance aussi ténue que le fluide lumineux peut agir sur la rétine, nous répondrons par l'extrême mollesse de cette membrane, mollesse que nous avons vue augmenter dans les nerfs de tous les appareils sensitifs, à mesure qu'ils devaient recevoir l'impression des molécules plus ténues, c'est-à-dire des solides (tact), des liquides (goût), des gaz (odorat), d'un fluide impondérable (lumière). Ce serait cependant une erreur d'imaginer que tous les points de la rétine sont également sensibles ; au contraire, la vue distincte n'occupe qu'un espace très-rétréci : placé au fond de l'œil, sur le prolongement de son axe entéro-postérieur, ce point d'élection est celui que nous présentons instinctivement au-devant des rayons lumineux qu'il nous importe d'apprécier exactement. Il est facile de s'assurer du fait en lisant quelques lignes d'une écriture très-fine : on s'aperçoit que l'œil est incapable d'embrasser dans son entier un mot composé de plusieurs syllabes, et qu'il est tenu de parcourir successivement chacune d'elles.

Une autre difficulté consiste à expliquer comment avec deux yeux on ne perçoit qu'une sensation ou qu'une image, tandis que le contraire a lieu pour les organes symétriques que nous avons examinés jusqu'ici, comme les mains, les membres, etc.

Wollaston avait cru trouver une explication en affirmant que les nerfs optiques se partageaient à leur entre-croisement, de telle sorte qu'un même nerf fournissait les deux moitiés droites des rétines, tandis que l'autre nerf fournissait les deux moitiés gauches. A cela on peut objecter qu'il ne suffit pas pour l'unité de vue que les images touchent à la fois sur les deux moitiés gauches ou droites des rétines ; ces images doivent encore aboutir sur des points qui se correspondent exactement : il suffit, en effet, de dévier très-peu un œil en haut ou en bas pour produire la double image (diplopie), sans que les rayons lumineux partis d'un même lieu cessent de tomber sur les moitiés droites ou gauches des rétines.

L'unité de vue nous semble résulter de ce fait, que dans les rétines il est des fibres qui se correspondent exactement, et qui rapportent au même point de l'espace les impressions qu'elles reçoivent. Ceci est incontestable pour le centre de chaque rétine, et nous donne le moyen de faire converger nos globes oculaires de telle sorte que leur axe entéro-postérieur se dirige exactement vers l'objet à examiner. De cet objet partent des rayons lumineux exactement semblables, qui viennent aboutir au centre des deux rétines : il y a deux impressions, deux images, si l'on veut, mais ces images sont rapportées au même point de l'espace, elles se superposent, elles se confondent, elles ne font qu'un. Si avec le doigt on vient à dévier l'axe de l'un des yeux, on voit les images se disjoindre et se séparer ; les rayons lumineux, partis d'un même lieu, ne tombent plus sur les points correspondants des rétines, ils sont rapportés à des points différents de l'espace, il y a diplopie.

Ce qui vient d'être dit pour les fibres centrales des rétines peut être dit pour les fibres situées à droite ou à gauche, en haut ou en bas, et qui toutes correspondent aux fibres synergiques du côté opposé. A la rigueur, un seul œil suffit à l'exercice de la vision ; mais, dans ce cas, les impressions lumineuses n'affectent probablement qu'un seul hémisphère cérébral. Cela suffit aux actes intellectuels, pour lesquels un seul hémisphère est nécessaire ; mais l'existence des deux yeux a cet avantage, qu'un accident arrivé à l'un d'eux, ou à l'un des côtés du cerveau, ne peut amener la cécité.

Un autre avantage qui résulte de la présence des deux yeux, est la faculté d'apprécier les distances : il suffit, en effet, de fermer un œil pour s'assurer qu'on a perdu, en grande partie, la tendance, l'aptitude à estimer la distance à laquelle se trouve un objet. L'explication de ce fait résulte de cette puissance, déjà signalée dans les muscles, de diriger l'axe entéro-postérieur des yeux sur un même point de l'espace, de manière que le prolongement de ces axes, en se rencontrant, forme un angle qui, très-aigu, nous indique des corps éloignés, et, plus ouvert, nous indique des corps plus rapprochés. L'appréciation de l'ouverture de cet angle optique, ou, si l'on veut, de la position respective des deux globes oculaires, ne peut appartenir qu'aux muscles de l'œil, comme les muscles du bras indiquent au cerveau, sans le secours de la vue ou du tact, quelle position occupe la main. L'œil possède encore un moyen d'apprécier l'éloignement des corps colorés dans le plus ou moins d'abondance des rayons lumineux , le nombre de ces derniers étant en raison inverse de la distance. Sans cela, l'homme privé d'un de ses yeux tomberait continuellement dans des erreurs grossières. Mais la preuve que ce moyen de mesurer les distances est fort incomplet, c'est que, la nuit, un objet peut être très-rapproché, et ne donner qu'un petit nombre de rayons lumineux ; si dans ce cas l'angle optique ne vient aider la vue, on peut croire à de grandes distances des objets qui sont très-rapprochés.

Telle est la description succincte des organes et des fonctions du sens de la vue ; il reste à décrire quelques organes destinés à assurer ces fonctions. Observons, en premier lieu, que le globe oculaire est logé dans une cavité osseuse (l'orbite) qui lui offre une protection efficace en arrière et sur les côtés. La saillie du bord de l'orbite et du sourcil, la saillie du nez et de la pommette contribuent aussi à éloigner les blessures qui pourraient résulter d'un coup porté sur la tête, d'une chute sur le sol, etc. Les paupières sont destinées à protéger la cornée transparente, à intercepter les rayons lumineux trop abondants, et capables de fatiguer la vue : elles contribuent, par leurs mouvements, à étendre les larmes sur la partie antérieure du globe oculaire, et à le maintenir dans un état d'humidité nécessaire à sa transparence, tandis que les cils, disposés sur le bord libre des paupières, les suivent dans chacun de leurs mouvements, et éloignent ou interceptent les grains de poussière capables d'irriter des organes très-délicats.

Enfin, il nous faut mentionner l'appui que les muscles prêtent à l'appareil de la vision. Il y a six muscles de l'œil : quatre nommés *droits*, en raison de leur direction, prennent attache au fond de l'orbite, puis se dirigent en avant, dépassent le grand diamètre transversal de l'œil, et viennent s'insérer, par une aponévrose très-mince, sur la partie antérieure de la sclérotique, à petite distance du bord de la cornée. Ils occupent les quatre points cardinaux de l'orbite, et, par suite de cette disposition, peuvent faire rouler le globe oculaire en haut, en bas, à droite et à gauche, quand ils se contractent isolément, dans tous les points intermédiaires, quand ils se contractent deux à deux, si bien que la pupille peut être promenée par ce mécanisme sur toute la circonférence de l'orbite. Ces divers mouvements sont soumis à la volonté, à cette condition cependant que les muscles congénères dans les deux yeux agiront simultanément, et que chaque pupille suivra les mouvements de sa voisine. Nul homme ne peut diriger l'une de ses pupilles en haut et l'autre en bas, l'une à droite et l'autre à gauche (1).

Cette restriction apportée à la volonté, dans les mouvements de l'œil, a pour effet d'assurer l'unité d'image; et si,

____

(1) Le caméléon possède cette faculté.

par suite d'un accident ou de la différence de force des muscles droits, les mouvements de la cornée ne sont pas dans la même direction, il y a diplopie. Déjà nous avons dit quelle part les muscles droits prennent à l'appréciation des distances en avertissant le centre sensitif de la position respective des globes oculaires et de l'ouverture de l'angle optique : de même, si le cadre de ce travail le permettait, nous pourrions démontrer que la contraction simultanée des quatre muscles droits fait contracter la pupille, donne plus de saillie à la cornée et d'épaisseur au cristallin, augmente le diamètre entéro-postérieur de l'œil, enfin donne à cet appareil d'optique un pouvoir de réfraction plus considérable.

Des deux muscles obliques, l'un, le petit oblique, prend son point d'appui sur la paroi interne et inférieure de l'orbite, contourne le globe de l'œil, et va s'attacher sur la partie externe et postérieure de la sclérotique. Le grand oblique part du fond de l'orbite, comme les muscles droits, puis il s'avance directement en haut et en avant, passe dans un anneau fibreux situé dans l'angle interne et supérieur de l'orbite, puis, changeant de direction, se porte en dehors et en arrière, et va s'attacher sur la partie postérieure et externe de la sclérotique, de manière à faire opposition au petit oblique. Ces deux muscles, en effet, sont antagonistes ; en se contractant, ils font rouler le globe oculaire sur son axe entéro-postérieur, le grand oblique de dehors en dedans, à ne considérer que la partie supérieure de la cornée, et le petit oblique de dedans en dehors (1). Le but

(1) En se mettant devant une glace, en fixant un petit vaisseau sur la sclérotique, et en inclinant la tête à droite ou à gauche, il est facile de s'assurer de la réalité de ces mouvements.

de ces mouvements est aussi d'empêcher la diplopie ; car, pour que les points synergiques des rétines se correspondent constamment, dans les mouvements de latéralité de la tête, il est nécessaire que les lignes qui indiquent le diamètre vertical des yeux se maintiennent constamment dans le parallélisme. La preuve expérimentale en est facile : il suffit, en pressant avec l'extrémité d'un doigt sur un œil, de gêner l'action d'un des muscles obliques, et de renverser brusquement la tête de côté en considérant un objet quelconque : il y a double image ; seulement la fausse, au lieu d'être simplement superposée ou juxtaposée à l'autre, comme cela s'observe dans la diplopie produite par les muscles droits, se trouve penchée, et, par suite de l'action croisée, présente une inclinaison opposée à celle de la tête.

Au moyen de l'action combinée de six muscles, l'œil peut donc rester fixé sur un point, lors même que la tête se porte à droite et à gauche, en haut et en bas, et qu'elle s'incline latéralement : ici l'appareil musculaire fait l'office de la disposition mécanique destinée à mettre la boussole à l'abri du roulis des navires ; et de même que cette disposition est nécessaire aux fonctions de l'aiguille aimantée, de même aussi elle est rendue nécessaire par la synergie des points de la rétine. Nous avons insisté sur ces propriétés remarquables des muscles de l'œil, parce qu'il en résulte, pour l'organe de la vue, les moyens de juger de la direction perpendiculaire, oblique ou horizontale, des lignes colorées. Si par les muscles de l'œil nous pouvons apprécier la position des corps environnants par rapport à nous, nous pouvons également apprécier notre position par rapport à eux : et l'instinct de l'équilibre n'est pas autre chose. Ceci, comme on le voit, est une confirmation de l'attribution de cet instinct à la sensibilité musculaire.

Quoique produites par un seul agent, les sensations lumineuses peuvent varier beaucoup, et apporter au cerveau des notions très-diverses, mais qui toutes se résument en deux faits principaux, la couleur et la distance.

Dans la couleur il y a plusieurs choses à considérer : d'abord ce qu'elle a d'agréable, par elle-même et l'attrait que peuvent offrir ses différentes oppositions. Ses nuances ont leurs lois d'harmonies, leur ton, leur gamme; groupées deux à deux, trois à trois, elles peuvent plaire à l'œil où le blesser, former un tout harmonique ou discord ; elles peuvent être l'origine d'une sensation agréable ou pénible. Mais n'empiétons pas sur ce qui a rapport aux instincts et au côté artistique de l'âme humaine. La seconde chose à considérer dans la couleur, c'est son aptitude à produire *des images*. Un corps coloré offre à l'œil des contours qui dessinent d'une façon plus ou moins nette le point où il commence et le point où il finit ; s'il est peu volumineux, il peut être embrassé dans un ensemble ; les lignes qui marquent sa circonférence sont dessinées par la lumière ; elle donne du relief aux saillies, creuse les anfractuosités, modèle la figure et mesure les dimensions. La preuve expérimentale de tout ceci, c'est le portrait, la représentation d'une personne obtenue par un seul agent, la couleur.

Si nous décomposons l'image, nous y trouvons, outre la lumière et la couleur, la *figure*, qui est la *distance relative des diverses parties d'un corps*. Déjà nous savons qu'elle est accessible à l'appareil du tact aidé des muscles, et que la main peut non-seulement apprécier les courbes d'un objet, mais encore en mesurer les dimensions ; seulement la figure telle que le tact peut la comprendre diffère beaucoup de la figure accessible à l'œil. La première comprend les sensations de température, d'aspérité ou de poli, de dureté ou de mollesse, etc., qui toutes appartiennent au tact ; la seconde comprend la couleur et toutes ses conséquences. Dans le premier cas, on a la figure acquise par contact immédiat, qui pour un même objet ne saurait varier, et se trouve toujours la même ; dans le second cas, on a la figure acquise à distance, qui est variable sous le rapport de la couleur, des dimensions et même des proportions, selon la position des corps.

A mesure qu'un objet s'éloigne, son image diminue, parce que les rayons lumineux que ses extrémités envoient dans l'œil y pénètrent sous un angle plus aigu, et occupent moins de place sur la rétine. Un corps très-petit, mais vu de très-près, produit une image bien plus grande qu'un corps colossal vu de très-loin : autre chose est de voir un objet de face ou de profil ; tandis que dans un cas l'image produite peut occuper une large surface et retracer une circonférence, elle peut dans l'autre se réduire à une simple ligne, et cependant elle représente un seul et même corps. Les parties les plus voisines de l'œil prennent, en outre, dans l'image une dimension trop considérable, eu égard aux autres ; c'est ainsi que dans un portrait de face au daguerréotype, le nez paraît toujours trop fort, de même que les mains, les genoux et les parties du corps les plus rapprochées de l'instrument ; enfin, par la diminution des rayons lumineux, l'image se décolore à mesure que s'éloigne le corps dont elle est la représentation.

Concluons que la figure est le résultat des sensations du tact aussi bien que de la vue, mais que l'image appartient exclusivement à l'appareil de la vision.

Ce dernier offre encore l'immense avantage d'agir à une distance qui varie depuis quelques centimètres jusqu'à l'infini. L'astronomie nous apprend qu'avec une vitesse de 79,000 lieues par seconde, le rayon lumineux parti de certaines étoiles peut mettre deux ans et davantage pour arriver jusqu'à nous ; mais la vue distincte a beaucoup moins d'étendue ; son principal avantage est sa rapidité. Nul sens n'agit avec autant de promptitude que l'œil, parce qu'aucun des agents qui affectent les divers appareils sensitifs ne possède la subtilité et la vélocité du fluide lumineux : en une fraction de seconde, le regard embrasse un vaste horizon, constate la présence de plusieurs corps, et peut donner un grand nombre de sensations. On voit le chef d'un orchestre parcourir de l'œil tout une partition, et suivre le jeu des divers instruments ; certaines personnes peuvent lire deux et trois lignes à la fois ; enfin l'activité oculaire est telle chez les oiseaux, qu'ils peuvent voler à grande vitesse dans les bois, sans effleurer de l'aile les branches qui les entourent : s'ils se poursuivent, ils changent de direction, comme si un seul et même ressort faisait mouvoir leurs ailes.

En aucune circonstance l'utilité de la vue n'apparaît aussi bien que pendant les mouvements rapides, et même, dans l'échelle animale, la puissance de l'œil est en raison directe des moyens de locomotion : nul animal n'a la vue aussi perçante que les oiseaux, et surtout que les oiseaux dont le vol est très-rapide, comme le faucon, l'épervier, le milan, etc. Les insectes qui volent paraissent aussi avoir la vue excellente, tandis que la plupart de ceux qui rampent sont atteints de cécité ; les poissons, dont la progression est forcément retardée par le milieu dans lequel ils vivent, ont la vue mauvaise, et si quelques-uns, comme le requin, la bonite, le brochet, font exception à la règle, on ne peut méconnaître leur agilité.

La lumière et la couleur, en devenant pour l'œil un agent d'images et de figures, sont aussi un moyen d'estimer les distances et les dimensions, qui, elles-mêmes, deviennent un moyen d'appréciation du mouvement. Mouvoir un être, c'est l'éloigner d'un corps et l'approcher d'un autre ; c'est détruire d'anciens rapports pour en établir de nouveaux ; et comme l'œil peut parfaitement suivre ces changements, il peut très-bien être l'origine des notions de mouvement. Les muscles et le tact ont le même privilége, mais seulement pour les corps qui touchent l'organisme ou qui ne se meuvent pas avec une extrême rapidité. L'appareil de la vision, au contraire, constate le mouvement à distance ; il estime sa vitesse lors même qu'elle est considérable.

Inutile, après ce résumé des notions primitives que fournit la vue, d'insister longuement sur l'utilité de ce sens ; il suffit d'observer un aveugle pour avoir l'expérience de ce que produit la perte des yeux : non-seulement elle prive l'âme de la couleur et de l'image quand elle date de la naissance, mais elle semble encore restreindre le champ de la vie, et le rétrécir à la portée de la voix. Qui n'a observé les mouvements timides et la marche cauteleuse de l'aveugle ? qui n'a vu ce malheureux promener sa main dans l'espace avec l'appréhension d'un obstacle ou d'un danger ? Il ne peut se détourner du coup qui le menace ;

il ne peut se défendre ou venger l'injure qui lui est faite : la vigueur de ses muscles lui devient inutile ; ses pieds sont incapables de lui donner l'agilité ; ses bras ne peuvent déployer de la vigueur sans provoquer une blessure. La plupart des occupations et des amusements lui sont interdits ; il a perdu avec un organe la moitié de son existence.

Appareil de l'audition.

Situé sur les côtés de la tête, l'appareil de l'audition se compose de trois parties bien distinctes, qui sont : 1° l'oreille externe ; 2° l'oreille moyenne ou le tambour ; 3° l'oreille interne ou le labyrinthe. Nous allons passer rapidement en revue ces divers organes.

Une description minutieuse de la conque de l'oreille et du conduit qui lui fait suite n'est pas nécessaire pour que chaque observateur en prenne une idée exacte ; l'inspection directe étant des plus faciles, il suffira de faire remarquer une forme excavée, une structure élastique et cartilagineuse, une direction un peu en avant, une peau mince et qui ne se laisse pas infiltrer de graisse, pour faire comprendre que l'oreille externe est destinée à jouer le rôle de cornet acoustique. Le conduit qui lui fait suite, moitié cartilagineux, moitié osseux, se dirige un peu en haut et en avant. Il se rétrécit à mesure qu'il s'enfonce dans l'os temporal ; sa section transversale représente une ellipse dont le grand diamètre est presque vertical ; sa longueur est d'à peu près trois centimètres. A son extrémité se trouve la membrane du tympan, qui empêche l'air extérieur de pénétrer plus loin, et qui sert de ligne de démarcation entre l'oreille externe et l'oreille moyenne ou tambour. Celui-ci se compose d'une cavité creusée dans l'os temporal; ses parois sont irrégulières, partie osseuses, partie membraneuses ; la paroi externe est formée, en grande partie, par la membrane du tympan, cloison sèche demi-transparente, vibratile, représentant un plan dirigé obliquement de haut en bas et de dehors en dedans ; un cercle osseux sert à l'enchâsser et à la tendre.

La paroi interne du tambour, en grande partie osseuse, est percée de deux ouvertures qui font communiquer l'oreille moyenne et le labyrinthe. La plus grande de ces ouvertures, la *fenêtre ovale* est placée au-dessus de la seconde, qui se nomme *fenêtre ronde* : toutes deux sont obturées, celle-ci par une membrane osseuse et fibreuse, celle-là par un osselet qui porte le nom d'étrier, et sert de point d'appui à une chaîne de quatre osselets articulés les uns avec les autres, et s'étendant depuis la fenêtre ovale jusqu'à la membrane du tympan ; c'est, dans leur ordre de succession, l'*étrier*, l'*os lenticulaire*, l'*enclume*, et enfin le *marteau*, dont le manche adhère à la membrane tympanique et peut la tirer en dedans par un mouvement de bascule.

De l'air amené du dehors par un conduit fibro-cartilagineux (trompe d'Eustache), qui part de l'arrière-bouche et vient s'ouvrir sur la paroi antérieure du tambour, remplit cette cavité. Sans la trompe d'Eustache, l'air serait vite absorbé par la membrane muqueuse qui tapisse tout le tambour, et remplacé par des liquides qui rendraient l'audition impossible.

La troisième partie de l'oreille, nommée labyrinthe, en raison de sa complication, se compose de trois sortes d'excavations communiquant ensemble et pratiquées dans une

portion de l'os temporal qui, en raison de sa dureté, porte
le nom de rocher. De ces excavations la première se trouve
placée derrière la fenêtre ovale et se nomme vestibule,
parce qu'elle sert d'entrée ou d'aboutissant aux autres. La
seconde partie de l'oreille interne est constituée par trois
conduits nommés demi-circulaires en raison de leur figure.
Deux sont verticaux, le troisième est horizontal; ils s'ouvrent par cinq orifices dans la cavité vestibulaire.

 La troisième partie de l'oreille interne, la plus importante peut-être, est le *limaçon* : il consiste en une cavité
contournée en spirale, comme la coquille de l'animal dont
il porte le nom. Cette cavité est divisée en deux rampes par
une lamelle moitié osseuse, moitié membraneuse. L'une
des rampes communique avec le *vestibule*, et l'autre va
aboutir à la *fenêtre ronde*; elles se font suite par leur autre
extrémité.

Trois tours de spirale composent le *limaçon;* l'axe sur
lequel ils s'enroulent se nomme *columelle;* la columelle est
contournée en pas de vis ; elle est percée d'une foule d'ouvertures qui livrent passage à divers filets du nerf auditif
interne, dont la distribution doit maintenant nous occuper. Ce nerf arrivé à l'extrémité du conduit auditif interne se divise en deux portions dont l'une va aboutir au
vestibule et l'autre pénètre dans le limaçon, en suivant le
pas de vis tracé par la columelle. Cette branche du nerf
auditif se divise en une multitude de filets qui s'expriment
par les nombreuses ouvertures de la columelle et, rampant
de chaque côté de la cloison spirale, vont s'aboucher sur
son bord libre et se réunir sous forme de membrane nerveuse.

En se rappelant que la cavité du limaçon va toujours se

rétrécissant avec chaque tour de spirale, il est facile de comprendre la progression décroissante que subissent les filets nerveux. On a voulu voir dans cette disposition quelque chose d'analogue aux cordes d'une harpe, on en a même déduit des considérations physiologiques ingénieuses, dont il sera question plus tard.

La branche postérieure du nerf auditif se rend dans le vestibule, se distribue aux canaux circulaires, et forme des ampoules et un petit sac renfermant un liquide spécial et une poussière dont on n'a pu encore découvrir l'utilité pour l'audition. Un liquide portant le nom d'humeur de Cotugno baigne les rameaux du nerf auditif, et isole la matière nerveuse des parois osseuses qui la protégent.

En regard de cette description de l'oreille, il est bon de mettre l'agent qui doit donner lieu aux phénomènes de l'audition. Ici il n'est plus question d'une matière, si ténue qu'on veuille la supposer, agissant sur des papilles nerveuses ; le son n'est pas produit par un agent spécial, il résulte d'une modification atmosphérique désignée sous le nom de vibration. Après avoir vu les sensations se produire sous l'influence d'agents comprenant dans une progression remarquable les solides, les liquides, les gaz et les fluides impondérables, c'est-à-dire les quatre formes qu'affecte la matière, nous en arrivons à des sensations produites non par une matière spéciale, mais par un mode de la matière, par des vibrations imprimées à l'atmosphère. L'air, comme tous les corps élastiques, est susceptible de vibrer, c'est-à-dire de subir de la part d'un corps solide, liquide ou gazeux, des ébranlements qui se communiquent de proche en proche et vont s'affaiblissant à mesure qu'ils s'étendent à une plus grande masse de l'atmosphère.

Les vibrations aériennes qui frappent la conque de l'o-
reille aboutissent au conduit auditif externe et vont heurter
la membrane du tympan. Cette membrane vibre à son tour,
et communique le frémissement à l'air contenu dans le tambour, si bien que les membranes des fenêtres ronde et ovale
subissent une série d'oscillations qu'elles transmettent à
l'humeur de Cotugno placée derrière elles. Il en résulte pour
les nerfs du vestibule et du limaçon qui baignent dans l'humeur de Cotugno une série de pressions variables pour le
nombre et l'intensité. Ces pressions se formulent en une
sensation qui porte le nom de son ou de bruit.

Tel est le mécanisme général de l'audition. Nous allons
reprendre en sous-œuvre chacun de ses rouages.

Par sa forme générale, le pavillon de l'oreille est évidemment destiné à remplir les fonctions d'un cornet acoustique. Il faut avouer cependant que dans l'espèce humaine il est moins avantageusement disposé que chez certains animaux, tels que les ruminants et les rongeurs, qui
peuvent le faire mouvoir dans différentes directions, et par
suite recueillir les vibrations aériennes très-faibles, ou fuir
celles qui, par leur intensité, menaceraient la membrane
du tympan. Cette dernière, au moyen des osselets de l'ouïe
qui adhèrent à son centre, peut être attirée en dedans et se
tendre de manière à mitiger par sa résistance les vibrations
aériennes très-fortes, tandis qu'avec une tension moindre
elle subit l'action des vibrations les plus faibles : elle protége de la sorte des nerfs très-délicats, et leur donne les
moyens de percevoir des sensations très-variables en intensité sans qu'ils aient de lésion à redouter.

Quant à la transmission des ondes sonores par l'air
contenu dans le tambour aux membranes des fenêtres

ronde et ovale, à l'humeur de Cotugno et aux nerfs du vestibule et du limaçon, tout ici est obscurité et incertitude. Les fibres nerveuses d'inégale grandeur qui, partant de la columelle, s'anastomosent sur la cloison spirale du limaçon représentent-elles une harpe dont chaque corde serait consacrée à la perception d'un son musical, les cordes longues s'impressionnant des sons graves, et les cordes courtes des sons aigus? C'est ce que l'expérience n'a pu décider. Elle n'a pu nous dire de même si les ampoules des nerfs vestibulaires sont consacrées à la perception des bruits et des sons non musicaux ; elle ignore à quoi servent la matière pulvérulente et le liquide contenus dans ces petits sacs.

Nous croyons devoir à notre tour nous abstenir d'hypothèses. L'essentiel était de donner la théorie de la production physiologique du son : il comprend dans son expression la plus générale toutes les impressions que peut transmettre au cerveau le nerf auditif, non-seulement quand ces impressions viennent de l'air extérieur, mais encore quand elles sont produites par un ébranlement des os de la tête, par les secousses que le battement des artères imprime au rocher, enfin par une lésion du nerf auditif lui-même : si on venait à le couper, il en résulterait non une douleur mais un son très-vif; de même que la section du nerf optique donne la sensation d'une vive lumière.

Après avoir défini le son *l'ensemble des impressions qui dépendent du nerf auditif*, il est juste d'étudier les variétés que présentent ces impressions. Elles changent en général avec les vibrations aériennes qui, outre qu'elles peuvent varier en intensité, varient encore en rapidité, et peuvent s'observer depuis 16 jusqu'à 40,000 et au delà dans une seconde. Quand ces vibrations laissent entre elles des intervalles égaux, elles produisent des *sons musicaux*; si elles sont irrégulières, elles donnent lieu à des *bruits*. Les bruits comme les sons varient en intensité; ils sont *forts* quand les vibrations aériennes sont étendues, ils sont faibles quand les vibrations aériennes ont un champ d'oscillation très-restreint. Tout choc de matière élastique s'opérant dans l'atmosphère, donne lieu à un son ou à un bruit qui se propage avec une vitesse de 340 mètres par seconde dans l'air à 16 degrés. Cette vitesse augmente avec la densité des corps; elle est dix fois plus considérable dans le bois de noyer considéré comme propagateur du son, et seize fois plus considérable dans le fer et l'acier. Les bruits peuvent être instantanés ou se prolonger par une suite de vibrations irrégulières et successives; ils peuvent varier à l'infini.

Les sons musicaux présentent des phénomènes bien curieux à observer. Produits par des vibrations aériennes égales et homogènes, ils sont relativement rares dans la nature; mais les animaux et l'homme en particulier tendent à les multiplier parce qu'ils trouvent en eux d'extrêmes jouissances.

Un nombre très-restreint de vibrations égales produit un son musical auquel on donne le nom de note; à cette note peuvent, dans une seconde, en succéder beaucoup d'autres dont l'acuité est en raison directe du nombre des vibrations, et la gravité en raison inverse. Ici comme pour les bruits, l'intensité des sons dépend de la largeur des oscillations aériennes ou *ondes sonores*.

Les notes peuvent se succéder les unes aux autres ou se produire en même temps; dans ce dernier cas elles donnent lieu à un son composé qui est accord ou harmonieux, si les vibrations aériennes ont entre elles quelque rapport de nombre ; dans le cas contraire on a des sons discords ou faux; par exemple, l'octave, qui est l'accord par excellence, est formé de deux notes dont l'une a juste deux fois autant de vibrations que l'autre. Dans l'octave sont renfermées sept notes désignées par les mots *ut, ré, mi, fa, sol, la, si* ; ces notes peuvent être représentées, eu égard au nombre de leurs vibrations, par $1, \frac{9}{8}, \frac{5}{4}, \frac{4}{3}, \frac{3}{2}, \frac{5}{3}, \frac{15}{8}, 2$, de telle sorte que la tierce majeure est formée de deux sons dont l'un étant 1, l'autre est $\frac{5}{4}, 1$ que la quinte majeure comprend deux sons, dont e premier étant représenté par 1, l'autre l'est par $\frac{3}{2}$; enfin que l'accord parfait est représenté par $1 + \frac{5}{4} + \frac{3}{2} + 2$ vibrations. Entre les notes se trouvent des intervalles qui portent le nom de tons : tous n'ont pas la même valeur, car tandis qu'il y a un ton de l'*ut* au *ré*, du *ré* au *mi*, du *fa* au *sol*, du *sol* au *la*, du *la* au *si*, il n'y a qu'un demi-ton du *mi* an *fa* et du *si* à l'*ut* : cette exception peut être reportée à d'autres notes ; par exemple, du *sol* au *la* en haussant d'un demi-ton le *sol* (*sol* dièze), ou bien en baissant d'un demi-ton le *la* (*la* bémol) ; de cette façon la gamme est intervertie, et peut commencer par toutes les notes, tout en conservant un système numérique proportionnel : c'est ce qui constitue le ton.

Ajoutons que les notes peuvent être inégales en durée, si bien que deux, trois, quatre d'entre elles et au delà peuvent se produire dans l'espace de temps attribué à une seule ; il en résulte de nouvelles dispositions harmoniques qui, combinées d'après des temps déterminés, donnent lieu à la mesure : les sons produits selon les règles du ton et de la mesure donnent lieu à la musique, qui peut encore les varier quant à leur qualité, à leur timbre, à leur intensité, à leur volume, etc. Grouper ensemble des sons divers de manière à éviter à l'oreille des tiraillements douloureux et des discordances ; combiner les sons de manière à en faire un tout agréable, à les faire converger vers une résultante unique, vers la représentation d'un acte ou d'un sentiment ; telle est la science de la composition musicale et de l'orchestration.

Plus tard nous verrons comment les sons, en dehors même de l'art musical, sont susceptibles, dans le langage humain, d'une certaine harmonie et d'une certaine mesure pour constituer la poésie : nous devons, quant à présent, résumer les sensations produites par l'appareil de l'audition. Elles consistent dans le son ou l'impression produite sur les nerfs auditifs par les vibrations aériennes. Or, le son ne peut concerner en rien la figure, l'image, la température ; il n'indique qu'une qualité des corps ; il a quelque chose de plus spécial encore que la couleur, il n'a d'analogie avec aucune autre sensation. Mais cette spécialité même en fait un précieux agent de rapports : grâce à lui, l'animal peut être averti à grande distance de l'existence d'êtres fort divers : quand ses yeux sont paralysés par le manque de lumière, quand les arbres d'une forêt ou les hautes herbes d'une prairie arrêtent sa vue, l'ouïe veille, et l'avertit de l'approche d'un ennemi. Elle donne à la perdrix les moyens de réunir toute sa couvée dispersée par le milan ou le renard ; elle donne à une foule d'oiseaux et de quadrupèdes les moyens de se rendre à un appel d'amour ; elle entre pour beaucoup dans la conservation d'une foule de races animées.

Pour l'espèce humaine elle est un incontestable élément de supériorité : non-seulement elle multiplie les rapports entre les hommes , non-seulement elle leur donne avec la mesure un moyen de fractionner le temps en intervalles égaux , non-seulement elle leur fournit avec la musique et l'harmonie une inépuisable source de jouissances, mais en organisant le langage elle est l'agent principal de la civilisation.

La parole n'est pas seulement un échange d'idées, elle permet encore d'échanger les instincts, les sentiments, les passions. Elle peut dans la poésie réunir à l'harmonie de la pensée l'harmonie du son et de la mesure ; elle captive le peuple sur la place publique; elle pousse les hommes aux grandes résolutions ; elle organise les sciences, les arts et la civilisation ; elle explique l'humanité tout entière.

Ce n'est pas seulement comme moyen de connaître les propriétés des corps que l'audition est précieuse, son prix vient encore de ce qu'elle est un agent de communication et de rapports.

Voyez le sourd de naissance et d'accident ; presque toujours il est triste et taciturne. Plus que l'aveugle il est étranger à la vie de ceux qui l'entourent ; et pour l'initier aux progrès de l'esprit humain il faut d'immenses efforts. A peine si depuis un siècle le sourd-muet peut devenir un homme instruit et peut s'initier aux sciences ; jusque-là le fait physique lui était acquis par ses sens, sauf le son et ce qui s'y rapporte ; mais n'ayant pas le langage à sa portée, il était dépourvu des moyens de généraliser et d'abstraire ;

restait un enfant au milieu de l'état adulte, De nos jours il n'en est pas de même, le signe écrit et accessible à l'œil remplace le son et la parole; mais le sourd-muet, tout en ayant les moyens de développer son intelligence, n'en est pas moins privé des jouissances de la musique, comme l'aveugle reste étranger à la peinture et à l'architecture.

Résumé des sensations.

Par l'examen anatomique et physiologique, nous savons que les sensations peuvent être définies *les modifications imprimées aux courants nerveux centripètes par les agents extérieurs*. Toute sensation a son origine dans les organes des sens aidés de l'appareil musculaire; si bien que telle modification imprimée aux courants nerveux qui vont des viscères au cerveau ne peut être appelée sensation. L'impression nerveuse produite dans ce cas ne dérive plus du monde extérieur et n'a plus pour objet les modes et les attributs des corps; elle vient de nos entrailles, elle naît de notre chair, dont elle représente l'état actuel; elle se nomme *instinct*. La sensation peut nous être indifférente, et n'apporter avec elle ni plaisir ni peine : l'instinct, au contraire, est toujours un besoin, une tendance vers un acte (ἐνστεξεῖν); c'est toujours une stimulation intérieure. La ligne de démarcation étant ainsi tracée, résumons la sensation. Au point de vue métaphysique, elle est pour le centre nerveux une représentation des corps, dont elle spécifie les diverses qualités ou attributs, comme la température, la dimension, le poids, la dureté, la solidité, le poli, l'aspérité, la figure, la saveur, la couleur, l'image et le son. Qu'un appareil sensitif vienne à être anéanti, et toutes les sensations qui se forment en lui sont supprimées; le centre nerveux reste étranger à une partie des propriétés des corps. On a souvent répété d'après Locke l'observation de cet aveugle de naissance qui, après avoir ouï parler du, rouge comme d'une couleur éclatante, prétendit qu'il devait beaucoup ressembler au son d'une trompette.

Quand la vue se perd après s'être exercée plusieurs années, la mémoire en rappelant les sensations oculaires maintient des notions plus exactes de la couleur et de la lumière : il en est de même pour tous les autres sens.

Nos sensations, qu'elles soient le résultat d'un contact immédiat, ou qu'elles soient produites à distance par l'intermédiaire du calorique, de la lumière ou de l'air atmosphérique, peuvent presque toujours être rapportées à une portion de l'espace dans laquelle nous trouvons le poids, la température, la couleur, etc. Ces attributs divers se résument dans le mot de *matière*, défini déjà *ce qui occupe une place dans le monde*, et qu'on pourrait tout aussi bien définir un ensemble de sensations rapportées à une place déterminée. Nous n'avons aucun moyen de connaître l'essence de la matière ; elle ne peut jamais nous apparaître que comme un ensemble de propriétés; seulement nos notions sont d'autant plus étendues, que nos moyens d'exploration se multiplient avec nos organes sensitifs. Le nombre des sens est, sous ce rapport, un moyen de mesurer l'échelle animale; car on les voit augmenter progressivement depuis le zoophyte, en qui le tact résume toutes les sensations, jusqu'aux animaux des classes supérieures et à l'homme, qui possèdent cinq sens complets.

Moins bien doué, sous le rapport de l'odorat que beaucoup de quadrupèdes dont le nez est naturellement rapproché de terre, l'homme doit être considéré comme ayant des organes sensitifs bien disposés : l'élévation et la mobilité de sa tête favorisent beaucoup l'action des yeux et des oreilles ; la langue est chez lui un organe subtil sous plus d'un rapport ; mais le tact est surtout une cause manifeste de supériorité, aidé qu'il est par l'admirable organisation de la main. D'autres appareils pourraient peut-être nous donner des sensations actuellement inconnues, comme la couleur est inconnue à l'aveugle de naissance? Une foule de notions nouvelles tiennent peut-être à l'existence de quelque organe qui nous manque, et qui augmenterait dans de vastes proportions la puissance de l'homme? Ces hypothèses nous ont souvent occupé des heures entières, en considérant dans certains insectes les antennes, qui, d'après la grosseur de leurs nerfs, paraissent être un appareil sensitif; en réfléchissant à la singulière propriété du pigeon voyageur et des oiseaux émigrants de se diriger à travers l'espace ; en réfléchissant à la chauve-souris, qui, rendue aveugle, sourde et privée d'odorat, retrouve son trou situé à plusieurs centaines de mètres. Quel sens dirige les poissons à travers les mers et les rassemble autour de l'appât? quel sens guide l'abeille à travers les bois et la ramène à la ruche? quel sens fait prévoir à une foule d'insectes la pluie ou le beau temps du lendemain et même les rigueurs de la saison future? A cela pas de réponse certaine; attendons pour l'avenir les efforts de la science.

CHAPITRE DEUXIÈME.

Appareils et fonctions qui concernent l'intérieur.

Amenés par une simple classification anatomique à diviser la vie humaine en deux portions, l'une qui concerne le monde extérieur, et l'autre qui concerne l'être intérieur, nous avons étudié en premier lieu le mécanisme de la sensibilité et de la motilité, seuls moyens de communication attribués à l'être humain. Supprimez ses sens et ses mouvements, il devient un végétal, il reste étranger à l'univers, il lui est interdit de constater l'existence d'un être en dehors de lui. Cette vérité a été trop bien démontrée par les travaux du dernier siècle pour qu'il soit nécessaire d'insister sur elle.

Mais, si les manifestations extérieures de la vie humaine sont bien connues des philosophes, il est loin d'en être ainsi pour les manifestations intérieures, malgré leur grande importance. Elles sont liées intimement à des fonctions qui sont indispensables à la vie ; elles veillent continuellement à leur intégrité ; elles maintiennent leur action pendant le sommeil ; elles dirigent l'homme comme le reste des animaux ; elles font enfin les familles et les sociétés.

Si ces assertions paraissent exagérées, nous laissons à la fin de ce livre le soin de les justifier. Nous admettons de plus qu'il est difficile de comprendre comment d'importantes manifestations intérieures peuvent se lier à des fonctions que l'animal partage avec les plantes, et qui pour cela ont été nommées végétatives. Et, de fait, la séve circule comme le sang, les feuilles respirent comme le poumon; les phénomènes de circulation, de nutrition, d'absorption, de sécrétion et de reproduction sont communs aux deux grandes divisions du règne organique : ils sont loin cependant de s'exécuter par les mêmes moyens : chez les plantes, il est facile de reconnaître dans la vie végétative l'intervention de la lumière et de l'électricité, dont la réunion forme le fluide végétal. On peut expliquer l'ascension de la séve par les alternatives de dilatation et de resserrement produits par la chaleur et le froid, ainsi que par la disposition des vaisseaux. Les sécrétions peuvent n'être qu'une sorte de filtration de la séve ; et si la reproduction par graine repose sur des lois différentes de celles qui régissent la matière en général, la reproduction par bouture n'est pas dans le même cas. En somme, l'existence des plantes se base en bonne partie sur des actes physiques et chimiques que l'on retrouve bien plus difficilement dans la vie des animaux. Chez eux la circulation, la nutrition, l'absorption, etc., ne dépendent plus de la chaleur et de l'affinité, elles trouvent encore leur origine dans la *sensibilité* et la *motilité*, non pas telles que nous venons de les voir dans les organes des sens et dans les muscles soumis à la volonté, mais telles qu'il nous reste à les étudier.

Supposons un moment que l'intervention de la volonté

soit nécessaire pour les contractions du cœur et pour la circulation du sang ; supposons que l'absorption se fasse dans l'intestin au moyen d'un triage dirigé par l'œil ou l'oreille ; supposons enfin que l'odorat soit seul en mesure d'indiquer l'instant où la respiration doit se faire, et nous sommes assurés de voir la mort se produire en quelques instants de distraction ou de sommeil. Il faut donc, pour diriger les fonctions organiques, un autre principe de mouvement et de sensibilité, qui, placé plus ou moins en dehors de la volonté, veille incessamment au maintien de la vie : ce centre organique est le grand sympathique.

Grand sympathique.

Il consiste non pas en un centre nerveux unique comme est le cerveau, mais en une série de nodosités (ganglions), dont la grosseur varie. et qui placées, par séries, de chaque côté de la colonne vertébrale, s'étendent depuis la base du crâne jusqu'à l'extrémité du bassin. Il existe un ganglion à peu près de chaque côté des vertèbres, à l'exception du cou, où pour sept vertèbres on ne rencontre que trois et même que deux ganglions. Tous ces renflements nerveux émettent trois ordres de branches : 1° les unes, inférieures ou supérieures, destinées à établir une communication avec le ganglion placé au-dessus ou au-dessous; 2° les autres, antérieures, qui se rendent aux organes et aux viscères dont les fonctions leur sont subordonnées ; 3° les dernières, postérieures, qui servent à établir une communication directe avec les fibres sensitives motrices et même avec le centre de la moelle épinière. Par cette disposition les ganglions, bien que distincts, forment une double série non interrompue, et communiquent les uns avec les autres de manière à coordonner leur action sur les viscères. Ils ont, en outre, avec la moelle épinière des relations assez intimes pour que l'influence du grand sympathique ne soit pas complétement isolée de celle du centre cérébro-rachidien, pour que les fonctions végétatives puissent se rallier les fonctions cérébrales, qui parfois leur sont indispensables.

La structure intime du ganglion diffère de celle du cerveau en ce que les fibres grises ou organiques s'y trouvent en bien plus grande abondance que dans ce dernier. Elles semblent naître par touffes, de globules ovoïdes qui leur servent de point d'émergence, les multiplient à l'infini, et font différer entièrement le ganglion d'un nerf, quel qu'il soit. Une fois formées, les fibres grises ou organiques ne communiquent pas entre elles, et marchent isolées comme les autres tubes nerveux : elles entrent en communication, par les branches postérieures mentionnées précédemment, avec la substance grise de la moelle épinière. Ce serait une erreur de croire le grand sympathique entièrement formé de fibres grises ou organiques : il contient encore des fibres blanches, soit qu'elles entrent dans sa structure, soit qu'il les tienne de ses communications avec les cordons antérieurs et postérieurs de la moelle épinière : la question n'a pu être décidée par les anatomistes.

De cette rapide esquisse du grand sympathique, il résulte : 1° que si chaque ganglion donne naissance à des fibres nerveuses, il doit aussi produire, au moins en partie, le fluide nerveux qui les parcourt ; 2° que chaque ganglion, s'il possède un principe d'initiative qui lui est propre, subit cependant, par de larges communications, l'influence de ses voisins ; 3° que le grand sympathique est en relation par toutes ses parties avec la moelle épinière et subit son influence, comme il lui impose la sienne.

Il possède encore d'autres moyens de communication avec le cerveau, soit par les filets que les nerfs de la tête envoient à quelques petits ganglions disséminés dans la face et accolés aux appareils sensitifs, soit par un nerf volumineux, le *pneumo-gastrique*, qui, partant du cerveau, se distribue, comme son nom l'indique, au poumon et à l'estomac.

Exclusivement sensitif ou centripète, le pneumo-gastrique emprunte quelques fibres motrices à son accessoire le nerf *spinal*, qui, peu volumineux et réparti entre des muscles respirateurs, ne peut fournir des fibres motrices capables de faire équilibre aux fibres sensitives du pneumogastrique. Celui-ci, d'après notre théorie de l'innervation, doit donc s'anastomoser avec d'autres nerfs moteurs et capables de lui fournir un courant nerveux. Il s'anastomose, en effet, de la manière la plus évidente, dans le poumon et le cœur, avec le grand sympathique (1). Le mélange de leurs fibres est considérable; il en résulte ce que les anatomistes ont nommé les *plexus pulmonaire* et *cardiaque*.

En passant en revue les organes de la respiration et de la circulation, il sera dit par quel mécanisme le nerf pneumo-gastrique préside à leurs fonctions avec l'aide du

(1) Ceci s'accorde très-bien avec ce qui a été dit de l'organisation du grand sympathique, dont les ganglions donnent naissance à beaucoup de fibres qui se trouvent centrifuges par rapport à ces ganglions.

grand sympathique; nous verrons aussi la part qui revient à chacun d'eux.

Un autre plexus considérable, *plexus épigastrique*, résultant également du concours de quelques branches du pneumo-gastrique et de nombreux rameaux du grand sympathique, préside aux fonctions de l'estomac, du diaphragme, des capsules surrénales, du foie et de la rate.

Le grand sympathique n'a plus de communication avec le cerveau par les fibres qu'il envoie à tout l'intestin grêle et à la plus grande partie du gros intestin, ces organes se trouvant entièrement dépourvus de nerfs cérébraux, de même que les reins, les uretères et le mésentère. Mais il n'en est pas de même vers la fin du tube intestinal : là se trouve un double plexus, nommé *hypogastrique*, formé par des branches de nerfs affectés à la vie de relation, et venant des 3e, 4e et 5e paires sacrées, et par des rameaux sortis des ganglions inférieurs du grand sympathique. Les plexus hypogastriques envoient des branches nerveuses à la fin du gros intestin, à la vessie, aux vésicules séminales, à la prostate, aux testicules, au vagin, à l'utérus et aux ovaires.

Qu'on nous pardonne cette description et les mots techniques qui l'accompagnent; elle était indispensable pour tracer nettement la part attribuée aux deux systèmes nerveux dans les actes qui composent la vie; elle a surtout pour objet de montrer à l'avance quelles relations existent entre ces deux systèmes nerveux vers les centres de circulation, de respiration et de digestion, d'une part, et vers les organes génito-urinaires d'une autre part.

Un mot encore sur la marche du fluide nerveux dans les tubes du grand sympathique : cette marche est bien moins rapide que dans les nerfs de la vie de relation : tandis qu'une étincelle électrique appliquée à ces derniers détermine dans les muscles une contraction énergique et instantanée ; appliquée à une branche du grand sympathique, elle ne détermine qu'après plusieurs secondes et même quelques minutes des mouvements vermiculaires dans les plans musculeux de l'estomac et de l'intestin. Mais si le fluide nerveux parcourt moins rapidement les nerfs de la vie organique, son cours est moins facilement interrompu et même il se maintient longtemps après que les nerfs ont perdu leur communication avec les centres nerveux. Le cœur arraché de la poitrine d'un animal et placé sur une table se contracte encore pendant longtemps, même quand sa base a été séparée de tout le plexus cardiaque. Les petits filaments nerveux qui pénètrent la substance du cœur conservent assez de fluide pour faire contracter l'organe central de la circulation pendant un quart d'heure chez les animaux des classes supérieures, et pendant plusieurs heures chez les reptiles. Grâce à ce mécanisme, les fonctions essentielles au maintien de la vie échappent, en grande partie du moins, aux commotions nerveuses qui, sans cela, amèneraient instantanément la mort.

Courants nerveux centrifuges du grand sympathique.

Leur rôle est double ; car ils doivent non-seulement produire les contractions des muscles nécessaires aux fonctions organiques, mais ils sont encore chargés de solliciter le concours du cerveau et de la moelle en faveur de ces mêmes fonctions. Voici les faits sur lesquels s'appuie cette assertion.

Chacun sait que le cœur se contracte indépendamment de la volonté, que le tube intestinal est dans le même cas, comme les bronches et le tissu entier du poumon, de la matrice et de bien d'autres organes. Ces contractions sont d'autant moins rapides qu'elles sont davantage sous la dépendance du grand sympathique. Dans l'intestin grêle, par exemple, où l'action cérébrale se fait à peine sentir, les contractions de la fibre musculaire sont lentes, vermiculaires, alternatives ; elles sont beaucoup plus rapides dans le cœur et dans les bronches, où l'influence du cerveau est manifeste.

Presque tous les muscles soumis au grand sympathique sont creux, pâles, minces, membraneux et composés de fibres *lisses*, tandis que les muscles de la vie de relation sont en général épais, charnus, cylindriques, rouges et composés de fibres *striées*. Une autre différence, c'est que les derniers prennent leur point d'attache sur les os, alors que les premiers représentent une succession d'anneaux plus ou moins libres dans de vastes cavités, ne prenant guère leur point d'appui que sur eux-mêmes ou sur des membranes, et tendant seulement par leur contraction à resserrer l'espace qu'ils interceptent. C'est ainsi que le tube intestinal, à partir de l'estomac jusqu'à son extrémité inférieure, renferme dans ses diverses tuniques une foule de fibres musculaires *lisses* et transversales qui, en se contractant, diminuent le calibre de l'intestin, et tendent à chasser, soit en haut, soit en bas, les matières qu'il renferme. Toutes les fibres ne se contractent pas simultanément sous l'influence des courants nerveux du grand sympathique, mais elles agissent successivement et de proche en proche, tantôt de haut en bas, pour produire le mouvement appelé *péristaltique;* tantôt de bas en haut, dans le mouvement *antipéristaltique.*

Quelque chose d'analogue se passe dans la vessie, dans la matrice, dans plusieurs canaux excréteurs, et même dans le cœur; seulement les fibres musculaires s'y trouvent disposées dans toutes les directions ; et les organes ayant peu de longueur, les contractions y sont presque simultanées.

Mais les contractions produites par les courants nerveux du grand sympathique n'affectent pas seulement les muscles, elles se produisent encore dans d'autres tissus *jaunes* ou *élastiques*, qui se rencontrent entre les vertèbres et dans les tuniques des artères et des veines.

Telle est la première partie des actes dévolus aux courants nerveux centrifuges du grand sympathique; il s'agit maintenant de démontrer comment est sollicitée l'action du cerveau et de la moelle en faveur des fonctions organiques.

Beaucoup d'entre elles ne peuvent se passer du concours des muscles soumis à la volonté ou des appareils des sens. La digestion, par exemple, ne peut s'opérer sans que des aliments soient choisis par les yeux ou l'odorat, saisis par la main, portés dans la bouche, triturés par les dents, avalés par le gosier ; et tous ces actes sont volontaires. De même l'air ne saurait être introduit dans la poitrine si cette dernière n'est dilatée par les muscles de la vie de relation. Or, si le grand sympathique est chargé de diriger la digestion et la respiration, il doit avoir les moyens d'inciter les yeux et la main à choisir les aliments, de contraindre la

bouche à triturer et à avaler, de forcer les muscles de relation à dilater la poitrine; sans cela il suffirait de vouloir
se tuer pour être mort. Avec ses courants nerveux centrifuges, le grand sympathique a un moyen d'influence énergique sur le centre sensitif, et le mécanisme en est facile à
comprendre. Prenons pour exemple le poumon quand le
sang veineux y afflue : les nombreux rameaux sympathiques disséminés dans la trame pulmonaire reçoivent une
impression, quelle qu'elle soit; ils la transmettent au moyen
de leurs nombreuses anastomoses avec le pneumo-gastrique, et par leurs courants nerveux jusqu'au cerveau, où ne
se produit pas une sensation telle que peut la donner l'œil
ou l'oreille, mais une impression particulière qui n'a rien
d'analogue dans les sens et qui est le *besoin de respirer*.
Ce besoin n'est pas autre chose qu'une tendance vers la
contraction des muscles respirateurs; elle est une impulsion intérieure, elle est un *instinct*. Il en est de même de la
faim, qui est une incitation de l'estomac vers l'action de
manger ; de la soif, qui incite à boire; des instincts sexuels,
qui incitent à la copulation. Voilà donc les fonctions organiques mises en mesure de rallier l'action du centre sensitif,
et même de lui imposer leurs besoins : il est facile dès lors
de comprendre l'attrait que peut offrir leur étude au point
de vue moral. L'avenir nous montrera que l'importance
des fonctions du grand sympathique et la force des instincts sont toujours solidaires.

Courants nerveux centripètes du grand sympathique.

Si leur existence est difficile à démontrer directement,
faute d'avoir conscience de ce qui se passe dans le grand

sympathique et de ressentir aucune de ses impressions, bien des raisons doivent cependant les faire admettre. La première raison est l'analogie qui rend difficile l'admission de courants centrifuges sans courants centripètes : ce n'est, en outre, que par ces derniers qu'on peut expliquer les sympathies des ganglions et des viscères. Pour que les ganglions qui président aux fonctions digestives soient émus par les troubles du cœur, il faut bien qu'ils en reçoivent du fluide nerveux.

Ce point admis, il faut admettre encore que le grand sympathique a un mode particulier de sensibilité qui préexiste forcément aux émotions, troubles et variations que subissent les fonctions organiques. Mais cette sensibilité, se trouvant en dehors du cerveau, ne peut être accessible au moi, à l'animal ; elle ressemble complétement à ce qui se passe dans la sensitive, qui retire ses feuilles du contact de la main ; elle n'est que de l'*irritabilité*. Le cœur blessé par une balle ou par l'instrument de l'opérateur ne fait ressentir au moi aucune impression ; il est sous le rapport du cerveau complétement insensible ; mais il n'en est pas de même sous le rapport des plexus cardiaques et du grand sympathique : l'émotion les gagne, et par leur intermédiaire se communique au poumon pour rendre la respiration pénible, aux vaisseaux pour rendre la circulation précipitée et difficile.

L'initiative de cette émotion, de cette irritation du grand sympathique n'appartient pas toujours à ses propres courants centripètes, mais à ceux qu'il reçoit du cerveau. Nous avons vu que des courants nerveux partis du grand sympathique, et devenus sensitifs pour l'encéphale, produisent des impressions nommées *instincts*, et ont pour objet de rattacher les fonctions de relations aux fonctions organiques ; nous allons voir maintenant comment des courants cérébraux devenus centripètes, pour le système nerveux ganglionnaire, rattachent les fonctions organiques aux fonctions de relation. La volonté, par exemple, prescrit aux muscles des contractions énergiques et une course précipitée : mais pour suffire à ces contractions, la circulation doit prendre beaucoup plus d'activité et d'énergie, la respiration doit s'accélérer dans les mêmes proportions ; il faut donc de toute nécessité que le cœur précipite ses battements et que le poumon multiplie ses inspirations. Supposons qu'il en soit autrement : les muscles, manquant de nutrition et ne recevant que la quantité de sang convenable pour le repos, feront défaut à la volonté et la rendront impuissante.

Ajoutons les palpitations que produit une commotion morale, les troubles digestifs qui en naissent, le flux d'urine et la sécheresse de la gorge qui très-souvent en sont le résultat, et nul ne pourra nier la réaction du cerveau et de la moelle sur le grand sympathique.

Chaque fois qu'il se fait de l'encéphale une grande émission de fluide nerveux, soit par un acte de la volonté, soit par une commotion morale, on peut être certain qu'un surcroît d'activité est imprimé aux fonctions qui dépendent du grand sympathique, et qui se maintiennent de la sorte en harmonie avec l'état général.

Il est facile, en se rappelant les communications des deux systèmes nerveux par les petits filets qui se rendent de la moelle épinière aux ganglions, de comprendre cette solidarité.

Si, pour faciliter l'action de la mémoire, nous résumons ces données diverses, nous trouvons le grand sympathique en contact par deux points avec l'encéphale : d'une part, au moyen des plexus qu'il forme avec le pneumo-gastrique, les nerfs sacrés et quelques nerfs de la tête ; d'une autre part, au moyen des petits filets qu'il reçoit de la moelle épinière. De la première communication naissent les instincts, qui rattachent les fonctions de relation aux fonctions organiques ; de la seconde communication naît la solidarité qui lie les fonctions organiques aux fonctions de relation. Ainsi se trouve constituée l'unité de l'animal ; il est temps d'en apporter la preuve et de passer au détail des faits.

Circulation.

L'objet de cette fonction est de présider à tous les mouvements de composition et de décomposition qui se passent dans l'organisme : non-seulement elle maintient l'activité dans les organes, non-seulement elle en retire les molécules usées et impropres à la vie, pour les remplacer par des molécules jeunes et saines ; elle est encore la cause de l'accroissement des tissus pendant l'enfance, de leur solidité et de leur vigueur dans l'âge moyen, de leur décroissement dans la vieillesse. La circulation est aussi générale que l'innervation : toutes deux se suivent et s'accompagnent ; toutes deux ont des tubes et des courants centripètes et centrifuges. Où existe un nerf se rencontre un vaisseau ; où circule du fluide nerveux le sang ne peut manquer de circuler.

Il est même des organes où l'anatomie n'a pu découvrir de nerfs, et où elle a trouvé des vaisseaux sanguins ; mais cette anomalie apparente tient probablement à l'imperfection de la science.

La ténuité des dernières ramifications vasculaires est telle que le microscope peut à peine les suivre, et qu'il est impuissant à reconnaître leurs parois : il ne reconnaît l'existence des tubes *capillaires* que par le liquide qu'ils contiennent. Leur multiplicité est telle que Ruysch, en regardant ses admirables injections, avait fini par penser que le corps entier n'était qu'un lacis de vaisseaux.

Divers liquides circulent dans les tubes vasculaires; le plus important de tous et le seul qui doive quant à présent attirer notre attention est le sang. Il se divise en sang artériel ou centrifuge et en sang veineux ou centripète : ce dernier, moins chaud de deux ou trois degré et plus noir que le premier, est plus chargé de carbone et d'hydrogène ; il paraît impropre à donner l'activité aux organes et la vie aux tissus s'il n'est vivifié dans le poumon. Voici sa composition chez l'homme adulte, d'après MM. Becquerel et Rodier, dont les analyses nous ont paru aussi complètes que consciencieuses :

Eau	779,00
Globules	141,10
Albumine	69,40
Fibrine	2,20
Matières extractives et sels.	6,80
Matières grasses	1,60
Séroline	0,02
Matière phosphorée	0,48
Cholestérine	0,08
Savon	1,00

Le sang de la femme et celui de l'enfant contiennent moins de globules et plus d'eau et d'albumine que celui de l'homme.

De même qu'il existe un centre d'innervation, de même

il existe un centre de circulation ; c'est le cœur. Placé dans le côté gauche de la poitrine, il représente à la fois le réservoir des liquides vivants et l'appareil hydraulique destiné à les mouvoir : son volume n'excède guère le poing du sujet ; il représente d'une façon irrégulière un cône renversé ; enfin ses parois musculeuses et épaisses, surtout à gauche, sont susceptibles de contractions énergiques. Il est creusé de quatre cavités séparées par une cloison longitudinale et une cloison transversale qui se coupent réciproquement : les deux cavités supérieures portent le nom d'oreillettes ; les deux cavités inférieures se nomment ventricules. L'oreillette et le ventricule gauche président à la grande circulation ; ils sont sans communication (après la naissance tout au moins) avec l'oreillette et le ventricule droits, qui président à la circulation pulmonaire.

De chaque côté, l'oreillette et le ventricule communiquent entre eux par une ouverture irrégulière garnie d'une valvule ou soupape membraneuse qui permet bien au sang de passer de la première cavité dans la seconde, mais qui s'oppose absolument à un reflux en sens contraire : on nomme *tricuspide* la valvule de droite, et *mitrale* la valvule de gauche.

Quand l'oreillette se contracte, elle fait passer le liquide qu'elle contient dans le ventricule ; quand celui-ci se contracte, à son tour, il chasse le liquide par une autre issue qui pour le cœur gauche est *l'aorte :* c'est la principale artère du corps. Elle naît à la partie supérieure du ventricule gauche, se dirige d'abord en haut et en arrière, puis se recourbe en bas, sous forme de crosse, pour s'appliquer contre le côté gauche de la colonne vertébrale, ou plutôt du corps des vertèbres, qu'elle suit jusqu'au bassin : là elle

se bifurque, et, sous le nom d'artères iliaques, elle se dirige
vers les membres inférieurs. Variable en grosseur, mais
ayant toujours au moins deux centimètres de diamètre chez
l'adulte, l'aorte à son origine est garnie de trois valvules
appelées *sigmoïdes*, et destinées encore à empêcher le reflux
du sang du côté du ventricule. Les parois aortiques sont
épaisses, résistantes, d'un blanc jaunâtre : elles comprennent trois couches : l'externe, fibro-celluleuse, est résistante
et composée de fibres entrelacées en sens divers ; l'interne
est mince, lisse, demi-transparente ; enfin la moyenne, formée de fibres transversales disposées en anneaux, est élastique et même contractile : elle permet aux parois aortiques
de se dilater ou de se rétrécir, selon que le flot du liquide
est plus ou moins abondant.

Sitôt née du cœur, l'aorte, qu'il faut considérer comme
le tronc artériel, comme l'origine des vaisseaux sanguins
centrifuges, fournit des branches ou artères qui se rendent
au cœur lui-même : puis dans son trajet elle fournit des
branches aux viscères de la poitrine, à la tête, aux membres supérieurs, aux parois de la poitrine et de l'abdomen,
à tous les viscères abdominaux, au bassin et aux organes
qu'il contient, enfin aux membres inférieurs. Chaque branche artérielle en cheminant dans les tissus se divise en rameaux, puis en ramuscules ; et de divisions en divisions,
elle arrive aux tubes capillaires, dont la ténuité défie les
recherches anatomiques. A l'autre extrémité des tubes
capillaires commencent les vaisseaux centripètes ou les
veines qui suivent d'une façon inverse la progression décroissante signalée dans les artères ; c'est-à-dire que, très-
ténues et très-multipliées dans le principe, ces veines deviennent de plus en plus rares et volumineuses, pour se

résumer en deux troncs appliqués aussi contre la colonne vertébrale : la veine *cave inférieure*, qui rapporte au cœur le sang de toute la partie du corps placée au-dessous du *diaphragme* (cloison de séparation du ventre et de la poitrine) ; puis la veine cave supérieure, qui rapporte le sang des organes situés au-dessus du diaphragme : les deux veines caves se terminent et s'ouvrent dans l'oreillette droite, où nous n'avons pas à les suivre quant à présent.

Peu de différences se rencontrent entre la structure des artères et celle des veines : ces dernières cependant ont les parois plus minces, plus dilatables ; leur cavité est en outre interceptée de distance en distance par des valvules destinées à empêcher tout retour du sang du centre vers la périphérie, et à accélérer une circulation qui manque de l'impulsion donnée par le cœur et par les parois contractiles et élastiques des artères.

Les veines sont plus nombreuses que les artères, et beaucoup sont fort rapprochées de la peau. Il n'existe pas de communication entre les deux ordres de vaisseaux, si ce n'est par le moyen des tubes capillaires ; mais les artères et les veines s'abouchent fréquemment au moyen des anastomoses. Par cette disposition, un vaisseau peut être blessé, obturé par une cause ou une autre, sans que pour cela la circulation soit interrompue et les tissus frappés de mort. Cependant la ligature d'un gros vaisseau est toujours un danger sérieux.

Cette description, un peu longue peut-être, de l'appareil de la circulation, était indispensable pour suivre le cours du sang, depuis l'instant où ce fluide, vivifié et réchauffé par l'action du poumon, parvient par les quatre veines pulmonaires à l'oreillette gauche. Quand cette cavité est distendue par le liquide, elle se contracte en même temps que le ventricule se dilate ; de telle sorte que le sang est sollicité à passer dans ce dernier par une sorte d'aspiration et par la pression des parois de l'oreillette. Stimulé à son tour par le liquide, le ventricule, grâce à l'épaisseur de ses parois charnues, se contracte avec une grande énergie ; il comprime le sang, qui, empêché par la valvule mitrale de refluer vers l'oreillette, se précipite dans l'aorte. L'artère, distendue de prime abord, ne tarde pas à réagir, et à comprimer à son tour le sang, qui, trouvant un obstacle à son reflux dans les valvules sigmoïdes placées à l'orifice du vaisseau, continue son cours, et suit tout l'arbre artériel, pressé qu'il est par une contraction qui s'étend depuis l'origine de l'aorte jusqu'à l'extrémité de ses divisions. Voilà la cause des battements artériels, qui sont, en moyenne, au nombre de soixante par minute. Quand le sang comprimé rencontre dans son trajet l'orifice des artères, il s'y précipite aussitôt et les parcourt dans tout leur trajet. Ceci doit faire comprendre comment, à chaque contraction du cœur, une nouvelle dose de sang est envoyée dans tous les tissus et dans les tubes capillaires. Ici le liquide vivifiant se trouve, pour ainsi dire, en contact avec les tissus ; son action réparatrice s'exerce sans que la science humaine, aidée du microscope, soit parvenue à saisir la nature sur le fait. Voici ce que les expérimentateurs, aidés d'instruments d'optique, ont pu découvrir. Les globules du sang, baignant dans la sérosité, cheminent les uns à la suite des autres, et paraissent conserver encore l'impulsion que leur a donnée le cœur, bien que cette impulsion soit peu considérable, si on en juge par la lenteur de la progression. De plus, si avec la pointe d'une aiguille on vient à piquer les tissus, on voit souvent les globules changer leur cours pour se précipiter vers le point lésé. Ajoutons qu'ils semblent doués d'une vie particulière, que souvent ils s'entre-croisent et se dépassent dans leur marche; que l'un d'eux, arrivé à une bifurcation du vaisseau, s'engage dans la première voie qui lui est ouverte, puis revient sur ses pas pour prendre l'autre direction, comme s'il reconnaissait avoir fait fausse route. L'esprit se sent saisi d'admiration devant ces phénomènes ; il se demande quel instinct conduit ces petits êtres, quelle force les fait entrer en lutte contre l'action du cœur. Après bien des années de réflexion, voici l'explication que nous hasarderons : elle se rattache à l'innervation, à la terminaison des nerfs par anses, et à l'abouchement d'un tube centrifuge avec un tube centripète. Cette disposition, que nous avons vue se répéter pour les vaisseaux centrifuges et centripètes, nous permet de comprendre comment, par la juxtaposition des anses nerveuses et des anses vasculaires, les courants nerveux peuvent exercer une action directe, une sorte d'entraînement physique sur les globules du sang. Il est démontré qu'un courant électrique peut entraîner des molécules métalliques, pourquoi refuserait-on au fluide nerveux le pouvoir d'entraîner les globules du sang? Quand, au moyen d'une aiguille enfoncée dans les chairs, on soustrait du fluide nerveux, on lui donne une issue au dehors ; il est certain que les globules de sang doivent alors être entraînés vers la piqûre. Agglomérés dans ce point, ils distendent les vaisseaux et les tissus; ils font une digue, un obstacle à la circulation, et deviennent ainsi un principe d'inflammation. Ceci, nous le répétons, est une explication hypothétique; mais qu'il nous soit permis de la continuer et de la rattacher aux différents faits de circulation et même de nutrition !

Une opinion professée généralement, est que les globules et les matériaux réparateurs du sang ne sont pas identiques, et varient de manière à représenter les divers tissus de l'économie : d'une autre part, il nous faut admettre (et la chose est visible à l'œil nu) que les tubes nerveux ne sont pas identiques : s'ils se modifient, c'est assurément pour se mettre en harmonie avec les organes dans lesquels ils se ramifient. Rapprochons ces faits de notre théorie, et nous verrons tout d'abord pourquoi les ramifications nerveuses qui parcourent les muscles tendront à entraîner et à retenir les parties du sang qui peuvent servir à réparer, à accroître le volume du muscle. Que, par suite de la volonté, le courant nerveux prenne plus d'intensité et commande une contraction, l'attraction nerveuse sur le sang doit être plus considérable, et les mouvements doivent suivre la même progression. Ainsi se trouverait expliqué pourquoi le mouvement accélère le cours du sang, pourquoi l'exercice d'un organe accroît sa nutrition, pourquoi l'immobilité détruit son énergie et son volume. Il n'est pas jusqu'aux sécrétions qui ne puissent s'adapter à notre théorie : la nature des nerfs et des courants qui traversent les organes sécréteurs peut très-bien nous dire pourquoi les principes de l'urine sont entraînés dans le rein et conduits dans les vaisseaux excréteurs ; pourquoi la bile est soustraite au sang qui traverse le foie, etc. Cette explication nous semble plus satisfaisante, plus physiologique, qu'une filtration, bien difficile à admettre, en ce que les globules sécrétés sont souvent plus volumineux que d'autres globules du sang, qui cependant ne passent pas avec eux et restent dans la circulation générale.

Le volume relatif de la tête et de tout le système nerveux chez l'enfant doit nous dire pourquoi il présente des phénomènes de composition si actifs. Le pouls, battant chez lui de vingt à soixante pulsations de plus que chez l'adulte, doit donner une réparation double ou triple, si bien que l'enfant acquiert beaucoup plus qu'il ne perd : il en résulte, sous la direction des nerfs, un accroissement dans toutes les dimensions ; accroissement qui tend à se ralentir à mesure que les mouvements du cœur se ralentissent, et que le système nerveux perd de sa prédominance. On pourrait poursuivre bien plus loin cette hypothèse, rappeler comment le courant sanguin, au moment où il devient centripète, tend, sous l'influence du courant nerveux, à entraîner, à arracher du sein des tissus les molécules altérées dans leur forme, leur composition, et devenues impropres à fonctionner : l'action des nerfs nous dirait pourquoi le sang artériel se dépouille en traversant les tissus des particules les plus vivantes, pour se charger ensuite des particules les plus altérées ; ainsi s'expliquerait la transformation, dans les tubes capillaires, du sang artériel, si chaud, si rouge, si vivant, en sang veineux, noir et inerte.

Quoi qu'il en soit, le liquide, quand il est parvenu dans les veines après avoir traversé les vaisseaux capillaires, tend à se porter, quoique avec lenteur, du côté de l'oreillette droite. L'impulsion qu'il reçoit tient en partie à l'action du cœur, à l'action des artères, des courants capillaires, des parois des veines. Mais toutes ces impulsions sont faibles, et se trouveraient souvent impuissantes à empêcher la stagnation du sang, si les valvules, disposées de distance en distance, ne s'y opposaient. Quand une veine est comprimée, soit par la contraction d'un muscle, soit même par le poids du corps, le sang est alors exprimé mécaniquement, et chassé vers le cœur.

Ainsi présentée, la grande circulation, à son origine, est placée, en bonne partie, sous la dépendance du grand sympathique, dont les nerfs font contracter non-seulement le cœur, mais encore l'aorte et les grosses artères, qu'ils accompagnent une grande partie de leur trajet, de même que les grosses veines situées dans les cavités de la poitrine et de l'abdomen. La preuve, cependant, que les contractions du cœur n'appartiennent pas entièrement au grand sympathique, c'est qu'une commotion morale, la peine, la joie et la peur, peuvent en accélérer ou en retarder les battements. Cette union, ce concours des deux systèmes nerveux est évidemment nécessaire, puisque la circulation se trouve dans l'obligation de s'accélérer pour suffire à certains actes commandés par la volonté.

Jusqu'ici la circulation est envisagée sous le rapport de sa subordination aux systèmes nerveux : il est temps, maintenant, d'examiner en quoi la composition du sang agit sur les nerfs : ils reçoivent des vaisseaux, et sont soumis, comme tout autre organe, aux phénomènes de composition et de décomposition ; ils tirent même probablement du sang artériel le principe d'innervation qui leur donne tant d'influence sur l'économie. Aussi voyons-nous toute altération grave du sang être suivie d'altérations fonctionnelles des centres nerveux : témoins le typhus, la peste, le choléra et les fièvres pernicieuses, qui, outre qu'ils troublent la plupart des fonctions soumises au grand sympathique, altèrent encore l'intelligence. Ceci augmente la solidarité établie précédemment entre l'innervation et la circulation ; il est temps d'en déduire les conséquences.

Le cœur, dans son mode de sensibilité, appartient entièrement à la vie organique, et n'a aucune relation avec l'intelligence : il peut être touché, blessé même, sans que le centre sensitif en ressente rien : une sensibilité spéciale était inutile, du moment où la volonté reste étrangère aux mouvements circulatoires. Mais si le cœur ne donne aucune impression cérébrale, il n'en est pas de même du reste de la circulation. Quand un sang réparateur se porte dans les tubes capillaires des organes, quand il y produit des réparations en disproportion avec les pertes, il en résulte un excès de nutrition, qui réagit sur les anses nerveuses, et par leur intermédiaire se traduit au cerveau, y produit une impression spéciale, c'est le besoin d'agir ou l'activité. De même que l'exercice stimule la nutrition, de même aussi la nutrition tend à provoquer l'exercice. Citons des faits. Un cheval bien nourri, pourvu d'un sang généreux, a été maintenu, pendant deux jours, dans un repos forcé ; ses muscles, gorgés de sucs et de forces, aspirent à se contracter; il bat du pied, secoue son frein, aspire l'air et l'espace : détachez ses entraves, et sa course va devenir désordonnée, furieuse; il bondira sous lui-même; il franchira les haies et les fossés, insoucieux de l'herbe fleurie et de l'eau limpide du ruisseau. Ce qu'il lui faut en pareil cas, ce n'est pas satisfaire sa faim ou sa soif, c'est agir, c'est se *fatiguer*. Même disposition pour l'humanité. Souvent, en voyant des enfants se précipiter hors de la porte du collége, souvent en les voyant crier, gesticuler, bondir, sans autre but que d'obéir à l'impulsion de leurs muscles, à l'active nutrition de leur âge, nous avons mesuré ce que de tels actes annonçaient de contrainte, de servitude, de douleur. Nous le disons en toute sincérité, contraindre l'activité humaine, c'est lui imposer une grande misère ; donner essor au besoin d'agir, c'est produire un grand bien, c'est créer *la liberté.* Le besoin d'agir, en effet, n'existe pas seulement pour les muscles, la circulation peut lui donner pour siége tous les appareils. Les yeux aussi aiment à voir, les oreilles aiment à entendre, le cerveau aime à penser, l'estomac aime à digérer. L'activité tient l'humanité tout entière ; comme la circulation et l'innervation, elle embrasse l'organisme.

Ces instincts, ces besoins d'agir ne peuvent cependant s'exercer tous à la fois : à peine si deux ou trois d'entre eux peuvent trouver satisfaction dans le même instant ; il faut donc, pour que chacun ait son temps de prédominance, que chacun s'affaiblisse en se satisfaisant. Un exemple est encore ici nécessaire : retournons à cet enfant qui sort du collége, qui crie, bondit, gesticule ; sa respiration s'accélère, la sueur perle en gouttelettes sur toute la surface de son corps, sa peau rougit, ses muscles dans le principe sont gorgés de sang. Mais chacun de ces signes annonce une déperdition pour l'organisme ; bien du carboné est brulé par le poumon, bien des principes salins et gras sont éliminés par la peau, bien des molécules fibreuses s'adjoignent aux muscles, tandis que d'autres molécules usées sont retirées de leur substance. Si l'exercice se prolonge au delà d'un certain temps, les déperditions sont bien plus considérables que les réparations. Ajoutons les pertes de fluide nerveux qu'amène l'action incessante de la volonté, et chacun comprendra que l'état organique traduit au cerveau par le courant centripète se résume en une impression cérébrale, *la fatigue ;* c'est la contre-partie de l'activité : tandis que celle-ci pousse et sollicite la volonté vers l'action et le mouvement, celle-là tend incessamment vers l'immobilité et le repos.

Que ces données soient appliquées aux autres fonctions organiques, et il sera facile de comprendre comment l'activité de chacune d'elles peut dominer à son tour. La plus puissante doit d'abord primer toutes les autres; mais en s'affaiblissant par l'exercice et en devenant fatigue, elle fait place à une seconde qui, à son tour, est déplacée par une troisième. Toutes doivent avoir ainsi leur *moment,* parce que chacune s'enrichit de ce que perdent ses voisines. Les plus faibles, pour triompher, ont encore la ressource de s'allier entre elles, ainsi qu'il apparaîtra par la suite.

Voilà donc une fonction organique, la circulation, qui devient l'origine, non plus de *sensations,* mais d'un *instinct,* le besoin d'agir ou l'*activité,* et de sa contre-partie, la *fatigue.* La même opposition se retrouvera dans tous les instincts qui naissent des fonctions organiques; chacun d'eux a son côté positif et son côté négatif.

Examinons maintenant les fonctions secondaires de la circulation telles que l'*absorption,* la *nutrition* et les *sécrétions.* Elles nous diront les diverses manières dont le sang peut agir sur l'organisme.

Absorption. Cette fonction comprend tous les actes par lesquels les éléments réparateurs et nutritifs pénètrent dans la circulation : elle comprend aussi le retrait du milieu des tissus de toutes les molécules usées et impropres à la vie.

Pour bien comprendre l'absorption, il faudrait savoir avant tout ce qu'est la force absorbante : dépend-elle de la composition du sang? est-elle simplement un acte d'*en-*

dosmose (1) ? Est-elle produite par la disposition des ouvertures ou des pores des vaisseaux qui exerceraient une sorte de succion ? est-elle autre chose encore ? c'est ce qui n'est pas décidé. L'essentiel parmi nous est de constater son existence et de savoir dans quels cas elle s'exerce.

Deux ordres de vaisseaux semblent surtout le siége de l'absorption : ce sont en premier lieu les veines, et en second lieu les vaisseaux *lymphatiques*, appelés aussi *absorbants*. Leur nombre est infini et leur ténuité extrême : ils sont pourvus de nombreuses valvules ; de distance en distance ils se roulent sur eux-mêmes, et s'entrelacent pour former des nodosités connues sous le nom de glandes.

La grande majorité des vaisseaux lymphatiques, entre autres ceux des membres inférieurs, de l'abdomen, du côté gauche de la poitrine et du cou, aboutissent au *canal thoracique*, qui s'ouvre dans la veine *sous-clavière* gauche, l'un des affluents de la veine cave supérieure. Les vaisseaux lymphatiques nés du côté droit de la poitrine, de la tête, du cou, ainsi que du bras correspondant, se réunissent dans la grande veine *lymphatique*, qui s'ouvre dans la veine *sous-clavière* droite.

Certains anatomistes ont admis des communications dans l'épaisseur des glandes entre les veines et les vaisseaux lymphatiques ; mais ces communications sont peu nombreuses en comparaison de celles qui relient entre eux les vaisseaux lymphatiques. D'innombrables ramifications au sein des tissus leur permettent d'absorber tous les liquides qui s'y rencontrent, que ce soit du sang extravasé,

____

(1) Quand deux liquides sont séparés par une membrane organique, le plus ténu ou le moins dense des liquides tend toujours à passer à travers la membrane et à se mêler au plus dense.

du pus, le résultat d'une sécrétion quelconque, ou même
un liquide venu du dehors : ils absorbent encore les molécules qui se désorganisent par l'effet de leur durée ou
par une cause vulnérante. Le produit de l'absorption, par
l'influence des valvules aidées de la compression qu'exercent les muscles, tend, sous le nom de *lymphe*, à progresser de la périphérie vers le centre, subit une première
élaboration dans les glandes, passe dans le canal thoracique, et de là dans la veine cave supérieure. D'autres travaux nous diront comment la lymphe, qui provient d'éléments si divers et contient souvent des principes nuisibles,
se purifie avec le sang veineux, et, loin d'être une cause
de débilité et de maladie, peut devenir une cause de force
et de santé. Cependant, elle constitue un véritable danger
quand les vaisseaux puisent dans un foyer purulent; souvent alors les glandes s'enflamment et forment des abcès.
Le danger est plus grand encore si, par le canal thoracique, le pus pénètre jusque dans le sang.

Un autre rôle est dévolu aux vaisseaux lymphatiques
répartis dans le tube intestinal, c'est d'absorber les produits de la digestion, le *chyle*, et de les transporter dans
la veine sous-clavière gauche. Cette absorption, en raison
de la viscosité du chyle, ne saurait se faire à travers les
parois des vaisseaux; elle a lieu par des ouvertures dont
sont percées une partie des villosités intestinales; ouvertures qui marquent probablement la terminaison périphérique des vaisseaux lymphatiques.

Les boissons et les autres parties fluides des aliments ne
sont pas absorbées par les vaisseaux lymphatiques, elles
ne se mêlent pas à la lymphe, comme le chyle, et pour
pénétrer dans la circulation, ne prennent pas la voie du

canal thoracique : leur absorption se fait directement par les veines, dont les parois minces et poreuses se prêtent admirablement, si nous en croyons les expériences de M. Magendie, aux phénomènes de l'*endosmose.* En quelques instants, plusieurs litres d'eau et de liquides divers introduits dans l'estomac, dans le gros intestin, dans le poumon, entre les feuillets de certaines membranes, peuvent être absorbés, passer dans le sang, et être éliminés par diverses voies, surtout par les urines. La ténuité des vaisseaux lymphatiques et la lenteur du cours de la lymphe rendraient cette promptitude d'action impossible, tandis que le volume des veines et la rapidité du cours du sang la rendent facile ; les veines conservent cette puissance d'absorption dans les tissus ; elles reprennent les parties les plus fluides du sang extravasé ; de graves accidents prouvent encore qu'elles peuvent absorber du pus.

Nutrition. — Des expériences fort curieuses (1) prouvent que les diverses molécules qui composent le corps des animaux, même celles des tissus les plus durs, sont toutes destinées, dans un temps variable, il est vrai, à être reprises et remplacées par d'autres plus jeunes et plus vivantes. En nous s'exécute l'opération du fameux couteau auquel le coutelier remettait alternativement un manche et une lame ; nous sommes un édifice dont les moellons qui tombent en poussière sont incessamment retirés et remplacés par des moellons neufs. Nous savons comment

(1) La garance mêlée à la nourriture de certains animaux rougit la substance de leurs os. Si on les tue quelque temps après, cette rougeur est manifeste ; mais elle disparaît si la mort n'arrive qu'au bout de plusieurs années.

s'opère le retrait, la nutrition doit nous dire comment se fait la restauration.

Le sang artériel paraît contenir tous les éléments qui entrent dans la composition du corps humain ; tant qu'il est renfermé dans les artères, aucune parcelle ne peut en être distraite, et il n'obéit qu'à l'impulsion du cœur ; mais quand il arrive dans les tubes capillaires, il n'est plus séparé des tissus que par une membrane très-mince, dont l'existence n'est même pas certaine, et il tombe plus ou moins sous la direction des courants nerveux. Ceux-ci se modifient selon les nerfs, et varient dans l'attraction qu'ils exercent sur les molécules du sang. Les nerfs des os, par exemple, attirent surtout les molécules de phosphate calcaire ; les nerfs des muscles attirent les molécules de fibrine. De cette façon, la nutrition serait un acte physiologique très-facile à comprendre, et se rapporterait très-bien à notre théorie de l'innervation.

Deux éléments différents entrent donc dans la nutrition : d'une part, la composition du sang ; d'une autre part, le fluide nerveux. Si, par suite d'une alimentation abondante, le sang acquiert beaucoup de richesse, il tend à nourrir abondamment les tissus, surtout quand, par un exercice répété, ils sont parcourus par des courants nerveux, rapides et énergiques. C'est pour cela que, toutes choses égales d'ailleurs, les membres que nous exerçons le plus sont les mieux nourris. C'est pour cela que l'athlète avec des formes élancées peut avoir des membres volumineux et des muscles énergiques, tandis que l'homme sédentaire dont les digestions sont copieuses, a souvent, faute d'exercice, les membres grêles et l'abdomen volumineux.

Bien appliquée dans l'éducation humaine, cette théorie de la nutrition pourrait en quelques générations améliorer singulièrement l'espèce; mais laissons, quant à présent, ce sujet, trop en dehors des limites qui nous sont imposées.

Sécrétions. — Le sang n'est pas destiné qu'à nourrir les organes et à en retirer les molécules usées, il doit encore favoriser toutes les fonctions, et posséder les moyens de se débarrasser des éléments nuisibles qu'il peut contenir; c'est ces deux derniers actes qui constituent les *sécrétions.* La peau, par exemple, pour fonctionner, doit être protégée par un enduit corné très-mince en certaines régions, plus épais en d'autres, filamenteux dans quelques-unes; elle doit encore être assouplie par une matière grasse onctueuse; de là naissent les sécrétions nommées *épiderme, ongles, cheveux, poils* et *enduit sébacé.* Il arrive encore que le sang surchargé de carbone et d'hydrogène tend à éliminer ces principes par le foie, c'est ce qui constitue la sécrétion biliaire; il se débarrasse d'eau et d'azote par les urines et par les sueurs.

Voilà plusieurs espèces de sécrétions, qui toutes sont manifestement sous la dépendance de la circulation; il nous reste à dire comment s'éliminent du sang les matières sécrétées. Quelques savants ont admis une espèce de filtration, et ont comparé les appareils sécréteurs à des cribles qui laissent passer les substances ténues et arrêtent les autres. Mais cette hypothèse est inadmissible pour certains organes, les reins par exemple, l'anatomie ayant démontré par des injections que des liquides beaucoup moins ténus que le sang peuvent passer des artères dans les vaisseaux excréteurs de l'urine. Si le sang, au lieu d'agir ainsi, se dépouille seulement des principes qui constituent l'urine, il faut bien admettre qu'un agent autre que la disposition moléculaire du rein détermine ses sécrétions; cet agent est encore le fluide nerveux. Admettons pour les appareils sécréteurs une influence nerveuse analogue à celle qui préside à la nutrition : admettons que certains principes du sang puissent être attirés et même entraînés par des nerfs spéciaux, et qui pour la plupart appartiennent au grand sympathique : il nous sera facile de voir pourquoi l'urine est éliminée par les reins, pourquoi la bile est éliminée par le foie. Mais n'allons pas croire que la disposition des organes et des vaisseaux soit ici une chose indifférente. L'expérience prouve que certaines sécrétions peuvent être une sorte d'exsudation à travers les pores des membranes : il suffit, par exemple, de lier une grosse veine pour que la sérosité du sang s'épande dans les tissus, du voisinage, dans certaines cavités comme celles du péritoine, des plèvres, des articulations et dans les aréoles du tissu cellulaire. De même l'accumulation du sang dans les veines de l'abdomen et des intestins n'est pas étrangère aux flux cholérique et dysentérique, qui se font par une sorte de régurgitation.

Concluons que les sécrétions résultent de l'action combinée des nerfs et des organes sécréteurs sur la circulation.

Dans l'impossibilité de passer en revue toutes les sécrétions, qui, du reste, reviendront sous nos yeux dans l'étude des diverses fonctions organiques, nous croyons devoir nous borner à donner ici la classification de Richerand : elle admet des sécrétions *transpiratoires*, *folliculaires* et *glan-*

dulaires, selon qu'elles dépendent des membranes, des follicules ou des glandes.

Aux premières appartiennent la transpiration de la peau et du poumon, des membranes séreuses, muqueuses et des lames du tissu cellulaire ; aux secondes il faut rapporter le mucus qui revêt les membranes muqueuses, les matières onctueuses qui assouplissent la peau, et les matières cornées qui la protégent ; aux troisièmes appartiennent les urines, la bile, la salive, le fluide séminal et pancréatique, celui des amygdales, de la prostate et de quelques autres glandes de moindre importance.

Respiration.

Cette fonction, par son importance et sa complication, mérite une étude sérieuse et quelques développements : véritable annexe de la circulation, elle a pour objet de mettre en contact avec l'air atmosphérique le sang rapporté par les veines caves, et de rendre à ce sang la température, la couleur et les qualités artérielles, par la combustion d'un excès de carbone et d'hydrogène. De cette simple et rapide analyse des fonctions respiratoires il est facile de prévoir, pour leur accomplissement, l'existence de deux sortes d'organes ; les uns de simple circulation placés sous la dépendance du cœur droit, les autres ayant pour mission de mettre le sang en contact avec l'atmosphère, ce sont les voies aériennes.

L'oreillette et le ventricule droits présentent à peu de chose près la même disposition que l'oreillette et le ventricule gauches ; tandis que ce dernier donne issue à l'aorte, le ventricule droit donne issue à un vaisseau, peu différent sous le rapport du volume et de la structure, c'est l'artère pulmonaire : elle croise l'aorte et en contourne la courbure d'arrière en avant, remonte dans la poitrine, et arrivée au tiers inférieur du poumon, se divise en deux branches dont l'une se porte au poumon gauche et l'autre au poumon droit : les branches se subdivisent à leur tour, envoient des rameaux dans toutes les parties du poumon, et ne tardent pas à se terminer en un réseau capillaire. A la suite des tubes capillaires viennent des vaisseaux centripètes, qui en se réunissant deux à deux, trois à trois, augmentent de volume, se résument dans les quatre veines pulmonaires, et aboutissent à l'oreillette gauche. Ce nouveau cercle circulatoire ne dépasse pas, comme on le voit, la cavité de la poitrine. Autre est la disposition des voies aériennes : leurs moyens de communication avec l'atmosphère sont les narines, qui dans l'arrière-gorge entrent en communication avec le tube alimentaire, et forment avec lui un conduit commun jusqu'au *larynx*, où commencent les voies aériennes proprement dites.

Comme organe producteur des sons et de la voix, le larynx, qui ne se rencontre que dans les reptiles, les oiseaux et les mammifères, mérite toute notre attention. Il est situé au-devant du cou, où il fait une saillie souvent très-prononcée. Sa forme est celle d'une cône tronqué, renversé, et excavé intérieurement. Il est plus volumineux chez l'homme que chez la femme.

Sa structure est à la fois cartilagineuse, musculeuse et membraneuse : cinq cartilages, qui, par leur élasticité, se prêtent très-bien aux vibrations sonores, en forment la charpente ; des muscles nombreux et divisés en *intrinsèques* et *extrinsèques* du larynx sont destinés à faire mouvoir les

cartilages, à changer les dimensions de la cavité qu'ils interceptent, ou le rapport du larynx avec les parties voisines ; enfin la membrane muqueuse qui revêt intérieurement les aspérités cartilagineuses n'est pas étrangère à la
production des sons.

La cavité intérieure que renferme le larynx peut se diviser en trois régions ; c'est, en procédant de haut en bas,
l'ouverture *laryngée supérieure*, puis la *glotte*, et, en troisième lieu, la région *sous-glottique*.

Dirigée de haut en bas et d'avant en arrière, l'ouverture
laryngée supérieure a l'aspect d'une fente à bords mousses
et formés d'un repli muqueux : elle est surmontée d'un
cartilage mobile, en forme de languette. L'*épiglotte*, qui
s'attache au-dessus de l'extrémité antérieure de l'ouverture, se tient ordinairement relevée perpendiculairement,
mais peut se renverser en arrière, et former un plan incliné
qui facilite le passage des aliments et des boissons, sans en
laisser tomber une parcelle dans la cavité du larynx.

Au-dessous de l'ouverture *laryngée* supérieure se trouvent deux replis membraneux dirigés d'avant en arrière,
et s'écartant un peu dans cette direction, de manière à
former un triangle isocèle ; ils portent le nom de *cordes vocales supérieures*. Plus bas se trouvent deux replis dirigés
dans le même sens, mais plus prononcés et plus rapprochés l'un de l'autre, ce sont les *cordes vocales inférieures*.
L'espace circonscrit entre les quatre cordes vocales est la
glotte. Ses dimensions varient selon les individus ; elles
sont, d'avant en arrière, chez l'homme adulte, de 0,020
à 0,025 millimètres, et de 0,018 à 0,020 chez la femme.

Transversalement, les dimensions peuvent changer selon que les cordes vocales sont plus ou moins tendues et

plus ou moins rapprochées par l'action des cartilages et des muscles intrinsèques du larynx : la gravité de la voix est mesurée par le volume de la glotte et l'écartement des cordes vocales ; au contraire, l'acuité des sons produits est d'autant plus considérable que la glotte est plus petite, les cordes vocales plus minces, plus rapprochées et plus tendues.

La troisième région du larynx (*sous-glottique*) nous offre peu d'intérêt ; elle est cylindrique, plus vaste que les autres, et s'ouvre inférieurement dans la trachée, qui lui fait suite et continue les voies aériennes.

La trachée est un tube, cylindrique dans ses trois quarts antérieurs, formé par la superposition d'arcs cartilagineux, et s'étendant depuis la partie inférieure du larynx jusqu'au tiers supérieur de la poitrine, où il se divise en deux tubes plus petits nommés *bronches*, qui se portent aux poumons et s'y ramifient en un grand nombre de tuyaux secondaires, mais non pas jusqu'à la capillarité, comme font les vaisseaux sanguins. Grâce aux arcs cartilagineux, les conduits aériens restent toujours ouverts, et résistent à la pression des organes voisins, tandis que les fibres musculaires qui unissent leurs extrémités peuvent, en se contractant, rétrécir le diamètre de la trachée et des bronches. Les dernières divisions bronchiques se terminent en une agglomération de petites cellules membraneuses ; mais il n'a pu encore être décidé si chacune d'elles a un conduit de communication avec la bronche, ou si elles s'ouvrent les unes dans les autres : quoi qu'il en soit, l'air trouve toujours accès dans leur cavité. On nomme *lobule* pulmonaire l'agglomération des cellules situées autour d'un rameau bronchique ; l'union des lobules forme des *lobes* qui eux-mêmes constituent le *poumon*.

D'une texture rosée, molle, spongieuse, contractile, le poumon, organe double, s'étend dans toute la longueur de la poitrine, et la remplit en arrière et latéralement ; sa surface externe est couverte, aux trois quarts, par une membrane lisse et polie, la *plèvre*, dont un autre feuillet tapisse intérieurement les parois thoraciques, de manière à permettre un glissement très-facile du poumon contre la face interne des côtes.

Les cellules et les conduits aériens sont tapissés intérieurement par une membrane muqueuse, dont l'épaisseur va diminuant depuis le larynx : entre les cellules sont répartis les vaisseaux capillaires qui naissent de l'artère pulmonaire ; ils se ramifient en grand nombre à la surface de la muqueuse, et sont assez minces de parois pour ne pas intercepter tout contact entre l'air et le liquide qu'ils contiennent.

Fidèles à notre méthode, reprenons maintenant la circulation du cœur droit à son origine. Lorsque l'oreillette droite est gonflée par le sang veineux rapporté de tous les points du corps, par les deux veines caves, elle se contracte en même temps que le ventricule se dilate et aspire son contenu. (La simultanéité de contraction du cœur droit et du cœur gauche est démontrée.) Le ventricule se contracte à son tour, chasse dans l'artère pulmonaire le sang veineux, qui, empêché de refluer par les valvules, continue sa marche jusqu'au poumon, sous la pression des parois artérielles ; arrivé dans les vaisseaux capillaires répartis à la surface des cellules, et mis en contact médiat avec l'air, il donne lieu alors à un singulier phénomène : les molécules charbonneuses et hydrogénées, qui lui communiquent une teinte presque noire, sont brûlées (1) en partie par l'oxygène de l'air, avec un notable dégagement de chaleur et de vapeur d'eau ; la teinte foncée disparaît pour faire place à une belle couleur rutilante ; le sang veineux est transformé en sang artériel. Il arrive ainsi modifié dans les veines pulmonaires, et se trouve conduit par elles jusqu'à l'oreillette gauche, où nous l'avons pris en décrivant la grande circulation. Voilà donc deux cercles, ou plutôt deux ellipses circulatoires, ayant chacun à ses extrémités le cœur d'une part et les vaisseaux capillaires de l'autre ; seulement, dans la grande circulation le sang artériel parcourt les vaisseaux centrifuges, tandis que dans la petite il suit les vaisseaux centripètes. Pour qui n'est pas habitué aux études médicales, ces actes physiologiques peuvent paraître un peu compliqués, surtout quand ils se combinent aux mouvements qui, alternativement, font entrer l'air dans le poumon et l'en expulsent ; c'est un nouveau mécanisme qu'il est nécessaire d'étudier. Tout d'abord, comparons le cône tronqué, représenté par la cage osseuse de la poitrine, à un soufflet, dont la paroi postérieure (la colonne vertébrale) serait immobile, tandis que la paroi antérieure (le sternum et les cartilages des côtes) serait douée de mobilité. La simple inspection des côtes,

(1) On se demande comment la combustion de l'hydrogène et du carbone du sang peut se faire à une température de 36 ou 37°, qui est celle du poumon, tandis que la combustion à l'air libre demande une température bien plus élevée. Je crois que la disposition des cellules du poumon n'est pas étrangère aux actes respiratoires : il se passe ici quelque chose d'analogue à ce qui a lieu dans l'éponge de platine, qui a la propriété d'enflammer par simple contact et à l'air libre un courant d'hydrogène.

dirigées de haut en bas, et d'arrière en avant, suffit pour démontrer que leur extrémité antérieure ne peut être relevée sans que le sternum, auquel elles adhèrent, ne soit éloigné du dos, et sans que l'espace compris entre chaque côte ne s'agrandisse forcément. Ces mouvements, qui s'opèrent par l'action d'une série de muscles inspirateurs, ont pour effet d'augmenter la cavité intérieure de la poitrine. Il faut leur adjoindre l'action du diaphragme, cloison musculeuse destinée à séparer la poitrine de l'abdomen. Cette cloison, en forme de voûte à convexité supérieure, si elle vient à se contracter, tend à prendre la forme plane ; son milieu s'abaisse, repousse les entrailles vers les parties inférieures de l'abdomen, et tend évidemment à faire le vide dans le thorax, ou, ce qui revient au même, à exercer une aspiration sur l'air extérieur. On voit dès lors comment l'air, se précipitant par la seule issue qui lui est ouverte, pénètre dans les narines ou la bouche, arrive à la trachée, aux bronches et aux vésicules pulmonaires ; la pression atmosphérique applique la surface externe du poumon contre la surface interne de la paroi thoracique, et fait qu'elles se suivent dans tous leurs mouvements. Quand l'air a séjourné dans le poumon pendant quatre secondes, à peu près, il se charge, par suite de la combustion pulmonaire, d'acide carbonique, de vapeur d'eau, souvent de vapeurs alcooliques et d'autres gaz, dont l'odorat mieux que la chimie indique la présence ; par cette altération, il devient impropre à la respiration, et se trouve expulsé partie par l'action contractile et élastique du poumon, partie par la contraction des muscles qui agissent en sens inverse des muscles inspirateurs. Les actes d'inspiration et d'expiration varient

12

beaucoup quant à leur fréquence ; ils s'exécutent de dix à vingt fois par minute dans les circonstances ordinaires, et peuvent s'accélérer bien davantage. Plus fréquents pendant la veille que pendant le sommeil, ils se ralentissent avec les années, et varient encore avec le sexe, la température, la latitude et l'évation du terrain.

Comme conséquence de la combustion pulmonaire, il ne faut pas oublier la production d'une quantité de chaleur qui augmente avec l'ampleur de la poitrine, la fréquence des inspirations et la richesse du sang en hydrogène et en carbone : l'homme qui, par un exercice violent, accélère beaucoup sa respiration, développe une grande chaleur ; les animaux qui respirent peu, comme les reptiles ou les poissons, ont le sang *froid*. Si les peuples voisins des pôles recherchent une nourriture surchargée de principes combustibles, c'est qu'en fournissant les éléments d'une action pulmonaire énergique, elle leur donne les moyens de résister aux froids les plus vifs : ainsi s'explique le goût des Lapons et des Esquimaux pour l'huile de veau marin et de baleine. Par contre, les peuples de la zone torride préfèrent les aliments aqueux, acides, mucilagineux, dépourvus de graisse et d'alcool. Il est aussi de remarque que les peuples du Nord ont la poitrine plus vaste que les peuples du Midi.

Telle est la partie mécanique et chimique de la respiration ; il est temps d'examiner en quoi elle se rattache à l'animalité. Par cela seul que les actes respiratoires s'accomplissent avec l'aide d'un agent extérieur, ils nécessitent l'intervention de la volonté et des muscles qui lui sont soumis. Si l'homme et la plupart des animaux ne pouvaient diriger leur respiration, aucun d'eux ne pourrait être submergé, même pour un temps fort court, sans se noyer ; aucun ne pourrait se trouver en contact avec un poison gazeux sans l'attirer dans sa poitrine ; aucun ne pourrait traverser la flamme sans se cautériser le poumon. Ces exemples sont suffisants et au delà pour démontrer que la respiration doit être soumise à la volonté. D'une autre part, la fréquence des actes respiratoires est démontrée nécessaire à la circulation. Quand, par une circonstance quelconque, la respiration de la plupart des hommes et des animaux à sang chaud est suspendue pendant plus d'une minute, le sang veineux passe avec ses qualités malfaisantes dans l'oreillette gauche, et se trouve réparti dans les tissus à la place du sang artériel ; le cerveau se trouble sous une excitation anormale ; les forces disparaissent, les perturbations nerveuses se prononcent, la peau devient livide, la mort est imminente. Si donc l'animal pouvait suspendre sa respiration pendant cinq minutes seulement, ou s'il pouvait oublier pendant le sommeil de faire contracter ses muscles inspirateurs, il aurait le plus commode des moyens de suicide : mais il est loin d'en être ainsi ; un *instinct* particulier, le besoin de respirer veille à l'intégrité des fonctions respiratoires ; il est assez impérieux pour dompter la volonté la plus tenace. Essayons d'en expliquer le mécanisme. On sait que le nerf pneumo-gastrique envoie dans le poumon une grande quantité de nerfs centripètes qui entrent en communication avec des rameaux, selon toute apparence centrifuges, du grand sympathique : il en résulte un courant nerveux qui traduit incessamment au cerveau l'état dans lequel se trouve la circulation du poumon (1). Ce courant

(1) Il ne faut pas oublier que la circulation pulmonaire se trouve sous la direction du grand sympathique.

n'a pas pour résultat de produire une simple *sensation*, il semble continuer sa course dans la substance cérébrale, vers les nerfs respirateurs, et par une action réflexe solliciter leur activité. Impossible de s'expliquer autrement la respiration pendant le sommeil, du moment où l'on considère le nerf pneumo-gastrique comme conducteur du besoin de respirer.

L'action réflexe à travers la substance cérébrale indique aussi en quoi l'instinct diffère de la sensation: cette dernière peut être parfaitement indifférente; l'autre, au contraire, porte toujours une sollicitation vers un acte, et nous verrons que cette sollicitation est d'autant plus impérieuse, qu'elle vient plus directement du grand sympathique (1).

(1) Certains physiologistes, M. Longet entre autres, ont prétendu que le besoin de respirer ne procédait pas des poumons, et n'avait pas pour conducteur le nerf pneumo-gastrique. A l'appui de cette manière de voir, on cite ce fait, que la section des nerfs pneumo-gastriques chez un animal ralentit les inspirations, mais ne les fait pas cesser complétement. Il y a bien des réponses à cette objection : d'abord, le ralentissement des inspirations par la section des pneumo-gastriques prouve précisément qu'ils ont une part dans le besoin de respirer; 2° quand on retient sa respiration, il semble que le besoin de respirer vient de l'épigastre; 3° enfin, la persistance des inspirations après la section des pneumo gastriques peut tenir à l'influence des portions supérieures des conduits aériens, d'où procède le besoin d'éternuer. J'ai souvent expérimenté que l'application d'un liquide très-froid sur la figure, le cou, et surout le pourtour des narines, provoque une subite inspiration. Un dernier argument que je n'ai vu nulle part peut se tirer des changements qui s'opèrent chez l'enfant nouveau-né. Tant qu'il baigne dans les eaux de l'amnios, il est permis de supposer que le besoin de respirer lui est étranger; mais après la naissance, quand, par la ligature du cordon, le sang fourni par les deux ventricules ne trouve plus d'issue par les artères ombilicales et se fait jour dans le pou-

Lors donc que le sang veineux arrive dans les capillaires du poumon, il produit sur le plexus pulmonaire une impression spéciale qui, traduite au cerveau par le pneumogastrique, devient le besoin d'*inspirer*, le plus énergique peut-être de nos instincts. Une preuve de son origine, c'est qu'il se renouvelle d'autant plus fréquemment que les contractions du cœur sont plus amples et plus rapides, et que le cours du sang veineux acquiert plus de rapidité. Quand, par une course, la circulation s'accélère, on sent le besoin de respirer s'accélérer dans les mêmes proportions ; il arrive quelquefois jusqu'à la suffocation (1).

Sitôt que le sang veineux, mis en contact avec l'air atmosphérique, s'est transformé en sang artériel ; sitôt que, par suite de la combustion pulmonaire, l'air s'est vicié dans le poumon, un autre besoin se manifeste, il a pour objet de chasser de la poitrine l'air inspiré précédemment. Ce nouvel acte, nommé expiration, s'opère par l'élasticité du poumon qui tend à revenir sur lui-même par le relâchement des muscles inspirateurs et du diaphragme, enfin par la contraction des muscles du ventre et des côtes. Voilà déjà deux nuances dans les instincts qui naissent

mon, on voit aussitôt le nouveau-né développer sa poitrine, aspirer l'air extérieur et se mettre à crier. Comment nier qu'il obéit alors au besoin de respirer, qui tout à l'heure lui était étranger ? quel fait explique ce changement, sinon la pénétration du sang veineux dans le poumon ? et d'où procèdent les communications du poumon avec le cerveau, sinon du pneumo-gastrique ?

(1) Il serait juste, je crois, d'attribuer une certaine part dans le besoin d'inspirations au nerf spinal et aux autres nerfs inspirateurs qui traduiraient au cerveau l'activité de tout une série de muscles ; le nerf phrénique n'est probablement pas étranger à ce besoin.

des voies respiratoires ; l'une a pour objet l'inspiration, et l'autre l'expiration ; il faut y ajouter le besoin de tousser, produit par le contact d'un corps étranger sur toute la surface de la muqueuse des voies aériennes, à partir de l'arrière-gorge, besoin dont le pneumo-gastrique est évidemment le conducteur.

Pour qui observe le caractère impérieux de l'instinct de la toux et les actes très-compliqués qu'il tend à déterminer par action réflexe, il est certain que le pneumo-gastrique joue un rôle énorme dans tout ce qu'il y a d'affectif dans l'intelligence humaine : il se réfléchit, soit dans le cerveau, soit dans le bulbe rachidien et la moelle, vers une grande quantité de nerfs centrifuges. Il entre encore pour beaucoup dans le besoin de bâiller, de sangloter et de soupirer, bien que ces divers instincts paraissent souvent avoir un autre point de départ que les voies respiratoires. Nous avons cru voir que le soupir venait d'un désaccord entre la respiration et la circulation : un amoureux, par exemple, sent auprès de sa maîtresse les battements de son cœur s'accélérer, tandis qu'une gêne particulière empêche le complet développement des mouvements respiratoires. Ces derniers restent en retard ; le sang veineux envahit le poumon, qui, pour regagner son avance, commande une inspiration profonde, suivie d'une expiration prolongée. Toutes les circonstances qui accélèrent la circulation et tendent à restreindre la respiration, les affections tristes, en particulier, peuvent donner lieu au soupir ; le bâillement, dont le caractère principal est de se communiquer par imitation, exprime le plus souvent un état de malaise des voies respiratoires, digestives, ou même circulatoires ; qu'il ait pour point de départ un excès, ou l'absence d'alimenta-

tion, un état dépressif d'ennui, ou toute autre circonstance :
il consiste en un prurit particulier de l'arrière-gorge,
et dans un besoin de faire agir tous les muscles respirateurs
de la face, en même temps que les muscles respirateurs
de la poitrine. C'est le soupir augmenté probablement
par les anastomoses que le pneumo-gastrique entretient
avec la plupart des nerfs qui font mouvoir les muscles de
la face et du cou. Quant au sanglot, c'est un mélange
convulsif du soupir interrompu par les contractions de
l'orifice supérieur des voies respiratoires. La muqueuse de
la narine étant stimulée par un corps étranger, ou des sécrétions irritantes, aussitôt le besoin d'éternuer, c'est-à-dire
d'expulser brusquement de l'air par les fosses nasales se
fait sentir. Ce besoin dépend d'anastomoses établies, selon
toute apparence, entre un petit ganglion sympathique
(sphéno-palatin) qui envoie de nombreux rameaux dans la
muqueuse des fosses nasales et le nerf cérébral de la cinquième paire, qui préside à la sensibilité de la muqueuse,
tandis que l'autre préside à ses sécrétions (1).

Tant d'instincts divers rattachés aux nerfs d'une fonction organique de la respiration n'ont point épuisé le sujet; des fonctions très-importantes au point de vue intellectuel, celles qui produisent la voix et la parole, nous
restent à étudier.

(1) Voici encore une confirmation de ce que nous avons dit de
l'action ganglionnaire sur les instincts qui ont pour objet la conservation de l'humanité. Une autre remarque importante, c'est l'action
par réflexion ou par anastomose de tous les nerfs qui donnent la
sensibilité aux voies respiratoires sur les muscles respirateurs soumis à la volonté. Nous trouverons la même chose à peu près dans le
tube digestif.

Si nous ne les considérons pas comme une seule et même fonction, c'est que la première appartient uniquement au larynx, et à l'espace qui s'étend depuis la glotte jusqu'à l'arrière-bouche, et qui se nomme le *tuyau vocal*, tandis que la seconde implique l'action de la langue, des lèvres, des dents et même des fosses nasales. Une blessure du larynx peut anéantir la voix ; une blessure du tuyau vocal et de la bouche peut respecter la voix et anéantir la parole.

Quand l'air est expulsé de la poitrine par les actes d'expiration, il ne produit d'ordinaire, en traversant le larynx et les autres voies aériennes, qu'un bruit fort doux et à peine sensible ; mais si, par un acte de la volonté, les cordes vocales sont rapprochées et tendues, le courant d'air les fait vibrer ; les vibrations se communiquent à l'air contenu dans le tuyau vocal, la bouche et les fosses nasales, un son est produit. On a beaucoup discuté sur ce mécanisme de la production des sons, et les auteurs, d'accord pour les attribuer à la glotte, ne s'entendent plus quand il faut classer cet instrument de musique. Les uns en font un cor, les autres une clarinette, les autres un instrument à cordes, les autres une flûte ; l'essentiel pour nous est de savoir que les cordes vocales rapprochées vibrent sous l'influence du courant d'air chassé du poumon, et produisent la voix humaine.

L'action la plus puissante doit être attribuée aux cordes vocales inférieures que nous savons plus rapprochées dans l'état ordinaire ; cependant les cordes vocales supérieures interviennent fréquemment, voici dans quelles circonstances.

D'abord, deux qualités de sons doivent être étudiées dans

la voix humaine: ceux dont les vibrations sont égales et homogènes, et qui ont quelque chose de musical ; puis ceux qui manquent d'homogénéité, qui se rapprochent des bruits et appartiennent à la voix ordinaire.

La voix musicale parcourt toujours au moins une octave, souvent deux, parfois trois ; elle doit cette étendue à deux circonstances, d'abord à la tension et au rapprochement des cordes vocales, qui augmentent l'acuité des sons ; en second lieu, à l'élévation du larynx, qui, en se rapprochant de la base de la langue, restreint la longueur du tuyau vocal, et par suite l'ampleur des vibrations qui le parcourent. C'est pour cela qu'on voit les chanteurs, quand ils doivent produire des sons très-aigus, relever le menton et entraîner le larynx, au moyen des muscles qui s'y attachent, aussi haut que possible. Par contre, la voix grave demande un abaissement du menton et du larynx, une tension moindre des cordes vocales, et plus d'ampleur dans l'ouverture de la glotte.

Il est difficile, en considérant la parfaite homogénéité des sons musicaux, d'admettre qu'ils soient produits par les vibrations simultanées des quatre cordes vocales ; il est même probable que cette action simultanée est cause des sons discords et désagréables qui, parfois, interrompent les triomphes des chanteurs, et sont connus sous le nom de *canards*. Mais, si dans le chant une portion de la glotte agit seulement, il faut attribuer aux cordes vocales inférieures les sons graves et ceux qui dans l'art musical sont connus sous le nom de *voix de poitrine*, tandis que les sons aigus et connus sous le nom de *voix de tête* ou de *fausset* appartiendraient aux cordes vocales supérieures. Cette assertion est difficile à prouver par l'expérience ; mais elle peut s'appuyer de la brièveté et des vibrations moins faciles des cordes vocales supérieures, de leur plus grand rapprochement de l'orifice de la glotte et de la diminution du tuyau vocal qui en résulte, enfin de l'impression que chacun ressent en produisant la voix de poitrine et la voix de tête : les vibrations d'où naît cette dernière procèdent certainement d'un point plus élevé du larynx que celles qui produisent la seconde.

De grandes différences se remarquent dans l'intensité et le timbre de la voix musicale ; sa force augmente avec la rapidité d'expulsion de l'air contenu dans la poitrine, avec l'ampleur du *tuyau vocal*, des cavités nasales et de la bouche : il est de remarque que les chanteurs dont la voix est très-forte ont la voûte palatine élevée et la bouche grande. Un obstacle dans les cavités nasales, comme un polype, un gonflement de la muqueuse, donne à la voix un timbre particulier (*nasillard*).

Contrairement à ce qui s'observe pour la voix musicale, la voix ordinaire résulte des vibrations des quatre cordes vocales.

Elle s'élève ou elle s'abaisse, elle prend de la force ou s'affaiblit par les moyens déjà examinés ; elle se modifie dans la glotte, le tuyau vocal, les cavités nasales et la bouche, pour former la parole.

Avant de passer en revue ces diverses modifications, il est bon de remarquer que la parole comprend deux éléments distincts, l'un, cérébral ou intellectuel, qui fait concourir à un but unique des organes très-complexes ; l'autre, presque mécanique et ne présentant que des applications des lois de l'acoustique. Comme les faits physiques sont toujours plus faciles à comprendre que les autres, c'est par eux qu'il faut commencer.

Un son non musical étant produit par le larynx, abstraction faite de son ton, de son timbre et de son intensité, il peut subir, de la part du tuyau vocal, de la langue, des joues et des lèvres, divers changements que l'écriture représente par les cinq voyelles *a, e, i, o, u* ; la voix peut passer d'une voyelle à l'autre sans interruption ; elle peut même associer deux d'entre elles, comme *au, eu, ou*, pour produire un son mixte, qu'elle prolonge sans interruption, de même que le son primitif, tant que la poitrine peut expulser de l'air : la production des sons pendant l'inspiration n'est pas impossible, mais elle est très-fatigante. Voilà donc cinq sons primitifs et plusieurs autres sons composés entièrement à la disposition de l'appareil vocal : il peut encore, au moyen de la langue, des lèvres et des dents, changer leur caractère par l'articulation. Dix-neuf consonnes, *b, c, d, f, g, h, j, k, l, m, n, p, q, r, s, t, v, x, z*, expriment des articulations différentes, et chacune d'elles peut donner un caractère spécial à chaque voyelle en s'y adjoignant. Mais du moment où il y a articulation, la transition d'un son à un autre ne peut plus être aussi facile, car une certaine interruption devient nécessaire : plus les consonnes se multiplient, plus l'articulation se prononce, plus encore les sons deviennent durs et s'éloignent du caractère musical.

Il existe plusieurs genres d'articulation parmi les consonnes : certaines sont dites *linguales* parceque leur prononciation appartient plus spécialement aux mouvements de la langue contre le palais ou les dents ; d'autres sont dites *labiales*, parce qu'elles dépendent plus immédiatement du mouvement des lèvres; d'autres sont dentales, etc.

La même association déjà observée parmi les voyelles pour produire un son mixte peut se rencontrer entre deux et même trois et quatre consonnes pour produire une articulation composée; si bien que les variétés de sons articulés dépassent de beaucoup le carré du nombre des consonnes. Chaque son articulé porte le nom de syllabe, et le nombre des syllabes calculé d'après le carré des consonnes multiplié par le carré des voyelles dépasse plusieurs milliers : ce nombre serait encore insuffisant pour une langue étendue, qui serait monosyllabique, comme certaines langues asiatiques, où le même son, faute de variété, doit représenter plusieurs choses différentes. Mais, si l'on vient à combiner entre elles les syllabes, si l'on associe deux ou plusieurs sons articulés pour produire le *mot* et représenter les êtres ou leurs attributs, on a les éléments d'une variété d'expression qui peut aller jusqu'à l'infini. A la rigueur, une voyelle suffit pour représenter une syllabe, mais jamais une consonne; et de même une seule syllabe peut suffire à la production d'un mot; l'association des mots est le langage.

Ces études feront sourire certains esprits, et leur rappelleront les naïvetés du *bourgeois gentilhomme ;* mais, en appréciant exactement le mécanisme du langage et la part qu'y prennent la langue, les lèvres et les dents, on ne tardera pas à reconnaître que la conformation de la bouche et des mâchoires est pour beaucoup dans les variétés du langage des différents peuples. Il est impossible de séparer les sons sifflants, si nombreux dans la langue anglaise, de la proéminence et de la longueur des dents incisives des Anglais; de même la largeur des mâchoires de la race

germanique, la largeur de la langue qui en est la conséquence, les fréquentes irritations du gosier et du larynx
produites par un climat froid et humide, rendent bien
compte des sons rudes et gutturaux et de la multiplicité de
consonnes particuliers au langage des Germains. Au contraire, la belle denture des Italiens, des Corses et des peuples du Midi de la France nous disent et la rapidité de leur
articulation, et leur tendance à scander les syllabes. Des
causes analogues rendent compte de l'accent. Mais nous
n'osons poursuivre un sujet qui n'appartient que très-
indirectement à l'étude philosophique de l'homme, et qui
trouvera mieux sa place quand nous aurons à traiter le
côté moral et intellectuel du langage.

Par l'indépendance de l'action du larynx comparée aux
actes qui produisent l'articulation, il est facile de comprendre comment les sons musicaux peuvent être articulés
et s'appliquer aux consonnes aussi bien qu'aux voyelles :
il en résulte pour l'homme, et pour lui seul, la faculté du
chant, c'est-à-dire l'adjonction de la musique à la parole.
Certains animaux produisent des sons musicaux ; mais
comme aucun n'a un langage articulé, ils sifflent et ne
chantent pas ; une autre particularité du langage humain,
c'est de se mesurer, de se cadencer, soit au moyen du
nombre des syllabes, soit par la combinaison des syllabes
longues ou brèves, soit par certains rapports de conson-
nance qui constituent la rime. La mesure est ici appliquée
à des sons non musicaux, mais capables d'harmonie par
leur *accent*, par leur *ton*, par leur *timbre* et surtout par
leur arrangement ; tels sont les éléments du langage poétique, sur lequel nous reviendrons en parlant de l'âme humaine.

On est étonné, en étudiant physiologiquement les actes qui produisent la parole, et de leur multiplicité, et des difficultés que présentent beaucoup d'entre eux : ils demandent le concours du poumon et des muscles qui font mouvoir la poitrine , pour produire un courant d'air; du larynx, pour produire les vibrations aériennes ; du gosier de la bouche, de la langue, des lèvres et des dents, pour modifier ces vibrations et articuler.

Or, les muscles qui font mouvoir tant d'organes divers sont très-nombreux ; leur contraction dépend de nerfs variés et qui ne servent pas seulement aux fonctions vocales et respiratoires, mais encore aux fonctions digestives : comment chacun d'eux peut-il rallier son concours au concours des autres? d'où vient cette convergence de fonctions vers un seul but (1)?

Deux moyens sont à la disposition de l'organisme pour obtenir cette simultanéité d'action ; ce sont d'abord les communications, par des anastomoses, de tous les nerfs qui concourent à la production de la parole, avec le *pneumogastrique*, qui préside aux fonctions respiratoires, puis la centralisation dans le cerveau de l'action nerveuse : puisque la production de la voix est un phénomène volontaire, l'initiative ne peut en être prise que par le cerveau; il en est de même de l'*articulation*, du chant, etc. Mais ici les actes volontaires sont multiples, ils exigent souvent une grande contention cérébrale et beaucoup d'habitude; il est même bien des personnes qui, malgré une haute intelligence, ne peuvent coordonner les contractions muscu-

---

(1) Les nerfs qui concourent à la production de la parole sont le nerf facial, le pneumo-gastrique, le grand hypoglosse, le spinal, et tous les nerfs respirateurs.

laires qui produisent la parole, et sont atteintes du bégayement (1), ou d'autres vices de locution : la majorité des hommes pris d'ivresse ne peuvent plus articuler ou chantent faux ; la torpeur produite par certaines maladies agit de même ; il est rare de voir l'enfance articuler nettement, plusieurs consonnes lui sont d'une prononciation difficile, impossible même, comme aux races humaines les moins développées sous le rapport intellectuel.

La volonté dans la production de la parole et du chant a évidemment l'oreille pour régulateur ; c'est si vrai, que les sourds de naissance auxquels on apprend à parler n'ont pas d'accent ni d'inflexion de voix ; ils prononcent les mots sur un ton uniforme, souvent faux et désagréable ; le chant leur est impossible ; leur appareil vocal se trouve paralysé en partie par la paralysie de l'oreille. Enfin, la volonté trouve un puissant auxiliaire dans les rapports et les anastomoses observés entre les nerfs centrifuges et centripètes qui concourent à la production de la parole et du chant (2).

Peut-être les courants nerveux peuvent-ils passer d'un nerf dans l'autre, et provoquer des contractions simultanées de divers organes ? peut-être aussi les anastomoses ont-elles pour objet les instincts qui naissent de l'appareil vocal ?

(1) Le fait qui produit le bégayement est analogue à celui qu'offrent les individus qui ne peuvent exécuter simultanément avec les deux mains des mouvements contraires et différents.

(2) Il serait curieux d'examiner si ces anastomoses ne manquent pas chez quelques personnes atteintes de vices de locution : j'ai vainement fait des recherches à cet égard dans différents auteurs ; j'ai bien rencontré quelques lésions de la parole produites par des blessures, des ligatures ou des compressions de nerfs, mais rien qui ait trait au manque d'anastomoses.

De même que l'enfant à sa naissance éprouve le besoin de respirer, de même aussi il éprouve en certains cas le besoin de crier, de gémir, de se plaindre : plus tard il cède au besoin de babiller; plus tard encore il cède au besoin de chanter : dans toutes ces circonstances il éprouve un instinct, une tendance vers un acte qui concerne l'appareil vocal.

D'où procède l'instinct en pareil cas? vient-il du gosier, comme l'instinct respirateur vient du poumon? a-t-il son siége dans le cerveau, comme le veulent Gall et Spurzheim? la question vaut la peine d'être décidée.

Quand on considère que les cris instinctifs poussés par l'enfant sont provoqués par une douleur, quel que soit son point de départ, on ne peut admettre que le besoin de crier vienne du larynx ou du gosier: il en est de même de l'instinct qui pousse un amoureux à chanter les attraits de sa maîtresse; il en est de même de l'instinct qui pousse ma vieille gouvernante à parler seule quand elle ne trouve pas d'interlocuteur. Les cris, les chants, la parole produits dans ce cas par un acte instinctif, ne diffèrent que sous le rapport du siége, des mouvements des membres ou du corps qui expriment la douleur, l'étonnement, la frayeur, le plaisir, etc., tous résultent de l'action réflexe de certains courants centripètes sur les nerfs qui se rendent aux muscles. Ils constituent l'instinct de manifestation ou d'expression, le plus général de tous peut-être, et dont le point de départ est dans tous les nerfs centripètes et la fin dans tous les nerfs des muscles, tandis que le cerveau est le point intermédiaire.

Fonctions digestives.

L'appareil qui leur donne naissance peut-être considéré comme un tube étendu depuis la bouche jusqu'à l'anus. Sa longueur dans l'espèce humaine est sept fois, à peu près, celle du corps ; elle est moindre chez les animaux carnassiers, beaucoup plus considérable chez les ruminants et les herbivores (1). Replié sur lui-même, dans l'abdomen, le tube intestinal est flottant et mobile ; son calibre peut se rétrécir ou se dilater, quoique ses parois offrent une assez grande résistance. Il doit ses qualités diverses à quatre tuniques, qui sont, en procédant de dedans en dehors : 1° la membrane muqueuse ; 2° la membrane fibreuse ; 3° la membrane musculeuse ; 4° la membrane séreuse. La première tapisse toute la cavité intérieure de l'intestin : son aspect velouté et tomenteux est dû à une multitude de *papilles* et villosités, dont les unes, analogues à ce qui a été observé dans la peau, constituent un appareil de tact ; dont les autres, forées et pourvues à leur extrémité d'une ouverture, ont pour mission soit d'absorber les aliments liquides, ou les produits de la digestion, soit de verser dans l'intestin des *sucs variés*, entre autres ces mucosités dont la membrane tire son nom.

Plus en dehors, et comme pour constituer un point d'appui (une doublure), se remarque la tunique fibreuse, qui, blanche, mince, résistante et élastique, forme la charpente de l'intestin. Elle est unie par sa face interne à la muqueuse ; elle adhère par sa face externe à un plan muscu-

---

(1) Le tube intestinal du bélier représente vingt-sept fois la longueur de l'animal.

leux et contractile formé de fibres circulaires juxtaposées et dirigées transversalement à la direction de l'intestin. Quelques-unes cependant affectent la direction longitudinale vers les deux extrémités du tube digestif; beaucoup sont obliques et entrelacées dans l'estomac.

Quant à la tunique séreuse, elle n'existe que dans l'abdomen; elle est mince, nacrée, transparente, et destinée par le poli de sa surface libre à favoriser le glissement des intestins les uns sur les autres ou contre les parois abdominales. Malgré les analogies de structure, l'appareil digestif est loin de présenter de l'uniformité; une description rapide est nécessaire à chacune de ses portions. Il commence, avons-nous dit, à la bouche, cavité qui sépare les deux mâchoires, et qui, pratiquée dans les os de la face, a un plancher supérieur en forme de voûte, c'est le palais : il est limité dans ses deux tiers antérieurs *par l'arcade dentaire*, et dans son tiers postérieur par le *voile du palais*, sorte de rideau mobile qui s'élève et s'abaisse alternativement et forme la paroi postérieure de la bouche, comme les lèvres en font la limite antérieure et les joues la limite latérale. Le plancher inférieur est formé par la mâchoire inférieure, armée ou dépourvue de ses dents, par la langue et ses attaches.

Derrière le voile du palais, la bouche s'ouvre dans le pharynx, cavité de dimension moindre, qui communique encore avec les fosses nasales, derrière lesquelles elle remonte jusqu'à la base du crâne. Sa forme est celle d'un demi-cylindre dont le côté plat serait appliqué contre la colonne vertébrale; il va se rétrécissant jusque derrière le larynx, où l'œsophage lui fait suite. Peu d'appareils sont aussi compliqués que le pharynx : non-seulement il fait suite par son extrémité supérieure aux fosses nasales et à la bouche, non-seulement sa paroi antérieure adhère à la base de la langue et se trouve en partie formée par elle, il s'ouvre encore dans le larynx comme dans l'œsophage, et fait communiquer les voies digestives et respiratoires, les organes du goût, de l'odorat et de la parole. En revanche, l'œsophage est un appareil très-simple ; c'est un tube musculeux, qui, appliqué contre la colonne vertébrale, traverse toute la poitrine en passant derrière les appareils de la circulation et de la respiration, perce le diaphragme, et immédiatement s'ouvre dans l'estomac. La portion du tube digestif qui vient d'être décrite porte le nom de sus-diaphragmatique ; elle diffère de la portion sous-diaphragmatique, qu'il reste à décrire, par plusieurs caractères, entre autres par le manque de membrane séreuse.

Aucune partie de l'appareil de la digestion n'est aussi volumineuse que l'estomac, nommé aussi ventricule. Sa forme est celle d'une cornemuse, dont la grosse extrémité, placée sous l'hypocondre gauche, fait suite à l'œsophage, tandis que sa petite extrémité se dirige vers le milieu de l'abdomen, et s'amincit peu à peu pour donner naissance à l'intestin grêle. Les deux ouvertures de l'estomac sont plus rétrécies que la portion d'intestin dont elles sont la suite ou l'origine. De ces ouvertures, celle qui termine l'œsophage se nomme *cardia*, et se trouve délimitée par un anneau musculeux susceptible de se contracter et de produire une occlusion complète : il en est de même du pylore, qui marque la limite inférieure de l'estomac et supérieure de *l'intestin grêle*, ainsi nommé en raison des petites dimensions de sa cavité ou du peu d'épaisseur de ses parois. Il forme les $\frac{4}{5}$ du tube intestinal, se réunit en paquet, en décrivant une foule de sinuosités et de méandres, se dirige dans la portion inférieure de la cavité abdominale, et s'ouvre dans le gros intestin à 7 ou 8 centimètres de son extrémité.

Une valvule placée au point de jonction permet bien le cours ordinaire des aliments, mais interdit même aux liquides et à l'air tout reflux vers l'estomac. Par cette valvule est produite une sorte de scission entre les fonctions de l'intestin grêle et celles du gros intestin ; leur disposition diffère en outre notablement. Le dernier intercepte une cavité bien plus considérable : il porte à sa surface des plis transverses ou froncements produits par trois bandelettes contractiles disposées longitudinalement dans ses tuniques. Son trajet, loin de présenter les mêmes sinuosités que celui de l'intestin grêle, est rectiligne, dans quelques-unes de ses parties, et dans d'autres présente des courbes d'un grand rayon : il commence dans la partie droite et inférieure du ventre, et se nomme *cœcum* dans ce point ; puis, sous le nom de *colon ascendant*, il remonte le long du flanc droit, et devient *colon transverse* en passant au-devant de l'intestin grêle : en longeant le flanc gauche, il devient *colon descendant ;* avant de plonger dans le bassin : il décrit une double courbure qui prend le nom d'S iliaque ; enfin, dans le bassin, il devient le *rectum*, et se termine à l'anus.

C'est ici le lieu de décrire la circulation spéciale que présente l'intestin. Il reçoit de l'aorte des artères bien plus volumineuses que ne le demande sa nutrition : ces artères, qui s'anastomosent fréquemment entre elles, n'offrent rien de particulier dans leur disposition, et la grande quantité de sang qu'elles fournissent a évidemment pour objet de suffire aux sécrétions intestinales, qui sont de plusieurs espèces. Dans l'estomac elles sont muqueuses, très-acides, douées de propriétés dissolvantes; la science les désigne sous le nom de sucs gastriques. Dans le reste de l'intestin les sécrétions sont moins acides, mais partout elles sont muqueuses, et, par leur viscosité, offrent une protection aux papilles et villosités contre les propriétés physiques ou chimiques des aliments. Dans les circonstances ordinaires, ces sécrétions intestinales sont peu abondantes; mais il n'en est pas de même dans la dyssenterie et dans le choléra : elles sont alors excessives, et varient beaucoup dans leur composition.

A part ces sécrétions, la circulation centrifuge ou artérielle n'offre rien de particulier à noter; mais il n'en est pas de même de la circulation veineuse. D'abord, les radicules des veines, si nous en croyons les expériences de M. Magendie et de plusieurs autres physiologistes, constituent le principal moyen d'absorption des liquides versés dans l'intestin, qu'il s'agisse d'eau pure, de vin, d'alcool, de potages, et même de boissons empoisonnées. Des compositions, si diverses mêlées au sang veineux de l'intestin prouvent surabondamment que ce sang ne pourrait retourner immédiatement à la circulation générale et aborder le cœur ou le poumon sans menaces de perturbations continuelles. Aussi les veines qui naissent de la portion du tube digestif contenue dans l'abdomen, au lieu de se porter directement vers la veine cave inférieure, se réunissent en un tronc commun, la veine *porte*. Cette dernière jusqu'ici joue le rôle d'un vaisseau centripète ; mais bientôt elle se porte vers le foie, le pénètre par sa face inférieure, et se ramifie dans l'épaisseur de son tissu à la manière des artères. Par cette distribution, le sang veineux de l'intestin subit de la part du tissu du foie une élaboration ou filtration qui a pour objet d'en séparer, sous forme de bile, les matériaux qui pourraient être nuisibles s'ils étaient portés dans le cœur ou dans le poumon. Après cette élaboration, le sang redevient centripète, et par de larges veines, contenues dans le tissu même du foie, est versé dans la veine cave inférieure.

Il peut arriver que, par suite de la composition du sang, par l'abondance et la nature des liquides absorbés dans l'intestin, ou même par des modifications du tissu du foie, la filtration et la circulation à travers cet organe ne se fassent qu'avec lenteur : dans ce cas, la veine porte, distendue outre mesure, serait exposée à une rupture, si elle n'avait la faculté de verser son trop plein du côté de la rate, au moyen de conduits dépourvus de valvules, comme l'est la veine porte, elle-même ainsi que toutes ses ramifications. On a beaucoup discuté sur les fonctions de la rate : on a voulu en faire un organe sécréteur, un centre d'innervation, sans jamais avoir pu trouver de matière sécrétée, ou d'action nerveuse manifeste. Au contraire, la nature spongieuse de la rate, sa grande dilatabilité, son gonflement permanent chaque fois qu'il existe un obstacle à la circulation veineuse abdominale, tout enfin nous prouve que ses fonctions sont celles que nous lui avons assignées (1).

(1) Que l'albumine du sang contenu dans la veine porte vienne à perdre de sa fluidité par l'absorption dans l'intestin d'une notable quantité d'alcool, aussitôt la circulation à travers le foie est entravée, la veine porte se distend, la rate se gonfle, une énorme quantité de sang s'accumule dans l'abdomen, et n'arrive plus que

Quant à la bile, c'est une matière épaisse, visqueuse, d'un brun verdâtre, ayant la faculté de dissoudre la graisse à la manière des savons : desséchée, elle forme une résine très-combustible, qui, surchargée de carbone et d'hydrogène, prouve bien par sa composition les analogies des fonctions du poumon avec celles du foie, et le travail préliminaire que fait subir ce dernier au sang qui doit alimenter la respiration. Du reste, la bile contient bien des sels divers, et, en cas d'empoisonnement, les substances nuisibles ingérées dans l'intestin. Après sa sécrétion, elle passe en partie dans le duodénum, portion supérieure de l'intestin grêle, où nous la retrouverons pour dire la part qu'elle prend à la digestion ; l'autre partie est mise en réserve, et s'accumule dans la vésicule du fiel.

Comme annexe de l'appareil digestif, il ne faut pas oublier le *pancréas*, glande volumineuse comprise dans les replis du commencement de l'intestin grêle, et destinée à la sécrétion d'un liquide analogue à la salive : cette glande verse ses produits dans l'intestin en même temps que la bile. Ajoutons enfin les glandes salivaires, placées au nombre de six à l'origine du tube digestif : ce sont les parotides,

---

difficilement au ventricule droit et au poumon ; la respiration est incomplète, comme la chaleur qu'elle produit, comme la circulation artérielle ; la peau se décolore, perd sa chaleur ; le frisson se manifeste. Au contraire, qu'on rende au sang veineux de l'abdomen sa fluidité au moyen d'une solution de soude ou d'ammoniaque, aussitôt la filtration à travers le foie prend une extrême rapidité ; un sang surchargé de principes combustibles est précipité dans le poumon, et donne lieu à une combustion très-active ; la chaleur envahit l'organisme, et une sorte de fièvre se déclare ; la transpiration arrive. Sous l'action du miasme, des phénomènes analogues se déclarent dans les fièvres d'accès.

situées au-dessous de l'oreille, derrière l'angle de la mâchoire inférieure ; les glandes sous-maxillaires et sublinguales, dont le nom indique assez la position : toutes, au moyen de conduits particuliers, versent dans la bouche la salive, dont nous allons bientôt reconnaître l'utilité.

Certains esprits trouveront peut-être de la difficulté à bien comprendre l'anatomie du tube digestif et de ses annexes ; mais cette difficulté cessera avec l'étude des fonctions : elles doivent montrer comment des organes très-divers concourent à un but commun.

Supposons l'aliment introduit dans la bouche : il subit, s'il est solide, une première préparation de la part des dents, qui, rangées sur le bord des deux mâchoires, forment deux arcades, dont la supérieure déborde l'inférieure, et dont l'action présente beaucoup d'analogie avec celle d'une paire de ciseaux. Les incisives surtout divisent à la manière de cet instrument. Quant aux molaires, elles présentent à leur centre une sorte de cannelure ou gouttière, qui en haut reçoit le bord externe des molaires inférieures, et en bas le bord interne des molaires supérieures : il en résulte, dans le rapprochement des mâchoires, un double moyen de diviser, et de plus un écrasement énergique des aliments solides. Quand ils sont ainsi écrasés, ils débordent soit en dehors contre les joues, soit en dedans contre la langue ; l'office de cette dernière est alors de les repousser incessamment sous l'arcade dentaire, de parcourir la bouche, de recueillir avec sa pointe chaque parcelle d'aliment, et d'exposer à la trituration ce qui n'est pas suffisamment divisé. Pendant ce temps, la salive, incessamment sécrétée par six glandes, pénètre les corps soumis à la trituration ; elle baigne chaque parcelle alimentaire, lui fait perdre sa sécheresse, lui donne les moyens de s'agglutiner à sa voisine, et, secondée par la langue, finit par réunir au centre de la bouche l'aliment trituré, qui, sous une forme irrégulièrement sphérique, prend le nom de *bol alimentaire*. La langue alors appuie sa pointe contre le palais, et présente un plan incliné sur lequel l'aliment comprimé d'avant en arrière glisse jusqu'à l'isthme du gosier : entre temps le pharynx s'est contracté, il a élevé l'orifice de l'œsophage, dans lequel tombe le bol alimentaire, après avoir fait basculer l'épiglotte et avoir passé au-dessus des voies aériennes. Le même mécanisme préside à la déglutition des boissons ; seulement leur préhension s'opère au moyen de la langue, qui, en se retirant vers le gosier, fait un vide aussitôt comblé par les liquides en question. Quand, liquide ou solide, l'aliment est tombé dans l'œsophage, il est poussé de haut en bas, par une contraction successive, jusque dans l'estomac ; là s'opère, au moyen des radicules de la veine porte, l'absorption principale des liquides mélangés aux aliments : les solides, au contraire, avant de servir aux réparations, doivent subir des modifications diverses. Outre qu'ils sont imprégnés de salive, dont les propriétés principales tendent à la dissolution de la fécule, de la graisse et des substances mucilagineuses (1), ils rencontrent encore dans l'estomac les *sucs gastriques*, qui doivent à des acides puissants la faculté de dissoudre non-seulement les viandes, les graisses, le pain, l'amande et la pulpe de certains végétaux, mais encore des tiges herbacées et jusqu'à des os. Cette dissolution,

---

(1) La salive doit probablement cette propriété aux sels de soude et de potasse qu'elle contient, et à son alcalinité.

qui porte le nom de *chymification*, ne s'opère pas instantanément, elle varie avec l'abondance des sucs gastriques et la solubilité des aliments ; elle n'agit énergiquement que dans le point où les matières alimentaires mises en contact avec la membrane muqueuse provoquent la sécrétion des sucs dissolvants. Pour accélérer la chymification, l'estomac opère des mouvements onduleux et vermiculaires, dont le résultat est non-seulement de brasser la nourriture, et de presser à tour de rôle chacune de ses parcelles contre la membrane muqueuse, mais encore de pousser vers l'intestin grêle le *chyme* ou la portion d'aliment dont la dissolution est complète. Une série d'actes semblables amène dans un temps qui varie, mais dont la moyenne est deux heures, la vacuité complète de l'estomac, et la fin du deuxième acte de la digestion, la mastication étant considérée comme le premier.

En arrivant dans la partie supérieure de l'intestin grêle, le *chyme*, dont la réaction est fortement acide, rencontre la bile et les sécrétions du pancréas, qui sont franchement alcalines. Ici commence une nouvelle combinaison et de nouveaux mouvements intestinaux, qui ont pour résultat de faire apparaître à la surface de la matière alimentaire de petites stries blanches et crémeuses, dont la composition varie, mais qui, surchargées de graisse, d'albumine et de fibrine, présentent plus d'un rapport avec le sang et constituent le *chyle*, ou l'élément réparateur par excellence. Il est absorbé, dans le tube intestinal, au fur et à mesure de sa formation, par de petits vaisseaux nommés *lactés* ou *chylifères*, mais qui en définitive ne sont qu'une variété des vaisseaux lymphatiques. Ils transportent le résultat de leur absorption, à travers les glandes mésentériques, jusque dans

le canal *thoracique*, où le chyle mêlé à la lymphe prend
une teinte rosée, se rapproche davantage encore de la
composition du sang, et, pénétrant dans la veine cave supérieure, semble n'attendre que l'action respiratoire pour
acquérir toutes les qualités du sang artériel.

Le chyme, en parcourant la longueur de l'intestin grêle,
rencontre une foule de replis de la membrane muqueuse,
destinés à retarder sa marche, à multiplier les points de
contact, et à favoriser, à la fois, la formation du chyle, ainsi
que son absorption.

Quand, après cette élaboration, l'aliment tombe dans le
gros intestin, il ne contient guère de molécules réparatri-
ces, Cependant, grâce à la lenteur de sa marche, entravée
par une multitude d'anfractuosités profondes et de brides
transversales, il peut encore être soumis à une absorption
énergique, dont l'effet est de le rendre moins liquide et
plus consistant, de lui donner enfin les qualités de l'excrément humain. Parvenu dans le rectum, l'excrément
est soumis aux contractions énergiques des fibres qui enveloppent l'extrémité inférieure de l'intestin ; il en résulte
une pression qui, aidée de celle des muscles du ventre,
amène l'expulsion au dehors de substances désormais impropres aux réparations, et pour cette raison devenues nuisibles à l'appareil digestif.

Nous avons dû parler du mécanisme de la digestion,
sans mentionner les instincts qui interviennent dans cette
importante fonction : voici le moment de réparer une omission volontaire, de démontrer le mécanisme des impressions intérieures qui, nées du tube digestif, ont pour but
de rallier l'action de la volonté à des actes non plus conti-
nus, mais se répétant plusieurs fois en vingt-quatre heu-

res. De tous ces sentiments, le plus important est certainement la faim ; voici les faits organiques qui lui donnent lieu.

Supposons la digestion terminée depuis quelques heures : la composition du sang s'est modifiée insensiblement; il ne reçoit plus de chyle de la part du tube intestinal ; il a perdu par l'action des muscles, des reins, du foie, une partie de ses matériaux les plus riches, tandis que, faute de sécrétion, il a acquis en abondance les principes destinés à produire les sucs gastriques.

Par une loi générale de l'organisme (1), ou, si l'on préfère, par l'attraction des courants nerveux, ces principes se portent vers les appareils destinés à les élaborer, et dans la circonstance présente, ils font de l'estomac un centre de fluxion sanguine : le résultat est la sécrétion abondante de sucs gastriques qui, faute d'aliments, s'attaquent aux parois de l'estomac, tendent à y produire l'érosion qu'on y remarque chez les individus morts de besoin, et amènent un état physique particulier, traduit au cerveau par le nerf pneumo-gastrique, et formulé sous le nom de *faim*. Mais, de même que nous avons vu le pneumo-gastrique, conducteur du besoin de respirer, commander par action réflexe les contractions musculaires nécessaires à l'introduction de l'air dans la poitrine, de même aussi nous allons voir le même nerf, conducteur de la faim ou du besoin de digérer, solliciter les mouvements nécessaires à l'introduction des aliments dans l'estomac, et commander

---

(1) Il nous semble que la cause de la prédominance successive des fonctions est due à ce que le sang varie dans sa composition par l'élimination nécessaire de ses principes, et par la prédominance momentanée de certains d'entre eux.

les sécrétions salivaires, dont l'utilité pour la mastication, la déglutition et la digestion ne saurait être contestée. Aussi voit-on la faim remplir la bouche de salive et déterminer de fréquents mouvements de déglutition, qu'il ne faut pas considérer comme entièrement soumis à la volonté; on ne peut les répéter plusieurs fois de suite, ni les exécuter sans avoir une substance liquide ou solide à introduire dans l'estomac. Voilà donc l'ingestion des aliments sollicitée non-seulement par la faim, mais par tous les autres instincts accessoires des parties supérieures du tube digestif, instincts auxquels s'adjoint le sens du goût par des communications nerveuses multipliées. Grâce à ces rapports, la langue, en même temps qu'elle explore chaque parcelle alimentaire, apporte encore son tribut de jouissance à la satisfaction des divers instincts subordonnés à la faim. Le plaisir que donne, en pareil cas, le sens du goût est proportionné à l'intensité de l'appétit; quand ce dernier a cessé, le plaisir devient nul. Rien n'est admirable à contempler comme ce concours d'appareils multiples à un acte unique, la digestion. Un nerf, le pneumo-gastrique, soit par ses anastomoses avec d'autres nerfs (glosso-pharyngiens et grand hypoglosse), soit par l'action réflexe qu'il exerce à travers le cerveau, commande des actes très-variés, les coordonne entre eux, et les fait concourir au but qu'il se propose.

Mais s'il avertit le cerveau de l'état de vacuité de l'estomac, il accuse de même un état de plénitude; après avoir été le conducteur de la faim, il devient le conducteur de la satiété; il avertit l'intelligence de l'instant où l'ingestion des aliments devient superflue et même nuisible.

Ce nouvel instinct, qui est la contre-partie de la faim,

est produit par des circonstances entièrement opposées à celles qui ont donné naissance à cette dernière ; elle résultait de l'état de vacuité de l'estomac, de sa contraction, de la sécrétion de sucs gastriques : la satiété, au contraire, est produite par la plénitude de l'estomac, par son déplissement, par le mélange des sucs gastriques avec les aliments, par la formation du chyme et par les premiers sucs réparateurs qui passent dans la circulation.

Quand le sentiment de la satiété se produit, il diminue la tendance à exercer le sens du goût, puis il rend moins vives les tendances vers la mastication et la déglutition ; enfin il peut aller jusqu'au besoin de vomir, qui appartient encore au tube digestif, et qui naît sous l'influence du nerf pneumo-gastrique (1). Pour que les aliments soient rejetés, il est souvent nécessaire que les muscles de l'abdomen se contractent en même temps que les parois de l'estomac, puis que l'œsophage et le pharynx, par un mouvement antipéristaltique, repoussent vers l'extérieur ce que naguère ils tendaient à introduire dans l'estomac.

Des actes aussi complexes, exécutés instinctivement, ou, ce qui revient au même, par les communications de quelques nerfs les uns avec les autres, et par leur action réflexe, prouvent bien les immenses moyens dont dispose l'innervation. Ce concours de différents organes vers un acte unique, les modifications dans les sentiments et les instincts selon les modifications imprimées aux appareils, ne sauraient trop exciter l'attention. Ainsi, chez l'enfant qui vient de naître, la faim ne saurait déterminer des instincts

____

(1) De même que les relations du pneumo-gastrique avec le grand hypoglosse et le glosso-pharyngien expliquent les actes de déglutition, de même elles expliquent comment s'opère le vomissement.

de mastication, ni de préhension d'aliments solides ; ce serait antipathique à des mâchoires débiles, presque gélatineuses et entièrement dépourvues de dents. L'état rudimentaire et incomplet des organes masticateurs réduit la préhension des aliments à son état le plus simple, à la succion ou à la simple aspiration de l'aliment liquide vers l'arrière-bouche, vers le point où commence la déglutition. Par cela que l'enfant en naissant est dépourvu de dents, on peut affirmer la nécessité pour lui d'un aliment liquide ; la forme de sa bouche et de ses lèvres épaisses indique suffisamment la difficulté de boire dans un vase ; l'avidité avec laquelle il saisit le mamelon ou tout corps qui affecte la même forme, la facilité avec laquelle il opère la succion, tout cela démontre manifestement que l'instinct de téter résulte directement de la structure de ses organes ; cet instinct tend à satisfaire à la fois la faim ou le besoin des aliments solides, puis la soif ou besoin des aliments liquides, sur lequel il nous reste à dire quelques mots.

Il ne paraît pas que l'estomac ni le nerf pneumo-gastrique soient le point de départ de la soif : elle naît dans l'arrière-gorge par suite de son dessèchement, alors que les amygdales, la muqueuse du pharynx et les glandes salivaires cessent leurs sécrétions (1) ; elle tend à l'introduction dans l'estomac de l'eau et des substances liquides qui peuvent augmenter la fluidité du sang et favoriser les sécrétions interrompues.

La différence de but et d'origine établit entre la faim et la soif une distinction manifeste : elles peuvent subsister

(1) La soif doit être sous la dépendance des nerfs trijumeaux et glosso-pharyngiens.

isolément, et souvent être en raison inverse l'une de l'autre. Un copieux repas, par exemple, loin de neutraliser la soif, peut l'activer, de même qu'une grande quantité d'eau introduite dans l'estomac, loin de neutraliser la faim, peut la rendre plus aiguë.

Peu de choses nous restent à dire des impressions instinctives qui procèdent de l'intestin au-dessous de l'estomac. D'abord, l'intestin grêle n'ayant aucune communication directe avec le cerveau, et appartenant entièrement à la direction du grand sympathique, ne peut agir efficacement sur nos sentiments. A peine si la chylification fait ressentir un bien-être général, qui appartient peut-être davantage à la circulation. Cependant des coliques violentes et un extrême malaise peuvent avoir l'intestin grêle pour point de départ. Il en est de même du gros intestin, sauf à sa partie inférieure, où il reçoit des nerfs cérébraux, et devient le point de départ d'instincts énergiques, entre autres du besoin d'excréter, qui rallie à lui la contraction des muscles de l'abdomen.

Appareil urinaire.

Deux glandes volumineuses (les reins), placées contre les lombes, vers la partie moyenne de la cavité abdominale, constituent les organes sécréteurs de l'urine. Leur forme est celle d'une fève de haricot ; leur longueur varie entre 8 et 9 centimètres ; leur tissu est formé de granulations dont les couches les plus extérieures apparaissent, étant divisées, comme une série de tubes qui convergent par groupes vers un point unique, de manière à former des cônes ou *mamelons* dirigés vers la petite courbure du rein, vers le point qui représente le hile du haricot : là chaque mamelon est embrassé par un *calice*, petit entonnoir membraneux dont le nom indique assez la forme. Les calices aboutissent, à leur tour, à une poche membraneuse plus considérable, le *bassinet*, auquel fait suite un canal fibreux contractile et dilatable, l'uretère, qui descend jusque derrière la *vessie*, dont il traverse obliquement la paroi postérieure.

Profondément enfoncée dans la région antérieure de la cavité du bassin, la vessie est un réservoir membranéux très-dilatable. Elle présente à peu près la même structure que le tube intestinal. Comme lui, elle est tapissée intérieurement par une membrane muqueuse ; comme lui, elle a une tunique musculeuse et une tunique séreuse en arrière ; mais la membrane fibreuse manque, faute d'avoir une dilatabilité suffisante.

En somme, la vessie est très-variable dans ses dimensions : elle affecte la forme d'une poire dont la petite extrémité serait dirigée en bas et en avant ; là elle se rétrécit sous le nom de col, présente un anneau musculeux, percé d'une ouverture à laquelle fait suite un conduit, l'urètre, dont la longueur diffère beaucoup dans les deux sexes : chez l'homme il a de 20 à 27 centimètres de long ; chez la femme il n'a que 4 centimètres, l'étude des fonctions génitales nous expliquera la nécessité de cette différence.

Une artère volumineuse et courte (rénale) apporte dans les reins une quantité de sang artériel qui subit une élaboration dont le résultat est la séparation des éléments constitutifs de l'urine : cette dernière, conduite par les mamelons jusque dans les calices, est versée par ces derniers dans le bassinet, puis dans les uretères, qui, en se contractant, ne tardent pas à l'amener jusque dans la vessie. En ce point l'urine s'accumule quelquefois en grande quantité (un litre et plus) : elle ne peut refluer vers les uretères, qui, grâce à leur trajet oblique à travers les parois vésicales, se servent de la membrane muqueuse comme d'une valvule ; elle ne peut se frayer une issue vers l'urètre, parce que l'anneau musculeux tient le col de la vessie exactement fermé. Cependant, quand la vessie est distendue, la membrane musculeuse s'irrite et se contracte ; elle presse sur l'urine, et, dominant la résistance du col de la vessie, lance dans l'urètre et au dehors le liquide qu'elle contient ; elle est souvent aidée, comme pour la défécation et le vomissement, par les muscles de l'abdomen.

L'excrétion des urines est moitié volontaire et moitié soustraite à la volonté. Nul ne peut faire contracter sa vessie quand il lui plaît ; cependant l'action du cerveau de la pensée est loin d'être étrangère aux contractions vésicales. Elles se manifestent par un sentiment, un besoin particulier auquel la volonté peut longtemps résister par la contraction du col de la vessie et l'occlusion de l'urètre, mais auquel elle cède en temps opportun, de manière à concilier les moyens de s'épargner des douleurs violentes avec ce que réclament la pudeur et la propreté. Du reste, le besoin d'excréter l'urine est le seul instinct qui naisse de l'appareil urinaire.

Appareil de la génération.

En parlant du fluide organique, nous avons déjà cherché à faire comprendre comment, en se polarisant dans le grain de blé, dans l'œuf du poisson, de l'oiseau et du reptile. dans l'embryon du mammifère et des autres animaux vivipares, il peut rendre compte des phénomènes généraux de la reproduction, des forces de germination attribuées à la jeune plante, ou des forces d'accroissement attribuées au jeune animal. Il est nécessaire maintenant de rapprocher ces vues du mécanisme de la génération dans l'espèce humaine, et des sentiments qui se rattachent à cette importante fonction. Nous avons à démontrer comment, du concours de l'homme et de la femme adultes, peut surgir un être nouveau destiné à tenir un jour leur place dans ce monde. Tous deux ne prennent pas une part égale à la génération, cette fonction appartient plus spécialement à la femme; l'homme n'y prend qu'une part minime et éphémère, quoique indispensable.

Chez lui, l'appareil générateur se compose d'abord de deux glandes (les testicules), destinées à sécréter la liqueur prolifique, et par suite à caractériser la virilité. Ces deux glandes, situées en dehors de l'abdomen, à la partie inférieure du tronc, sont contenues dans un sac membraneux, le *scrotum*, et sont protégées de côté par la cuisse. Leur tissu se compose d'une multitude de petits vaisseaux très-ténus, qui viennent tous s'ouvrir dans deux canaux cartilagineux et résistants, les *conduits déférents*. Ces conduits remontent vers le ventre, dans l'intérieur duquel ils pénètrent de chaque côté par l'anneau et le canal inguinal; puis ils plongent dans le bassin jusqu'au *bas fond* de la vessie, où chacun d'eux communique avec une ampoule membraneuse qui porte le nom de *vésicule séminale*. De forme oblongue, d'aspect bosselé à la surface, d'une longueur qui varie entre quatre et sept centimètres, les vésicules séminales adhèrent à la vessie, sans communiquer avec sa cavité, et offrent intérieurement une série de cellules qui renferment un liquide d'un brun jaunâtre. La direction des vésicules est oblique, de telle sorte qu'elles se rapprochent par leur extrémité antérieure. Elles s'effilent en un tube excréteur très-délié, qui s'unit au canal déférent pour produire le canal *éjaculateur*, et traversent en se côtoyant une glande, la prostate, qui embrasse en dessous le col de la vessie; enfin elles vont s'ouvrir isolément dans l'urètre. A son tour, la prostate fournit un certain nombre de canaux excréteurs qui s'ouvrent vers le même point dans l'urètre, dont nous avons à compléter la description.

Ce canal, à parois membraneuses, présente trois portions distinctes : la première, longue de quatre centimètres à peu près, est embrassée inférieurement par la prostate, et porte le nom de portion prostatique ; la deuxième, longue de deux centimètres, se nomme la portion membraneuse ; la troisième, beaucoup plus considérable, se nomme la portion spongieuse, et se prolonge jusqu'à l'extrémité du pénis : elle est unie dans son trajet à un tissu composé d'une multitude de cellules s'ouvrant les unes dans les autres, se distendant par l'abord du sang veineux, se contractant et se rétrécissant lorsque ce sang disparaît ; c'est le tissu érectile.

A son extrémité libre, l'urètre se termine en un renflement connu, en raison de sa figure, sous le nom de *gland*, et pourvu à sa surface d'une multitude de papilles nerveuses qui lui donnent une extrême sensibilité. De chaque côté et en avant de l'urètre, sont disposés les corps caverneux, également érectiles ; ils se prolongent jusqu'à la base du gland, recouverts par la peau, qui, en se repliant vers leur extrémité et en se prolongeant au delà, prend le nom de *prépuce*. L'union des corps caverneux avec la partie spongieuse de l'urètre porte le nom de *verge*.

Chez la femme, l'appareil générateur, tout en présentant quelque analogie avec ce qui vient d'être décrit, en diffère cependant beaucoup : il se compose avant tout de l'*utérus* ou *matrice* et de ses annexes, l'*ovaire* et les *trompes* de Fallope, qui demandent une description spéciale.

L'ovaire, organe pair comme le testicule, est une glande de la grosseur d'une noix à peu près. Il est situé dans la cavité abdominale, vers sa limite inférieure, et contre les lombes, auxquelles il adhère par un large repli membraneux. Sa surface présente une foule de bosselures qui correspondent à autant de petites vésicules renfermant l'œuf humain. Cet œuf, qui ne peut se développer que dans l'intérieur de la matrice, y parvient au moyen de la trompe de Fallope, canal membraneux dont l'extrémité supérieure est évasée en forme de pavillon, et présente des franges ou découpures. L'une d'elles adhère à l'ovaire, et les autres peuvent s'appliquer sur lui au moyen de leurs propriétés contractiles, et l'embrasser en partie pendant l'acte fécondant : d'ordinaire elles flottent en liberté dans l'abdomen.

Depuis leur pavillon jusqu'à leur autre extrémité, c'est-à-dire dans une longueur de douze ou quatorze centimètres, les trompes vont se rétrécissant. Elles pénètrent latéralement dans le tissu de la matrice et s'ouvrent dans cet organe.

Située dans l'excavation du bassin, sur la ligne médiane, entre la vessie et l'extrémité inférieure du gros intestin, la matrice représente une gourde aplatie d'avant en arrière ; sa grosse extrémité est tournée en haut. Ses dimensions varient beaucoup avant et après la puberté, avant et après la fécondation : chez une fille pubère, sa longueur est de huit centimètres ; chez une femme grosse, il peut se dilater assez pour contenir un ou plusieurs *fœtus* à terme, ainsi que l'arrière-faix et les eaux de l'amnios.

La grande dilatabilité de la matrice s'explique bien par la nature musculaire de son tissu : elle se divise en deux parties : 1° le *corps*, qui comprend un peu moins des trois quarts supérieurs de l'organe; 2° le *col*, qui comprend un peu plus du quart inférieur. Dans le corps est pratiquée une cavité triangulaire dont les deux angles supérieurs correspondent à l'ouverture des trompes de Fallope, et dont l'angle inférieur correspond au canal qui traverse le col et qui fait communiquer la *matrice* avec le *vagin*.

Ce dernier est un tube aplati d'avant en arrière, formé de parois membraneuses et érectiles, qui embrassent en haut le col de la matrice, et descendent, en décrivant une courbure à concavité antérieure, jusqu'aux organes externes de la génération. Là se trouve comme limite, chez les vierges, un repli membraneux, ayant le plus souvent la forme d'un croissant : c'est *l'hymen*. Ses débris après les premières approches conjugales portent le nom de *caroncules myrtiformes*. Quant aux organes extérieurs de la génération chez la femme, leur description n'est pas indispensable : nous devons seulement mentionner en avant l'ouverture extérieure du canal de l'urètre.

Il reste à décrire, comme annexe de l'appareil générateur, les mamelles, situées à la partie antérieure de la poitrine. Chacune d'elles comprend une glande volumineuse placée sous la peau, et formée d'une multitude de granulations disposées par groupes et correspondant à un canal excréteur. Ces granulations, peu apparentes hors le temps de l'allaitement, sont enlacées dans un tissu fibreux et sont enveloppées de graisse. Les canaux excréteurs ou *galactopho-*

res se conduisent à la manière des veines. Ils deviennent de plus en plus volumineux, et aboutissent au mamelon, sorte d'appendice situé sur le sein, et formé d'un tissu contractile qui lui permet de se durcir et de simuler une espèce d'érection : il est plus coloré que le reste de la peau de la mamelle ; il est entouré d'une auréole rosée d'ordinaire, mais de teinte brune pendant la grossesse ; enfin il est percé à son centre de plusieurs ouvertures qui permettent à la bouche de l'enfant d'extraire par succion le lait sécrété.

La nature du sujet a imposé une extrême réserve dans des descriptions anatomiques qui ne sont pas destinées à rester sous les yeux des médecins : nous comptons observer la même concision dans l'exposé des fonctions de génération, et concilier l'absolue nécessité de faire comprendre le mécanisme d'actes qui tiennent une large place dans l'histoire de l'humanité, avec la crainte de laisser une souillure dans l'imagination d'un lecteur, quel qu'il soit. Dans la description des fonctions, l'exposé anatomique sera, comme d'habitude, notre guide. L'appareil testiculaire sécrète **un** liquide visqueux, demi-transparent, d'un brun jaunâtre, d'une odeur fade et nauséeuse, qui se rencontre dans plusieurs produits organiques, et surtout dans le pollen du châtaignier et de l'épine-vinette. Ce liquide, connu sous le nom de *sperme* ou de *semence*, en raison du rôle qu'il joue dans les actes de reproduction, présente à l'œil, armé du microscope, une multitude de petits animaux semblables pour la forme et le mode de progression aux têtards qui peuplent les marais. Bien des hypothèses ont été faites sur l'existence des animalcules spermaniques et sur leur importance dans les faits de reproduction ; mais aucune certitude n'a été acquise à cet égard. **Sont-ils** le rudiment de l'embryon humain? en représentent-ils l'encéphale et la moelle? c'est ce qu'il nous est impossible de décider. Quoi qu'il en soit, le sperme, sécrété d'une façon continue, mais non pas égale, pendant l'âge viril, est porté par les canaux déférents jusque dans les vésicules spermatiques, où il séjourne comme dans un réservoir ; une partie cependant est absorbée, passe dans la circulation, et agit, par son intermédiaire, sur plusieurs fonctions ralliées de la sorte à l'appareil générateur. Quand les vésicules spermatiques sont distendues, quand elles contiennent une certaine quantité de semence, elles deviennent un centre de stimulation et de fluxion sanguine ; les corps caverneux et la partie spongieuse de l'urètre sont distendus par le sang : il en résulte cet état de turgescence de la verge qui constitue l'érection. Alors le prépuce ne recouvre plus le gland, dont les papilles font saillie à travers la muqueuse ; et si des frictions s'opèrent à leur surface, il en résulte une excitation particulière qui détermine la contraction des vésicules séminales, l'expulsion d'une partie de leur contenu, jusque dans l'urètre, par le moyen des canaux excréteurs. En ce moment la prostate qui participe à l'excitation générale, dont l'appareil générateur est le siége, envoie aussi par ses canaux excréteurs, jusque dans l'urètre, un fluide blanc et albumineux qui, en se mêlant à la semence, augmente son volume, favorise son expulsion au dehors, et ajoute peut-être à ses qualités prolifiques.

Dans l'union sexuelle, les frictions s'opèrent à la surface du gland par le contact des parois du vagin, dont la longueur et la capacité égalent à peu près la longueur et la grosseur de la verge ; puis, lorsque survient l'expulsion du sperme (*l'éjaculation*), l'extrémité de l'urètre peut correspondre à l'ouverture du col de la matrice, et la liqueur fécondante se frayer une voie jusque dans la cavité utérine. Dans ce cas seulement s'opère la fécondation; au contraire. lorsque, par une disposition vicieuse de l'appareil générateur, la semence ne peut pénétrer jusque dans l'utérus, il en résulte la stérilité : reste à indiquer comment la fécondation a lieu.

Des travaux récents (1) paraissent démontrer que le flux sanguin périodique, auquel sont sujettes les femmes tant qu'elles conservent l'aptitude à devenir mères, signale la rupture de l'une des vésicules de l'ovaire, et la descente d'un œuf dans le pavillon de la trompe, et de là dans la cavité de la matrice. Ce fait s'observe après la puberté, aussi bien chez les filles que chez les femmes mariées ; c'est du moins ce que semblent prouver de nombreuses cicatrices observées sur l'ovaire des cadavres offrant tous les signes de la virginité, et sur lesquels il n'existait, tout au moins, nulle trace d'un accouchement antérieur. En rapprochant ce fait de ceux qui constituent les grossesses extra-utérines, dans lesquelles un œuf fécondé se développe dans le péritoine ou dans l'une des trompes, il faut admettre que, remontant de la matrice jusqu'à l'ovaire, après que les menstrues ont amené la rupture d'une des vésicules de Graaf, la semence se trouve en contact avec l'œuf humain, et lui communique immédiatement la vie et l'aptitude à se développer.

Si, à ce moment, l'œuf s'échappe du pavillon de la trompe ou s'arrête dans la longueur de ce conduit, il s'attache aux organes qui l'avoisinent, se développe, et menace

____

(1) Dus à MM. Raciborsky, Coste, Gendrin, etc.

sérieusement les jours de la femme. Dans l'immense majorité des cas, il redescend dans la matrice, mais avec lenteur, en employant parfois plusieurs jours à un trajet de quelques centimètres. Pendant ce temps, la matrice, qui partage l'état de turgescence et d'excitation de tout l'appareil générateur, tapisse sa cavité intérieure d'une membrane (caduque), remplie d'un liquide séro-albumineux, qui interdit tout accès à la semence et empêche une nouvelle fécondation de se produire : l'œuf en descendant par la trompe rencontre la membrane *caduque*, la repousse, et se place entre elle et la surface interne de la matrice, aux parois de laquelle il ne tarde pas à adhérer. Les moyens d'adhérence sont des filaments, des espèces de racines destinées à devenir l'origine du *placenta*, appareil spécial qui fait communiquer la circulation de la mère avec celle de l'embryon sans les rendre solidaires.

Deux membranes enveloppent l'œuf humain ; c'est le *chorion*, et, en second lieu, l'*amnios*, qui renferme un liquide au milieu duquel flotte l'*embryon*, dont la nutrition s'opère surtout, dans les premiers temps de la vie, au moyen du contenu de deux vésicules, dont l'une porte le nom d'*ombilicale*, et l'autre d'*allantoïde*. Trois mois après la fécondation, l'embryon, dont les formes se sont prononcées et dont le sexe peut être reconnu, prend le nom de *fœtus*. Alors sa nutrition s'opère principalement au détriment du sang de la mère, qui, absorbé par le placenta, subit une élaboration spéciale. Il arrive sous forme artérielle au cœur du fœtus, et retourne sous forme veineuse au placenta par des vaisseaux renfermés dans le *cordon ombilical*, tube membraneux qui s'étend du placenta à l'ombilic, et varie beaucoup dans sa longueur et son épaisseur.

Neuf mois après la fécondation, le fœtus a pris un développement suffisant pour vivre à l'air libre ; la matrice, qui s'est beaucoup agrandie, et dont les parois ont pris une texture de plus en plus musculaire, se contracte, et expulse d'abord les eaux de l'amnios, puis l'enfant, à travers son orifice inférieur, le vagin et les voies externes de la génération.

Sitôt cette fonction, qui porte le nom d'*accouchement*, accomplie, la ligature et la section du cordon ombilical interceptent toute communication entre le nouveau-né et le placenta, qui est extrait à son tour. A ce moment, le sang chassé par le ventricule droit de l'enfant, ne trouvant pas d'issue dans les artères ombilicales, pénètre dans les poumons, et donne lieu au besoin de respirer. Le nouveau-né dilate sa poitrine, et ses cris annoncent qu'une des plus importantes fonctions de sa nouvelle vie vient de commencer. Quelque temps après, la faim se fait sentir, et la succion étant la seule forme de préhension alimentaire compatible avec des mâchoires sans force et dépourvues de dents, le mamelon est saisi, et le lait accumulé dans les seins de la mère fournit une nourriture qui ne demande ni préparation ni mastication, et qui, cependant, contient en abondance des principes réparateurs.

Il suffit de rappeler que l'appareil générateur, dans les deux sexes, est animé par les nerfs de la vie organique et de la vie de relation (1), que ses fonctions sont partie volontaires et partie soustraites à la volonté, pour présager des instincts impérieux : l'immense importance de ces in-

______

(1) Les *plexus hypogastriques* envoient des rameaux aux vésicules séminales, à la prostate, aux testicules, aux ovaires, à l'utérus et au vagin.

stincts, qui varient dans les deux sexes comme les organes, nous fait un devoir de les étudier séparément.

Chez l'homme, de même que la sécrétion du liquide séminal constitue la virilité physique, de même aussi elle devient le point de départ d'instincts essentiellement virils : il est bon, pour s'en assurer, d'examiner les changements qu'elle apporte dans la constitution et les goûts du jeune garçon à l'époque de la puberté. On voit alors l'évolution rapide de l'appareil générateur être suivie de celle du larynx, qui double de volume en quelques mois, et rend mâle et forte la voix naguère efféminée. Les membres, le cou, la poitrine grossissent, et laissent apparaître des saillies musculaires ; la peau brunit et se hérisse ; le menton et la lèvre supérieure s'ombragent de poils ; la sueur prend une odeur particulière ; les traits du visage se prononcent, et donnent à la physionomie un aspect tout nouveau. L'eunuque, au contraire, bien que sa taille puisse être élevée, n'offre pas les caractères virils qui viennent d'être présentés : sa peau est lisse, blanche et sans odeur ; son menton est dépourvu de barbe ; ses membres ont une rondeur efféminée ; sa voix conserve le timbre de l'enfance ; il manque de vigueur, et ne peut devenir homme ni au physique ni au moral ; à peine s'il éprouve une faible partie des instincts qui doivent maintenant nous occuper.

En présence du tableau qui vient d'être tracé, on ne peut dénier au sperme une immense importance sur l'évolution des organes : résorbé dans les vésicules séminales, transporté dans le sang et les humeurs, il active la circulation et la nutrition : par ces fonctions, il domine l'être tout entier, et semble le subordonner à l'appareil générateur. Vient-il à agir du côté du cerveau, il y porte une excitation qui bientôt dégénère en une inquiétude et une agitation incessantes : c'est un besoin dominateur, c'est une aspiration, c'est une douleur, c'est le désir enfin, trop bien décrit par les amants, les poëtes et les musiciens, trop bien ressenti par la plupart de mes lecteurs, pour que j'aie à l'analyser longuement.

Si la volonté résiste à l'instinct, si elle ne donne pas d'issue aux sécrétions spermatiques, elles sont résorbées en plus grande quantité, puis tendent à s'augmenter en portant une nouvelle cause d'excitation vers l'appareil générateur. Alors se font sentir la passion et son délire ; toutes les fonctions sont troublées. Le cœur bat avec vivacité ; le pouls est petit et rapide ; la respiration déprimée s'interrompt par de longues inspirations, par des soupirs ; les digestions se troublent, et l'estomac ne fait plus ressentir le besoin des aliments ; la voix devient basse, douce et tendre ; l'appareil musculaire est maintenu dans un frémissement incessant.

A peine si cette fièvre prolifique épargne le sommeil ; trop souvent les rêves de la nuit sont la reproduction des rêves du jour, et quand la volonté cesse de veiller, parfois l'instinct imprime aux lombes et au bassin les mouvements qui président aux rapports sexuels (1). Mais quel est le but de ces impulsions intérieures qui affectent tant d'appareils divers ? c'est évidemment la conservation de l'espèce ; elles se résument dans le besoin de reproduction, dans l'entraînement vers un être d'un sexe différent.

Pour exposer ici complétement comment le désir de

____

(1) Ces mouvements sont évidemment commandés par *l'action réflexe* des nerfs qui se rendent de l'appareil générateur à la moelle épinière.

l'homme est un entraînement instinctif vers la femme, il faudrait un rapprochement anatomique de ces deux êtres, et démontrer comment chacun d'eux trouve une sorte de complément dans l'autre : l'attraction qui les rapproche est répartie dans tout l'organisme; ils sont attirés l'un vers l'autre comme le fer est attiré vers l'aimant. Aussi le roman de Longus, charmant au point de vue littéraire, n'est-il qu'une peinture inexacte de la nature. Daphnis n'a pas besoin des leçons d'une étrangère pour savoir où tendent les désirs qui le dévorent; les changements momentanés qu'ils opèrent dans son être sont une indication suffisante pour lui et même pour Chloé.

La femme apparaît à l'homme qui désire comme l'aliment à qui ressent la faim, comme l'eau à qui ressent la soif, comme le pardon à qui subit la torture. Mais, de même que certains aliments ont le privilége de ranimer la faim et qu'une eau limpide excite à boire, de même la femme peut se parer d'attraits qui suffiraient pour faire naître le désir, lors même qu'il n'existerait pas : elle possède une peau blanche et polie, des formes pleines de délicatesse et de rondeur, des yeux à la fois timides et ardents, des lèvres rosées et malicieuses, enfin tout cet apanage de beauté dont la nature se sert comme d'un moyen de conserver l'espèce et de stimuler des sens subjugués déjà par l'influence séminale.

Si l'homme est susceptible d'être dominé par certains attraits, il ne doit pas subir la même influence de la part de l'espèce féminine tout entière. Son désir doit se concentrer sur la femme dont la structure lui présente la plus grande somme d'attraction. Il ne faudrait pas croire que cette harmonie de deux êtres puisse tenir à une analogie d'organisation ; loin de là ; et comme deux électricités contraires s'attirent, tandis que deux électricités semblables se repoussent, on voit les amants présenter le plus souvent entre eux des contrastes manifestes sous le rapport de la taille, du tempérament, de la couleur, des aptitudes, de l'embonpoint, etc. Rarement l'amour existe entre le frère et la sœur, malgré une habitation commune, parce que, sortis du même sein, ils ont de grandes analogies d'organisation. De même, sans l'espèce de répulsion qui naît d'une structure analogue, on verrait se multiplier dans les deux sexes ces amours contre nature qui sont la honte de l'espèce humaine, et qui, malgré leur rareté, portent un grand préjudice à la génération. Au contraire, l'attrait offert par les contrastes, en rapprochant des êtres dissemblables, et en faisant naître des produits mixtes, ont pour résultat un croisement incessant des races et une sorte de nivellement de l'espèce humaine. La beauté, la vigueur, l'intelligence, une peau noire ou blanche, ne sont plus l'apanage d'une famille, d'une tribu, d'une caste, d'une nation. Déjà en Europe les invasions et les rapports commerciaux ou autres ont effacé les dissemblances que présentaient les peuplades originaires. La vigueur physique comme l'intelligence s'y trouvent à peu de chose près au même niveau; et si quelques nations offrent un plus grand nombre d'aptitudes, c'est que des races très-diverses entrent dans leur composition. Ce qui se passe en Europe ne peut manquer d'arriver quelque jour dans d'autres parties du monde et même dans toute la terre ; on entrevoit le moment où le sang caucasique mêlé au sang du nègre changera ses aptitudes, et lui donnera les moyens de sortir de cet état demi-sauvage qu'il ne peut dépasser, tandis que le sang nègre mêlé au sang du nord de l'Europe lui redonnera la chaleur, et bannira cette série de maladies qui naissent de la prédominance de la lymphe.

Mais si le désir se plaît dans les contrastes, sous le rapport de l'organisation, il les repousse sous le rapport de l'âge ; c'est vainement qu'on nous objectera ces désirs d'enfants qui, au sortir du collége, s'éprennent d'une femme de quarante-cinq ans, ou ces désirs de vieillards qui à soixante ans font la cour à une fille de quinze ans. Ceci est une méprise des sens ou le résultat de la dépravation.

En somme, le désir né chez l'homme de la réaction de l'appareil sexuel sur l'ensemble de l'organisme constitue une impulsion vers un être d'un sexe différent ; impulsion qui est d'autant plus exclusive qu'elle est plus puissante. Des relations qui s'établissent entre l'homme et la femme, des actes sexuels, en un mot, naissent une série de modifications organiques et par suite instinctives ; elles sont le lien de la famille, et seront étudiées quand nous ferons l'histoire des sentiments générateurs.

A l'époque de la puberté, les changements que subit la constitution de la jeune fille ne ressemblent guère à ce qui s'observe chez le garçon. Ici une sécrétion particulière portait une stimulation générale dans l'organisme ; là l'évolution organique, privée du stimulant séminal, a pour centre d'action l'appareil reproducteur et le bassin qui le renferme. Les membres gardent leur aspect enfantin ; la voix conserve en partie son timbre ; la peau garde sa blancheur et la finesse de son tissu ; les forces ne progressent que lentement.

Cependant l'appareil générateur devient le centre d'une fluxion sanguine qui développe promptement la matrice et ses annexes : le bassin suit la même évolution ; les

hanches s'élargissent au point de dépasser les épaules ; le
sein par sympathie se prononce et s'arrondit. En passant
ainsi en revue les changements que la puberté imprime
au corps de la jeune fille, on est surpris de les voir se rattacher constamment à l'évolution du bassin. Tout chez la
femme est sacrifié à la nécessité de la reproduction : le
ventre, destiné à contenir le produit de la fécondation, est
très-ample relativement à la poitrine, qui se trouve diminuée d'autant : il en résulte et une plus grande
force d'assimilation de la part de l'intestin, et une combustion moindre dans le poumon. Or, comme les principes combustibles sont les éléments de la graisse, les
femmes sont plus grasses et leurs formes sont plus arrondies. L'excès de sucs nécessaires à la nourriture du
fœtus en cas de fécondation trouve une issue par les voies
génitales, et constitue le flux menstruel hors le temps de
la grossesse.

Déjà faible et surchargée du poids des mamelles, la poitrine ne peut donner attache à des bras robustes, tandis
que les membres inférieurs, fixés sur les côtés d'un bassin
élargi et qui les éloigne du centre de gravité, sont très-
volumineux à leur partie supérieure : ils incurvent en dedans un genou délicat, pour faciliter l'équilibre pendant
la marche ou la station. Comment supposer de l'agilité et
de la vigueur à des membres ainsi disposés ? comment
supposer un grand développement des muscles chez un
être dont la respiration et la circulation sont amoindries
par l'étroitesse de la poitrine ? Voilà comment l'appareil
générateur est une cause de force et d'agilité chez l'homme,
tandis qu'il devient une cause de faiblesse et d'embarras
chez la femme : en établissant des contrastes, il favorise

l'attraction, mais il lui donne des caractères bien différents dans les deux sexes.

L'attraction sexuelle est d'abord mal définie chez la jeune fille : elle n'est que de l'inquiétude : mais en se prononçant elle tend à un but plus direct, et souvent jette la perturbation dans les âmes naïves.

Inutile d'insister longuement sur les rapports qui existent entre l'appareil générateur de la femme et ses instincts sexuels : les médecins savent quelle tyrannie exerce l'utérus et ses annexes ; tous ont vu dans une attaque d'*hystérie* se produire, malgré la volonté, la série de mouvements qui président aux rapports sexuels ; tous savent que les instincts utérins se compliquent de ceux des organes extérieurs de la génération pour former le désir. La physiologie peut au besoin démontrer ces rapports, et donner une idée de la puissance des instincts sexuels, en prouvant que tout chez la femme est sacrifié à la nécessité de perpétuer l'espèce. Mais ces instincts n'ont plus pour auxiliaires l'audace et l'esprit entreprenant qu'ils font naître chez le garçon ; opprimés par une organisation débile, ils ont pour conséquence la faiblesse, et par suite la timidité. Combinés ensemble, le désir et la timidité donnent lieu à un autre instinct, la pudeur, qui disparaît chez le vieillard, parce qu'il ne sait ni désirer ni craindre; qui prend toute son intensité chez la jeune fille, parce qu'en elle se développent, dans toute leur ferveur, l'espoir et la crainte de plaisirs inconnus. Elle se sent mal pourvue pour l'attaque, mais très-bien organisée pour la défense; aussi possède-t-elle l'instinct défensif à un haut degré. Elle sent la nécessité de faire naître le désir dans l'autre sexe, et prend mille soins de déguiser les infirmités qui pourraient amener le dégoût.;

elle aime à se voiler, tout en laissant deviner ses attraits ; elle appelle les manifestations des sentiments de l'homme, tout en les redoutant ; elle refuse ce qu'elle brûle de donner, elle combat pour être vaincue. Ces contrastes inexplicables en apparence résultent du mélange du désir et de la timidité ; ils nous disent le caractère de la femme, qui ne peut être vraie sans être provocante, qui ne peut prendre l'initiative du désir sans exciter le dégoût. La pudeur est un charme puissant, parce qu'elle fait partie de l'organisation, parce qu'elle sait se tempérer au besoin, et adoucir un refus par un sourire. Sa grande utilité est de réfréner le désir et de mettre obstacle à une série de faiblesses, qui, loin d'activer la reproduction, amèneraient la stérilité, comme le fait la prostitution.

Grâce à la pudeur, le désir de la jeune fille a le temps de faire un choix et de devenir de l'amour. Ce qui l'attire, c'est presque toujours le contraste ; mais c'est surtout le désir de l'homme : il semble que cet instinct a quelque chose de contagieux, que, prenant pour agent le fluide nerveux, il se communique à distance ; que, rayonnant de l'homme vers la femme et de la femme vers l'homme, il établit entre eux un double lien : ainsi se trouvent constitués la dualité humaine, le ménage qui unit la force à la faiblesse, le courage à la timidité, la rudesse à la douceur, qui rend commune deux existences, les complète l'une par l'autre, et leur permet de trouver en de vives jouissances les moyens de se perpétuer.

Lorsque le sein de la femme est devenu fécond, bien des instincts divers se manifestent : c'est de la tristesse et de l'abattement ; une disposition aux pleurs, une extrême irritabilité, des nausées, de l'accélération du pouls, une odeur particulière et un peu acide des sécrétions de la peau. Le dégoût des aliments se complique d'appétits bizarres ; presque toutes les femmes grosses ont une teinte de folie, beaucoup ont des manies prononcées : quand la matrice se contracte, au moment de l'accouchement un instinct particulier oblige la volonté à faire contracter les muscles du ventre et à produire des efforts d'expulsion.

Reste à dire quels liens attachent le nouveau-né à celle qui lui a donné le jour. La mère aime son fruit comme sa chair, comme une partie d'elle-même : elle ne le chérit pas avec réflexion, mais avec ses entrailles, avec son utérus ; il est très-vrai que beaucoup de femmes sentent quelque chose qui s'émeut dans leur ventre en présence de leur enfant.

Un autre lien d'affection est constitué par l'allaitement, dont l'appareil garde avec celui de la génération les sympathies nerveuses les plus prononcées. Quand une mère entend les vagissements de son enfant et le cri de la faim qu'elle sait reconnaître, ses entrailles s'émeuvent, un léger frisson parcourt ses membres; le tissu fibreux qui enveloppe le sein se durcit, fait saillir le mamelon, et tend à exprimer à travers ses ouvertures les sécrétions de la glande lactée. Ces divers phénomènes portent le nom de monte de lait; ils facilitent au nouveau-né la succion du liquide réparateur contenu dans le sein ; ils sont pour la nourrice l'origine d'impressions douces et suaves qu'il est très-difficile de décrire à qui ne les a pas éprouvées, et qui tiennent à la déplétion du sein, autant qu'au froissement imprimé au mamelon par des lèvres roses et charnues.

L'allaitement constitue une seconde maternité ; il attache vivement la nourrice à l'enfant d'une étrangère ; il se complique, en outre, des mille soins qui, dans les premiers temps de la vie, mettent dans un contact continuel un être faible et débile avec celle dont le cœur n'est que tendresse et passion. Si quelqu'un se refuse à admettre cette organisation passionnée, s'il nie que le sein soit un centre d'instincts et de sentiments, qu'il regarde les élans de cette mère qui presse son fils contre ses mamelles et l'enferme dans son giron, comme pour le rapprocher de son premier asile !

Par l'importance et le nombre des appareils d'où procèdent la tendresse maternelle, il est facile de voir que la mère tient plus intimement à l'enfant que le père, surtout dans les premiers temps qui suivent la naissance : plus tard l'enfant appartient moins exclusivement à la femme, dont, avec l'âge de retour, le sein se flétrit, dont l'utérus perd ses fonctions et l'aptitude à engendrer. Alors l'amour maternel est moins un fait organique qu'un fait de mémoire et d'habitude ; il diffère peu de la tendresse paternelle : à cette époque, les instincts sexuels de la femme suivent la même progression décroissante, elle perd avec eux une grande partie de ses instincts de pudeur ; en se rapprochant de la constitution masculine, elle s'en rapproche également par les sentiments.

Instincts qui naissent des appareils affectés à la vie de relation.

Du moment où les instincts sont considérés, par opposition avec les impressions venues du dehors, comme des impressions intérieures dont l'initiative appartient aux organes, on est contraint d'admettre que cette initiative peut se rencontrer dans les appareils de relation. Les muscles, par exemple, quand ils sont reposés et abreuvés par un sang jeune et riche, tendent incessamment vers l'activité ou la contraction ; ils demandent à déplacer le corps d'une façon partielle ou générale ; ils font ressentir au cerveau, par leurs nerfs centripètes, l'*instinct de locomotion.* Se mouvoir est en pareil cas un plaisir ; c'est une chose utile à l'organisme, en ce que la nutrition du système musculaire devient plus active par l'exercice, et en ce que la circulation se débarrasse de principes qui pourraient devenir une cause d'inflammation et de maladie ; un repos absolu étiole et affaiblit le système moteur, il peut produire à la longue une sorte de paralysie : il faut donc admirer cette initiative des organes sur la volonté, et leur aptitude à solliciter du cerveau les actes utiles à leur intégrité. Mais les muscles ne sont pas seulement le point de départ d'instincts moteurs : quand leur action prolongée trop longtemps menace le sang d'une altération nuisible aux autres organes, ils donnent naissance à un instinct négatif qui tend vers le repos et qui porte le nom de *lassitude* et de *fatigue.* C'est ainsi que la plupart des appareils, en sollicitant la part d'activité nécessaire à leur nutrition, portent en eux le régulateur de cette activité, et les moyens de la limiter, lors même qu'ils ont à lutter contre l'initiative cérébrale et la volonté. Chacun sait que la fatigue peut dompter les caractères les plus fermes.

L'activité ou la tendance à agir, quand elle vient des appareils sensitifs, donne lieu aux instincts d'*exploration*, à la *curiosité.*

Voyez un homme inoccupé, un enfant dans les bras de sa nourrice : tous deux promènent curieusement leurs mains sur ce qui se trouve à leur portée ; ils portent à leurs lèvres ce qui doit affecter leur goût, approchent de leurs narines ce qui frappe leur odorat : leurs yeux sont dans un mouvement continuel, ils prêtent l'oreille au moindre bruit. Non-seulement les appareils des sens recherchent les sensations et se portent au-devant d'elles, mais ils se concentrent en outre sur celles qui sont agréables ou dont la nature se trouve en harmonie avec la structure des organes. Les yeux recherchent l'harmonie des couleurs et des figures, les oreilles recherchent l'harmonie des sons, la langue recherche la suavité des saveurs. Il peut arriver en outre que certaines fonctions qui empruntent l'action des sens viennent à imprimer momentanément beaucoup d'activité aux instincts sensitifs. La faim est un puissant stimulant de l'instinct des saveurs ; le besoin de locomotion, le désir est un stimulant de l'instinct du tact ; le besoin de respirer stimule l'instinct de l'odorat. Quant aux instincts de l'œil et de l'oreille, bien des appareils réagissent sur eux et tendent à exciter leur activité d'une façon incessante : ils peuvent ainsi se rallier aux fonctions digestives, de reproduction ou de locomotion, qui par des communications nerveuses ou par les impulsions intérieures s'en font des auxiliaires très-utiles.

Instincts cérébraux.

Comme les autres appareils, le système nerveux est susceptible d'être stimulé par la circulation ou épuisé par l'exercice ; il doit donc comme eux tendre à l'activité ou au repos, prendre l'initiative de certains actes, ou se condamner à l'immobilité ; il doit être susceptible d'instincts, en un mot. Mais, par cela que dans ses mille ramifications il embrasse tout l'organisme, par cela qu'il entre pour quelque chose dans chaque fonction, et qu'il exprime la centralisation de l'être humain, les instincts ou impulsions qui prennent naissance dans son sein doivent être généraux comme lui, ou, si l'on aime mieux, doivent ramener à l'unité les fragments épars d'une même impression intérieure ; ces instincts sont au nombre de trois : c'est l'instinct 1° *de conservation ; 2" d'imitation ; 3° de manifestation.*

Le système nerveux, s'il doit à son organisation de ressentir le *plaisir* et la *douleur*, est tenu de réagir sur elles, et tend forcément à rechercher la première et à fuir la seconde. Il réagit instinctivement par action réflexe, et souvent sans le concours de la réflexion et de l'intelligence ; témoin le mouvement brusque et involontaire par lequel un homme retire sa main du contact d'un fer rouge ; témoin l'effort de l'opéré pour fuir le couteau de l'opérateur ; témoin la toux qui a pour but de débarrasser la gorge ou les bronches d'un obstacle à la respiration ; témoin l'effort suprême de l'homme submergé pour échapper à l'asphyxie. Qu'on passe en revue chaque fonction, et toujours on verra l'instinct de conservation se manifester d'une manière ou d'une autre, parce que chaque fonction conspire constamment pour la vie, qui résume le plaisir, et lutte contre la mort, qui résume la douleur.

C'est ainsi que l'instinct de conservation se modifie avec les circonstances en une foule de nuances qu'il est inutile d'étudier quant à présent. Rapproché du moi, de la centralisation nerveuse, il produit l'*amour-propre*, qui dans ses exagérations prend le nom de *personnalité* et *d'égoïsme*, mais qui au fond n'a rien que de légitime et de conservateur.

Qu'il vienne à être supprimé, et demain le genre humain

cessera d'exister ! Il faut, de toute force, que chaque homme se préfère à son voisin, et soit tenu de lutter jusqu'au dernier moment pour la conservation de sa vie. Plus tard on verra quels instincts tendent à imposer des limites à l'amour-propre, à réfréner l'égoïsme, à empêcher que, pour s'éviter une légère douleur, l'être humain ne soit tenté d'imposer une douleur extrême à son semblable, comment, en un mot, la *fraternité* est la contre-partie de la *personnalité*.

Cette dernière, quand elle lutte contre d'autres personnalités, devient *rivalité* ou *émulation ;* elle devient *amour de la gloire* quand elle sollicite l'estime, *ambition* quand elle veut dominer ; elle devient *vanité, orgueil, fierté* en d'autres circonstances dont l'étude rentre dans l'analyse de l'âme.

L'instinct d'imitation paraît de prime abord bien moins général et moins étendu que l'instinct de conservation ; mais une étude approfondie le découvre dans une foule d'appareils où tout d'abord son existence n'était pas soupçonnée. On ne saurait douter qu'il ait son siége dans le système nerveux, puisqu'il s'adresse presque constamment aux fonctions de relation, et qu'il touche aux fonctions organiques par les muscles soumis à la volonté.

Pour bien comprendre ce qu'est l'instinct d'imitation, il faut avoir une idée exacte des diverses réactions nerveuses qui portent le nom de *sympathies*, et que tout prouve dépendre de l'organisation du fluide nerveux. Si nous jugeons de la nature de cet agent par ses analogies avec l'électricité, nous devons admettre qu'à la manière de celle-ci, agissant à distance et se communiquant d'un individu à un autre, il établit une sorte de solidarité de fonctions, d'impressions, d'idées et de sentiments. Des faits valent mieux ici que les spéculations à perdre de vue :

Déjà nous avons cité la rapidité avec laquelle l'état nerveux désigné par les mots de crainte, de colère, de pitié, de fureur, de courage, etc., se communique à une foule : comment comprendre cette unité d'impression dans mille individus et au delà sans un échange de fluide nerveux? chacun en pareil cas tremble de la peur de son voisin, s'émeut de sa pitié, ou s'irrite de sa colère.

Deux frères sont jumeaux ; portés dans le même sein, nourris du même lait, ils sont, par un contact prolongé et une grande similitude organique, habitués à un échange constant d'innervation. Sont-ils séparés? leur vie s'amoindrit, leur intelligence s'affaisse ; les émanations cérébrales de chacun d'eux sont le complément nécessaire de la vie de l'autre.

Cent fois il nous est arrivé aux côtés d'un ami de sentir notre imagination entraînée vers des régions peu habituelles : nous étions certain alors de suivre les impressions de cet ami, qui, s'il venait à parler, nous trouvait à l'unisson d'idée avec lui.

Ce genre de contagion est bien plus fréquent qu'on n'imagine ; il explique l'atmosphère artistique ou scientifique de certaines villes ; il dit pourquoi, hors de Paris, tant de poëtes sont sans imagination, tant de peintres sont sans coloris, tant de musiciens sans harmonie.

Les sympathies une fois admises, il est facile de comprendre l'instinct d'imitation : un bâillement, par exemple, donne au voisin le spasme des mâchoires et l'incite à bâiller ; un vomissement lui donne des nausées ; une attaque de nerfs va lui donner des vapeurs.

Sur le tombeau du diacre Pâris, les assistants, au milieu d'une atmosphère convulsive, se sentaient pris de convulsions, et par imitation gesticulaient à l'envi l'un de l'autre. Les médecins sont souvent appelés à voir les attaques d'une hystérique se communiquer à deux ou trois des femmes qui lui portent secours. Le rire appelle le rire, les pleurs provoquent les pleurs. Cette tendance à imiter les actes de ceux qui nous entourent fait les mœurs des diverses nations; en même temps qu'elle établit une similitude de gestes, d'allures, d'accent et de langage chez les hommes d'une même cité, elle leur donne le goût de la même nourriture, des mêmes plaisirs, des mêmes actes. L'instinct d'imitation est tel, que toute une famille se met à bégayer parce qu'un de ses membres est bègue. Cent fois on a vu des enfants copier les tics de leurs parents, et adopter certain clignement d'yeux, certain froncement des sourcils ou des lèvres, certain mouvement des épaules ou de la tête. C'est encore la même chose dans l'ordre intellectuel : les idées ont leur contagion, et presque toujours ceux qui vivent ensemble prennent des idées communes, quelles que soient leurs dissemblances d'études, d'aptitudes, de position sociale ou de tempérament. Suivre la mode n'est pas autre chose que céder à l'instinct d'imitation, et lui seul peut nous expliquer pourquoi, à certaines époques, on voit non-seulement les vêtements, mais encore la décoration intérieure des appartements, la construction des habitations, la sculpture, la peinture, la musique se conformer à la mode et charmer la génération qui les produit par des moyens qui seront antipathiques à la génération suivante.

Ce n'est pas seulement entre les membres de l'espèce humaine que se remarque l'instinct d'imitation, il agit sur les animaux, et fait qu'un chien ou un cheval finit à la longue par adopter les allures de son maître, et si nous en croyons les chasseurs et les cavaliers, par lui ressembler. Le perroquet cherche, ainsi que plusieurs oiseaux, à imiter les sons qui frappent ses oreilles ; il suit avec sa tête les mouvements d'élévation et d'abaissement de la main. Le caméléon revêt les couleurs des objets qui l'environnent ; les animaux prennent vers les pôles ou sur les montagnes très-élevées les couleurs de la neige ; des perdrix tirées sur les terrains crayeux de la Champagne ont le plumage bien plus clair que les perdrix de la Brie. Les végétaux eux-mêmes tendent à refléter sur leur écorce ou leur feuillage les couleurs qui les environnent : c'est pour cela que les arbres du Nord, comme les saules, le bouleau, le tremble, ont une pâleur qui contraste avec les couleurs vives et sombres de la végétation des tropiques.

Nous avons dû parcourir rapidement les divers degrés de l'instinct d'imitation, dont l'étude de l'âme nous dira les conséquences ; il reste à passer en revue l'instinct de manifestation, qui est le complément du premier. Constatons-le d'abord chez les animaux : chez le lion, qui hérisse sa crinière, bat ses flancs de sa queue, et pousse un rugissement quand avec la colère de la faim il se trouve en présence de sa proie ; chez le chien, qui témoigne sa tendresse par mille mouvements onduleux, par des jappements à demi étouffés, par les frétillements de sa queue et l'abaissement de ses oreilles ; chez le rossignol, qui passe les belles nuits du printemps à dire mélodieusement ses amours. Faut-il rappeler le chant et la fierté du coq, les bonds du chevreau, les piétinements du cheval, pour démontrer l'existence de l'instinct de manifestation chez les animaux ? peu de lecteurs sont disposés à le nier : ils l'admettront de même dans l'homme en voyant la rougeur ou la pâleur déceler des fronts coupables, en écoutant les sanglots de l'affligé et le cri involontaire que provoque une joie ou une douleur subite ; en remarquant les gestes et les attitudes nés des sensations ou des instincts.

Qui n'a lu dans les yeux de son voisin l'amour ou la haine ? Qui n'a reconnu l'ironie ou la bonté dans les plis des lèvres ? Qui n'a vu la menace, l'assentiment, la négation dans un geste ? Qui n'a reconnu la méditation, l'attention dans le port de la tête ou l'attitude générale ? Qui n'a reconnu, enfin, dans la voix humaine les nuances de tous les sentiments ? Manifester ce qui se passe en nous est un besoin, est un instinct ; témoigner de ce qui est, *dire la vérité*, est une tendance de tout notre être ; mais mentir nous est antipathique, c'est violer nos tendances naturelles.

Les sympathies ont fait connaître le mécanisme de l'instinct d'imitation.

Les relations entre les diverses parties du système nerveux doivent nous dire le mécanisme de l'instinct de manifestation : il provient de la réaction du système cérébro-rachidien sur le grand sympathique, quand il concerne des faits de circulation, comme la rougeur et la pâleur, la sécrétion des larmes, la sécheresse de la gorge, la sueur froide qui se répand sur la peau, le frisson, etc.

Mais l'influence des nerfs de la vie organique empêche ici l'action de la volonté, l'instinct n'est qu'une action réflexe.

Au contraire, il devient une impression cérébrale quand il provoque des actes soumis à la volonté et provenant du larynx et des muscles de la vie de relation. Un instrument tranchant s'enfonce dans la peau du bras ; aussitôt le courant nerveux centripète qui apporte la douleur vers le cerveau tend à se réfléchir vers les muscles du membre et sollicite son retrait. Résister à ce mouvement est d'autant plus difficile, que la douleur est plus intense ; de même on parvient difficilement à empêcher les contractions des muscles de la face et les changements de la physionomie quand les impressions sont vives et l'instinct de manifestation puissant.

En terminant ce qui a trait aux instincts, il ne faut pas omettre la part que prend le système nerveux dans le besoin d'agir, dans l'activité attribuée déjà, en partie, à la circulation.

Dans tous les tissus, l'action nerveuse est solidaire de l'action circulatoire ; de sorte que le sang afflue où se portent les courants nerveux, et que le fluide nerveux surgit abondamment où se porte le sang.

Sommeil et veille. — Rêve. — Somnambulisme.

L'activité du cerveau, comme celle de tous les autres organes, n'est pas inépuisable et incessante, et de même que les muscles arrivent à un état de fatigue qui les condamne à l'immobilité, de même aussi le centre sensitif est atteint de lassitude et se trouve condamné au repos, ou, si l'on aime mieux, au sommeil. Ici la question principale est le fait physiologique qui détermine le besoin de repos : il semble résider dans l'épuisement du fluide nerveux. Nous avons cherché à prouver que la sécrétion de ce fluide se fait sous l'influence de la circulation à la fois dans le cerveau, dans la moelle et dans les nerfs. Mais si le sang entre pour quelque chose dans cette sécrétion, s'il lui fournit un élément quelconque, il peut s'épuiser d'influx nerveux, comme il s'épuise des éléments qui constituent l'urine quand la sécrétion urinaire se ralentit; comme il s'épuise des éléments de la salive quand la soif se fait sentir et que le gosier se dessèche. De cette diminution du fluide nerveux doit résulter un ralentissement de toutes les fonctions, de l'activité qui n'est que l'émission vers divers points de l'organisme, d'une certaine dose de sang et d'influx nerveux, enfin des sensations qui reposent sur les mêmes lois organiques. Peu à peu un engourdissement général se fait sentir, le moi perd sa prépondérance, et le maintien des fonctions végétatives annonce seul que la vie n'a pas cessé.

Cette persistance des fonctions organiques nous annonce que l'activité du grand sympathique, si elle diminue pendant le sommeil est loin de s'éteindre; autrement dit, que, si le sommeil fait cesser les relations avec le monde extérieur, que s'il suspend la sensation, il est loin de suspendre les impressions intérieures, les instincts. La réaction des plexus pulmonaires sur le nerf pneumo-gastrique, et l'action réflexe qui se fait à travers le cerveau, expliquent la persistance des instincts respirateurs et de la respiration; un fait analogue explique la persistance de la circulation, de la nutrition, des sécrétions, etc.

Il peut même arriver que le grand sympathique réagisse sur le cerveau pendant son sommeil, et provoque une partie de son activité dans l'état connu sous le nom de rêve. Si une difficulté dans la respiration se fait sentir, il se manifestera la sensation d'un corps qui pèse sur la poitrine : cette sensation peut être vague, obscure, puis, devenant plus vive, provoquer une plus grande stimulation générale, enfin produire une activité cérébrale complète, et amener le réveil. Qui n'entrevoit l'influence des plexus hypogastriques et des instincts générateurs dans la production des rêves lascifs?

A tous ces instincts, à toutes ces impressions intérieures, viennent se joindre, par association des idées ou des sentiments, les faits de mémoire qui, par suite de leur vivacité ou de leur état récent, dominent actuellement l'intelligence : de là l'incohérence et l'absurdité de beaucoup de rêves, constitués par un mélange d'idées et de sentiments qui n'ont souvent aucun rapport. Parfois, au contraire, le rêve n'est que la reproduction mnémonique des faits ordinaires de la vie.

Comme les autres actes cérébraux, les songes laissent après eux la trace organique qui constitue la mémoire ; cette trace est cependant moins vive que pendant la veille, l'influx nerveux ayant bien moins d'intensité.

Certains rapports mystérieux, mais incontestables, entre la lumière, la chaleur, l'électricité et le fluide nerveux expliquent suffisamment pourquoi la veille ou l'activité cérébrale se maintient quand il y a chaleur et lumière, quand le soleil est au-dessus de l'horizon : dans ce moment le cerveau est stimulé plus énergiquement que dans aucun autre moment ; cependant, si la stimulation va jusqu'à l'engorgement sanguin, l'engourdissement se manifeste dans l'encéphale, comme il se manifeste dans tous les organes où le sang s'accumule. Pour beaucoup de personnes il suffit de placer la tête un peu bas, et d'y faire descendre le sang, pour amener rapidement le sommeil.

Dans les affections cérébrales avec congestion, il y a presque toujours somnolence ; au contraire, l'insomnie existe lorsque la congestion se fait dans un viscère ou un organe éloigné de la tête, et, par la douleur, produit une stimulation incessante de l'encéphale.

Entre la veille et le sommeil se trouve un état particulier, connu sous le nom de somnambulisme, état pendant lequel l'individu se meut et agit sans avoir conscience de sa personnalité, comme s'il agissait et se mouvait par les muscles d'un autre. Il ne se souvient au réveil d'aucun des actes accomplis, ni des impressions éprouvées. Il est bon de rapprocher cet état de celui dans lequel se trouve plongé l'homme soumis à l'action du chloroforme : sans perdre entièrement connaissance, il perd cependant l'aptitude à se mouvoir et à sentir, et subit une opération comme s'il assistait à l'opération d'un autre.

Dans ces derniers temps on s'est beaucoup occupé de somnambulisme; les faits vrais sur lesquels il repose ont été noyés dans mille absurdités ; l'exploitation des charlatans a éloigné les hommes sérieux, et les a portés à la négation ; ils ont refusé d'observer et d'admettre un état qui, dans ce qu'il a de réel, ne paraît pas dépasser les forces de la physiologie actuelle.

Pour base de toute explication, il faut prendre avant tout les faits sur lesquels nous avons étayé les sympathies ; il fautadmettre la transmission , à distance, du fluide nerveux d'un individu à l'autr e.

Ceci établi, il faut encore admettre que toutes les organisations n'ont pas au même degré l'aptitude à subir l'influence des organisations voisines, ou, si l'on aime mieux, que toutes ne sont pas également sympathiq ues. De deux êtres mis en présence, le plus fort, sous le rapport de l'émission du fluide nerveux, ou, ce qui est la même chose, de la volonté, domine toujours le second ; il fait équilibre dans

16

un cerveau étranger à l'action cérébrale propre ; il substitue son moi et sa volonté au moi et à la volonté de l'être dominé. Ce dernier est alors à l'état de magnétisme ; il ne dort pas, car son cerveau, loin d'être au repos, est dans un état d'excitation extrême ; il ne veille pas, car il a perdu son principe d'initiative, car il est passif dans les actes qu'il exécute.

Cette concentration de deux fluides nerveux en un seul cerveau amène une subtilité d'impressions dont l'état ordinaire ne peut donner qu'une faible idée ; il est même des observateurs enclins à penser que le tact, résumant tous les autres sens, peut sous l'influence du magnétisme se substituer à eux ; si bien que le somnambule lirait avec son doigt, entendrait avec l'épigastre, et goûterait avec son orteil. Nos convictions ne vont pas jusque-là, cependant ; nous inclinons à croire que les somnambules entendent et voient ce qu'à l'état de veille ils ne sauraient voir et entendre. Mais leurs sens n'agissent que vers un point déterminé et avec la permission ou l'impulsion du magnétiseur. Donnez au somnambule un verre d'eau pure ; attribuez à ce verre d'eau la saveur d'une liqueur quelconque, et sous votre influence le somnambule retrouve cette saveur. Commandez-lui l'inertie et enfoncez-lui une pointe acérée dans les chairs, rien ne témoigne qu'il ressente quelque chose. Son état passif et son aptitude à subir l'influence des personnes placées autour de lui sont un moyen de voir, d'entendre et de sentir par les yeux, les oreilles et le nez de ceux qui l'entourent.

Si à l'état de veille nous subissons la pensée ou la passion de notre voisin, ce doit être bien pis à l'état de magnétisme, surtout si sa main mise dans notre main établit une

communication directe entre les deux systèmes nerveux.
Sa pensée devient notre pensée, sa science nous est acquise,
et s'il nous fait une question à laquelle il puisse répondre,
nous répondons tout comme lui. Il n'y a donc rien de
bien étonnant à voir un somnambule lire par les yeux des
personnes qui l'entourent le livre ouvert devant lui, bien
qu'il ait les yeux bandés. Consultez-le de même sur votre
maladie : il vous dira vos douleurs, qu'il se rappelle par
votre mémoire, ou qu'il ressent dans vos organes ; il sait
les remèdes que vous avez essayés, les mille conseils qui
vous obsèdent ; et si une nouvelle tentative médicale plaît à
votre imagination, il vous la conseillera presqu'à coup sûr.
Comment douter après cela du succès des somnambules
en matière de médecine ?

La preuve que l'état mental du somnambule n'est, en
général, qu'un reflet de l'état mental de ceux qui le con-
sultent et qui sont en communication avec lui, c'est
qu'avec une volonté ferme on peut faire divaguer les somnambules les plus lucides, dans ces mille épreuves qui
leur sont imposées. Nous avons mis un morceau de papier
blanc dans une petite boîte, nous avons présenté le tout à
un somnambule en cherchant à imaginer que la boîte con-
tenait des cheveux d'une jeune femme : après un peu d'hésitation, le devin affirma tenir des cheveux d'une jeune et
jolie femme ; il décrivit leur nuance, leur texture, et nous
sentions ses affirmations suivre notre pensée.

Il se pourrait cependant qu'un médecin magnétisé fût
capable de traitements bien plus habiles que dans l'état
ordinaire. Sa mémoire doublée lui rappellerait mille faits
oubliés, son diagnostic pourrait acquérir une précision
extrême ; enfin il jouirait de cette puissance de facultés que

des travaux intellectuels ont démontrée chez les somnambules.

Il est facile d'estimer cette puissance intellectuelle communiquée par le magnétisme en rappelant la concentration d'esprit qu'il produit : l'intelligence du somnambule
ne tend que vers un sujet unique, il l'explore sans aucune
distraction, et avec une intensité presque maladive; nul
effort de mémoire ne lui coûte; mille faits oubliés au milieu des distractions de la veille reviennent avec toute leur
fraîcheur : c'est ainsi que des écoliers ont pu, dans un
accès de somnambulisme, produire des compositions bien
au-dessus de leur force ordinaire.

Mais de là à une prévision de l'avenir, à la connaissance
de faits occultes, il y a de grandes différences. Interroger
les somnambules sur la destinée, ou sur un vol dont on
ignore les auteurs, est une chose puérile; les réponses ne
peuvent impliquer que des probabilités, ou confirmer des
soupçons ; presque toujours elles sont une chose dangereuse.

Une question importante serait de décider à quelle distance s'étend la clairvoyance des somnambules, ou, si l'on
aime mieux, à quelle distance ils peuvent se mettre en communication sympathique avec les hommes ou les choses :
des expériences et des faits récents nous portent à croire
que le fluide nerveux peut s'échanger entre des individus
sympathiques distants de vingt kilomètres et au delà; mais
les courants nerveux vont s'affaiblissant avec l'éloignement. Ils ne persistent entre deux individus que s'il existe
entre eux attraction ou polarisation, comme entre les deux
extrémités d'une pile galvanique.

Des habitudes.

Si les êtres organisés avaient une structure incapable de se plier aux variétés que présentent les latitudes, les climats et les circonstances extérieures, ils ne pourraient vivre que sur une zone très-restreinte du globe, encore y seraient-ils exposés à mille causes de destruction.

Mais chaque organe peut modifier ses fonctions dans de certaines limites, et, par suite, s'accommoder de circonstances diverses : en modifiant ses fonctions, et surtout sa nutrition, il finit par changer sa propre texture. C'est ainsi que certains végétaux apportés de contrées brûlantes ont fini, en modifiant leur organisation au moyen de rapprochements successifs, par se naturaliser au nord de l'Europe. Le pêcher en est un exemple, et celui qui enrichit les jardiniers de Montreuil ne ressemble guère, sous le rapport des fruits, des feuilles et du port, à l'arbre qu'on rencontre dans les plaines brûlantes de la Perse.

Le même fait organique se remarque dans les animaux, surtout parmi ceux que la domesticité place en contact continuel avec l'homme, tels que le chien, le cheval, le bœuf et le mouton. Leur structure a été modifiée par la nourriture et l'éducation; on a produit des chevaux de selle et de trait, des chiens de garde ou de chasse, des bœufs de Normandie ou de Durham, des mérinos et des berrichons. Bien des soins et des générations sont nécessaires pour cela; mais les différences que nous montrent les animaux d'une même espèce, sans en excepter la race humaine, nous disent combien l'être organisé est modifiable.

Parmi les causes qui peuvent contribuer à changer la structure de tel ou tel appareil, et à lui donner la prépondérance sur les autres, aucune n'y travaille plus efficacement que la répétition fréquente des mêmes actes.

Qu'un enfant soit poussé, dès les premières années de la vie, vers des efforts musculaires incessants! les muscles mieux nourris tendent à prendre plus de développement et de vigueur : une alimentation très-abondante amène un grand développement de l'estomac; la vie en plein air développe les organes des sens ; l'exercice au milieu de l'air vif des montagnes donne de l'ampleur au poumon et à la poitrine.

Mais ces changements des organes entraînent forcément le changement des instincts qui en dérivent, et notre enfant, qui serait resté apathique, avec des muscles débiles, va devenir amoureux du mouvement et des exercices qui exigent une grande dépense de force et d'agilité : son appétit exigera une nourriture substantielle et abondante; il aimera à exercer ses sens, ses poumons demanderont un air vif et chargé d'oxygène.

On entrevoit dès à présent tout ce que l'éducation peut ajouter ou retrancher aux instincts par le développement organique ; elle peut encore leur ajouter par la répétition des mêmes mouvements, sans qu'aucun changement organique appréciable ait lieu. C'est la conséquence d'une loi générale de la nature qui tend à reproduire périodiquement des mêmes actes.

La plupart des hommes aiment à faire le lendemain ce qu'ils ont fait la veille, uniquement parce qu'ils cèdent à cette loi de périodicité; l'occupation qui d'abord était désagréable finit par plaire à celui qui l'adopte; elle lui devient nécessaire à la longue ; et tel épicier, après avoir vendu pendant trente ans du sucre et des confitures, s'est trouvé menacé de mort quand il a abandonné son magasin pour s'entourer de luxe et des *charmes de la vie*. L'influence de la fumée de tabac est d'abord fort désagréable au nez, à la bouche, au poumon et à l'estomac. Des vertiges et des nausées se manifestent, une saveur insupportable imprègne la salive. Mais, par suite de la répétition des mêmes actes, le cerveau, au lieu de subir une influence stupéfiante, est seulement excité agréablement; l'estomac reçoit, sans se soulever, la salive imprégnée d'huile empyreumatique; il trouve même en elle un auxiliaire de la digestion. Bientôt l'action de fumer, qui, d'abord, était repoussante, devient un véritable besoin, une tendance nouvelle. Un instinct a été créé par la répétition des mêmes actes, et par les modifications organiques et fonctionnelles qui en ont été la suite, cet instinct fait partie des *habitudes*.

Bien peu d'organes échappent aux habitudes : l'estomac finit par s'habituer au contact du poison; et, sans citer l'exemple de Mithridate, nous pouvons affirmer connaître dans Paris des personnes qui, chaque jour, pour garder l'intégrité de leurs fonctions physiques et morales, sont obligées de prendre une dose d'opium, capable de causer la mort. Certains hommes employés dans les manufactures respirent constamment un air chargé de vapeurs irritantes sans que leur poumon paraisse affecté. Un forgeron dont la main est en contact avec des corps rudes et chauds finit par manier un fer brûlant sans en être incommodé.

L'homme s'habitue au froid et au chaud, à la sécheresse et à l'humidité, à la vive lumière et à l'obscurité, au travail et à l'oisiveté, au luxe et à la misère, au bien-être et aux privations, au plaisir et à la douleur. Toute cause de perturbation organique s'affaiblit en se répétant, et se rapproche de l'état normal, soit qu'elle produise un plaisir, soit qu'elle produise une douleur : les faveurs d'une maîtresse deviennent d'autant moins précieuses qu'elles sont accordées plus souvent ; le fondeur devient insensible aux brûlures ; le chasseur finit par ne plus sentir les piqûres des ronces ; le gourmand accuse de fadeur les mets les plus épicés ; le malheureux ne s'aperçoit plus de l'odeur infecte de son taudis.

Mais si l'*habitude* émousse les sensations, elle tend, d'une autre part, à les rapprocher de l'état normal, et par suite à rappeler des actes qui deviennent nécessaires à l'existence.

L'Européen qui vit sous le tropique finit par ne plus pouvoir se passer de la chaleur, qui d'abord lui était un tourment, et redoute les froids de son pays natal ; le paysan préfère son pain noir et sa soupe au lard aux plus habiles préparations culinaires, tandis que plus d'un futur Apicius fait la grimace en goûtant pour la première fois à une truffe ou à une olive. L'amour perd de sa vivacité quand il devient une habitude ; mais alors il est plus nécessaire à la vie qu'à l'époque de sa fougue et de sa ferveur : rarement un amant meurt de chagrin en perdant sa maîtresse ; au contraire, bien des maris succombent par suite de la mort de leur femme.

Énumérer et décrire les habitudes serait une chose impossible, car elles peuvent comprendre tous les organes de la vie de relation et tous ceux de la vie organique, par suite des modifications que la répétition des mêmes actes impriment aux appareils et aux fonctions : il est cependant une limite à ces modifications, c'est le moment où elles rendraient la vie impossible ; à ce moment les habitudes cessent de progresser, elles deviennent une maladie ou une crise qui tend à ramener les choses à l'état normal.

Rapprochons des similitudes d'organisation et d'aptitudes qu'entraîne la génération ce qui vient d'être dit des habitudes, et nous comprendrons pourquoi la race humaine et les races animales présentent tant de variétés de structure et d'aptitudes. Si le fils d'un homme dont la peau a été constamment noircie par le hale et le soleil naît avec une teinte plus sombre que le fils d'un homme étiolé par l'habitation constante d'un appartement bien clos, nous comprendrons qu'à la longue, et avec un grand nombre de générations, les peuples qui vivent sous le tropique aient la peau excessivement sombre : nous comprendrons que ces mêmes hommes rapprochés du pôle puissent avec le temps obtenir un teint plus clair ; nous comprendrons que l'habitation des montagnes et les efforts qu'exige la progression sur un terrain inégal aient doué les Basques de jambes musculeuses et agiles. Une nourriture abondante produit à la longue des hommes grands et forts comme ceux du nord de l'Europe ; un air vif et une respiration active ont donné aux Russes, aux Écossais, aux Suédois, la vaste poitrine qui les caractérise ; tandis que les miasmes des marais et les engorgements abdominaux qui en sont la suite produisent les gros ventres, les poitrines étroites et les constitutions maladives des populations qui vivent dans les contrées basses et humides.

Nul doute qu'on ne puisse, en analysant minutieusement les conditions d'existence et les habitudes des indigènes de chaque contrée, dire pourquoi ils diffèrent des peuples voisins ; la même analyse dirait les causes des mœurs et même des aptitudes intellectuelles ; car, si l'anatomie n'a pu constater les changements produits dans le cerveau par certaine habitude de l'intelligence, les faits nous montrent que ce changement est incontestable, puisqu'il peut se transmettre par la génération. Si le fils d'un aliéné tend à l'aliénation mentale, c'est que son cerveau a subi une partie de l'altération produite accidentellement dans le cerveau du père. Si le chien d'arrêt transmet à son petit la tendance à arrêter, qui est évidemment le résultat de l'éducation, il faut que l'habitude de l'arrêt laisse quelque trace dans le cerveau, car il est bien plus naturel pour un chien de courir après le gibier : il en est de même de la tendance à rapporter et des mœurs artificielles de certains animaux domestiques.

Une fois que les modifications cérébrales créées par la répétition de certains actes intellectuels est admise, comme les modifications qu'un exercice répété produit dans l'appareil musculaire, on sait pourquoi certaines familles présentent à un haut degré des aptitudes intellectuelles déterminées ; pourquoi il est des familles de peintres, de musiciens, d'hommes d'État, de chasseurs, de laboureurs, de soldats. Faute de croisements, les aptitudes intellectuelles inhérentes à la race juive se sont maintenues fort longtemps ; au moyen âge les dispositions belliqueuses de la féodalité se maintenaient par la même cause ; maintenant encore la fierté et l'instinct de domination des Turcs contraste, en Asie, avec l'humilité des gens qu'ils oppriment, et avec lesquels ils dédaignent de s'allier.

L'éducation en développant certaines habitudes avantageuses, la génération en les transmettant d'une race à une autre peuvent donc, en s'alliant, perfectionner l'espèce humaine dans des limites que l'expérience seule pourra

mesurer ; par malheur, la science de l'éducation n'existe
pas : jusqu'ici elle a plus contribué à altérer les races qu'à
les maintenir, témoin l'espèce de dégénérescence physique
des peuples civilisés, témoin les mille maladies qui les dé-
solent, et qui, elles aussi, se transmettent du père au fils,
sinon comme fait certain, du moins comme prédisposi-
tion.

Résumé des fonctions.

En traçant à grands traits l'histoire du corps humain,
notre but a été d'habituer l'esprit du lecteur à se rapprocher des actes naturels, à bien comprendre ce qu'est la matière organisée, à embrasser la vie et à la considérer comme
constituée par l'ensemble des fonctions. Ces dernières ont
été décrites, autant que possible, en maintenant leurs liens
et en respectant leur solidarité ; cependant, comme elles ont
demandé une description assez étendue, et que l'œil ne peut
embrasser l'ensemble de cette vaste surface, il est utile d'en
restreindre les proportions dans un résumé.

Deux fonctions principales, l'innervation et la circulation, embrassent la vie de l'animal : elles entrent pour
quelque chose dans toutes les autres fonctions ; sans le
système nerveux, on ne trouve nulle part la sensibilité et
le mouvement ; sans le système circulatoire, il n'existe ni
nutrition, ni production de chaleur, ni activité ; les nerfs
sont frappés de paralysie si le sang ne vient les stimuler ;
le cœur ne bat plus, et la circulation s'arrête, quand les
centres nerveux sont détruits. Nerfs et vaisseaux embrassent
l'organisme entier ; c'est un double cercle dont les ruptures
sont solidaires et entraînent la cessation de la vie. Un anévrisme de l'aorte, quand il vient à s'ouvrir, l'ablation de

la tête et une lésion considérable des centres nerveux produisent le même effet : par la rupture de l'anévrisme le cerveau cesse de fonctionner ; par la lésion profonde du cerveau la circulation s'arrête : dans les deux cas la mort est presque instantanée.

Or, le cerveau, ainsi que la motilité et la sensibilité qui en dépendent, étant considéré comme représentant la vie de relation, au contraire le centre circulatoire, ainsi que la nutrition, l'absorption, la sécrétion, la respiration et la reproduction qui en sont le résultat étant considéré comme représentant la vie organique, nous sommes en présence de la dualité humaine, que nous retrouverons dans l'âme comme nous l'avons trouvée dans le corps. De ces deux portions d'existence, celle qui dépend de la circulation nous est commune avec le végétal, qui, lui aussi, a une nutrition, une absorption, des sécrétions et même une respiration ; l'autre appartient exclusivement à l'animal. Mais pour allier la sensibilité et la motilité à la circulation ; pour faire mouvoir le sang au moyen des muscles et des nerfs ; pour allier la continuité des fonctions végétatives avec l'intermittence et l'irrégularité des fonctions de relation, pour rattacher la sensibilité et la motilité aux fonctions organiques, un intermédiaire, un diminutif du système nerveux était nécessaire ; il fallait l'intervention du grand sympathique : grâce à lui, l'estomac a pu formuler la faim, et appeler pour la satisfaire le concours des muscles et des organes des sens ; le poumon a pu aspirer et choisir l'air qui lui est indispensable ; l'appareil sexuel a pu solliciter le concours d'un autre appareil sexuel pour procéder à la reproduction, comme le cerveau, en commandant des contractions musculaires énergiques et rapides, accélère les mouvements du cœur et toutes les fonctions qui s'y rattachent.

Après avoir établi les rapports des deux systèmes nerveux, si nous cherchons l'agent de ces rapports, nous trouvons, par voie d'exclusion, un fluide impondérable, analogue mais nullement identique à l'électricité et agissant avec la rapidité de l'éclair.

Ses voies de communication sont les nerfs ou les tubes nerveux, qu'il ne parcourt jamais que dans un sens : de là la nécessité de deux ordres de nerfs, les uns centripètes, les autres centrifuges ; de là aussi la nécessité d'une communication de ces nerfs par leur extrémité pour qu'il y ait courant nerveux. Toute modification du courant nerveux produit une *impression* qui porte le nom de *sensation* quand elle est produite par un agent venu du dehors, et qui se nomme *instinct* si elle est produite par un agent intérieur : les instincts et les sensations résument la sensibilité. Tout porte à croire que dans le grand sympathique il y a aussi des courants nerveux centripètes ; mais ils ne donnent lieu à aucun fait de sensibilité ; celle-ci est complétement détruite avec le système cérébro-rachidien et lui appartient exclusivement.

Le cerveau possède cinq voies de communication avec le monde extérieur ; ce sont les cinq sens, et, de plus, le système musculaire, qui lui donne les moyens de réagir à son tour, d'éloigner ou de rapprocher son exploration, de s'approprier les choses utiles à l'organisme, de repousser ou de briser celles qui sont nuisibles. Avec les sens apparaissent des moyens divers d'explorer la matière et d'en reconnaître les attributs ; par le tact sont acquises au cerveau les qualités ou attributs température, dimensions, figure; les saveurs se manifestent par le goût, les odeurs par l'odorat, les couleurs et les images par la vue, les sons par l'ouïe. En dehors des sens il ne peut nous venir aucune notion concernant les corps, et nous sommes tentés d'en limiter les attributs, bien qu'un sens nouveau puisse, peut-être, nous révéler d'autres propriétés. Mais ce sens n'existe pas, et l'intelligence humaine est forcément limitée dans son essor. L'étude des sensations, de leurs modifications et combinaisons dans le cerveau nous dira prochainement quel vaste champ est ouvert à l'intelligence.

L'étude des instincts, au contraire, ne concerne que très-indirectement le monde extérieur : elle résume le monde intérieur, ce que l'on est convenu d'appeler le cœur humain ; elle doit mettre au jour les mille tendances, les mille impulsions qui dirigent l'humanité, qui l'enferment en un réseau de besoins et de passions, dont le tissu serré, élastique, peut céder sous l'effort de la volonté, mais ne se rompt jamais qu'avec la mort. C'est la portion de l'âme jusqu'ici la moins connue, et celle qui doit attirer nos principaux efforts d'exploration.

LIVRE TROISIÈME.

CHAPITRE PREMIER.

Ame humaine.

Le cerveau, aidé de la moelle et des nerfs, représente la centralisation générale du système nerveux : en lui viennent retentir les impressions parties du pied, de la main, de la tête, des viscères ; il est le lien qui unit le corps et les membres, et les fait concourir à un acte commun ; il sait où l'organisme commence et où il finit ; il le sépare du monde extérieur ; il est l'aboutissant des sensations et des instincts ; il crée l'individu, il est l'origine du *moi*.

Supposons les diverses portions du cerveau disséminées dans le corps humain de telle façon que les impressions venues des extrémités inférieures ne puissent dépasser le bassin, que les impressions de lumière restent dans les yeux, et les impressions de son restent dans les oreilles : il est manifeste que chaque appareil, n'ayant plus un régulateur destiné à le faire concourir à la vie, agira au hasard ; il existera une collection d'organes, mais non plus un organisme ; il y aura une collection de fonctions, mais non plus une fonction générale ; il n'y aura plus de centre sensitif, plus de moi en un mot.

Quelque chose d'analogue se manifeste pour certaines fonctions dites végétatives qui, soumises aux ganglions du grand sympathique, ne se rattachent que par de minces filets nerveux à l'agent central de l'innervation : les fonctions de circulation, de nutrition et d'absorption, sont placées en dehors du moi. Une autre portion de la vie comprend la grande série d'impressions nerveuses qui mettent le moi en communication avec le monde extérieur sous le nom de sensations, et avec lui-même sous le nom d'instincts : cette seconde portion de la vie est l'âme, dont la définition sera *ce qu'il y a d'intellectuel et d'affectif dans l'être animé :* au côté intellectuel appartient la sensation, au côté affectif appartient l'instinct.

Ame intellectuelle.

Elle est désignée sous le nom d'intelligence ou d'entendement : son agent principal est la sensation, qui, élaborée par les centres nerveux, par le moi, doit nous donner la clef de toutes les opérations intellectuelles.

On connaît déjà le mécanisme de la sensation : transmise au cerveau par les courants nerveux, elle peut être obscurcie, effacée par une sensation plus forte, et ne pas affecter le moi ; dans ce cas, elle reste sensation : au contraire, quand elle domine le moi, elle devient une représentation des corps extérieurs, elle devient une image, une *forme* (εἶδος), elle devient *idée*.

De l'idée en général.

En se rappelant ce qui a été dit des sens, dont la struc-

ture varie de manière à s'adapter à l'exploration des solides (tact), des liquides (goût), des gaz (odorat), des fluides
impondérables (vision), et des vibrations aériennes (ouïe).
En rapprochant ceci du nombre infini de corps que renferme la nature, on est effrayé du nombre des idées : par
elles, des millions d'êtres peuvent avoir dans le cerveau
une représentation qui prend le nom d'idée *sensible* ou
concrète. Mais chacun de ces êtres n'agit pas sur un seul
sens. Un bloc de cristal, par exemple, après avoir effleuré
la main, peut, par ses émanations, affecter l'odorat, puis
frapper les yeux par les rayons lumineux qu'il reflète ; de
sorte que l'être cristal peut à la fois être chaud, odorant,
coloré : l'idée de cristal comprend des qualités, propriétés
ou attributs désignés sous le nom générique de *modes*. Les
modes, à leur tour, ne sont pas variés à l'infini ; ils ne sont
pas particuliers à tel ou tel corps, à tel ou tel être ; chacun
d'eux se retrouve dans une multitude de corps qui sont
chauds, colorés, sapides, etc. L'entendement humain
séparant les modes des êtres, en a fait des idées qui, par
opposition aux idées concrètes, ont pris le nom d'idées
abstraites (abs trahere).

Idées concrètes. Il a été dit comment elles ne peuvent
concerner que des êtres sensibles, autrement dit une portion quelconque de la matière. Jamais elles ne séparent le
mode de l'être ; aussi sont-elles toujours la manifestation
d'une *substance*, de ce qui existe par soi. Le substantif
cristal, par exemple, rappelle à l'entendement un corps
doué de propriétés diverses, mais qui existe par lui-même :
autant on peut en dire des mots homme, chien, pierre,
bois, or, argent, enfin de ces milliers de corps inorgani-

ques ou organisés classés par les sciences naturelles ou produits par les arts mécaniques ; seulement il faut établir de grandes distinctions entre des idées concrètes : les unes ne concernent qu'un être spécial, qu'un individu ; elles sont représentées par le *nom propre*, et constituent une idée *particulière* : les autres, au contraire, concernent une multitude d'individus, et sont représentées par le nom *commun*, qui devient le signe d'une *idée générale* : le nom de Pierre appliqué à mon voisin représente une *idée particulière ;* le nom de Français, d'Autrichien représente une *idée générale.*

Si l'on considère que chaque corps en agissant sur les sens ne peut donner lieu qu'à une idée particulière, il est curieux d'examiner comment se forme l'idée générale. Supposons un enfant auquel on montre un cheval, en même temps qu'on lui dit le nom de cet animal ; d'abord il croit voir le même individu dans tous les chevaux qui passent, et répète l'expression qu'on lui a apprise ; il pourra même le répéter devant un bœuf dont son œil peu exercé méconnaîtra les dissemblances. Jusqu'ici il n'a à sa disposition qu'un nom propre et qu'une idée particulière : bientôt cependant il doit remarquer que le signe représentatif qu'il appliquait à un seul individu peut s'appliquer à plusieurs, surtout s'il les voit réunis : le mot cheval, qui dans le principe ne désignait qu'un animal, va en désigner plusieurs, puis un nombre infini ; la généralisation se sera opérée naturellement, mécaniquement, pour ainsi dire. En serait-il de même si l'enfant n'avait pu représenter le cheval par un signe ? après avoir vu l'un de ces animaux, il en verrait un second, puis un troisième, deux ensemble peut-être ; il s'apercevrait qu'ils se ressemblent tout en n'étant pas le même être ; mais, manquant des moyens de faire un tout de cette collection d'individus, il n'aurait jamais qu'une série d'idées individuelles. Les animaux sont dans ce cas ; pour eux il existe assurément des individus en plus ou moins grand nombre, mais il ne saurait exister ni genre ni espèce.

Voilà une opinion qui paraîtra étrange ; mais ce n'est pas sans de longues réflexions qu'elle est émise ; et si nous insistons sur elle, si nous cherchons à la faire passer dans l'esprit du lecteur, c'est que cette puissance du signe, comme moyen de généraliser, doit nous expliquer, par la suite, une bonne partie de la supériorité humaine. Voici un autre exemple tiré de la botanique. Montrez à un paysan le fourrage que sa faux vient d'abattre, et demandez-lui ce que c'est ; il vous répondra : *C'est de l'herbe ;* son entendement possède comme moyen de généraliser le mot *herbe*, il s'en sert ; mais, manquant des signes qui caractérisent d'autres degrés de généralisation, il ne peut aller au delà. Il n'en sera pas de même de celui qui se livre à la botanique. Dans cette herbe il va trouver plusieurs *familles* de plantes, comme des *graminées*, des *synanthérées*, des *légumineuses*, etc. ; dans les *graminées*, plusieurs *genres*, entre autres l'*ivraie*, l'*avoine*, le *poa*, le *bromus*, etc. ; dans les *synanthérées*, plusieurs genres encore, comme les *pâquerettes*, les *centaurées*, les *marguerites*, les *bluets*. Enfin, dans les *légumineuses*, il y aura des *trèfles* et du *sainfoin*. Après cette généralisation préalable, le botaniste, dans chaque genre, reconnaîtra des espèces ; dans chaque espèce une multitude d'organes, comme des feuilles, des fleurs, des racines, des écorces, des vaisseaux, des étamines ; si bien que l'intelligence, guidée par l'expression, par le signe, par la science, en arrive à se créer une foule d'idées générales. Nous défions qui que ce soit de généraliser sans appeler le signe à son secours. L'étude de toute science commence par le *mot*, par le *terme*, par l'*expression* ; et toute science, sous peine de ne pas exister, est obligée de créer un *signe* pour l'idée concrète ou autre qu'il lui faut généraliser.

Idées abstraites. — Comme représentation des manières d'être, des modes inhérents à la substance, l'idée abstraite, l'abstraction n'a aucune existence par elle-même. Elle ne sert qu'à généraliser, à rapprocher momentanément les qualités ou attributs d'une foule de corps. Telles sont les idées représentées par les mots *couleur*, *saveur*, *beauté*, *sagesse*, etc. Toutes ces expressions sont des substantifs, et cependant elles ne représentent ni des substances ni des entités ; car il n'existe en réalité ni sagesse, ni beauté, ni saveur, ni couleur, mais simplement des corps ou des êtres sages, beaux, sapides et colorés.

Nous avons dit, autre part, que toute idée supposait une impression des corps sur les sens, une sensation perçue par le cerveau : or, si la sensation n'appartient qu'à la matière, les deux mots idée et abstraction semblent s'exclure ; il ne saurait y avoir d'*idées abstraites*.

Il est difficile, en effet, de comprendre tout d'abord comment les modes peuvent agir sur les sens, devenir l'origine d'une sensation, puis d'une idée ; mais en y regardant de près, on découvre bien vite par quel artifice l'espèce humaine a donné un corps aux abstractions, comment elle leur a fourni les moyens d'agir sur les sens, de devenir une idée. Cet artifice est le signe, la parole, l'écriture ; il donne à l'homme les moyens de multiplier les êtres à l'infini, c'est le feu sacré dérobé au ciel par Prométhée.

Représenter un mode par un signe, lui donner un nom, c'est le matérialiser, c'est en faire un être, une entité. Veut-on des exemples? ils ne manquent pas. Citons les fées, les sylvains, les driades, les génies, les êtres fantastiques, qui, au dire des esprits crédules, peuplent la terre, les eaux, les forêts ; citons Croquemitaine, cette terreur de l'enfance : supprimez le mot, le signe, les moyens de manifestation aux sens, la cause de l'idée, il ne reste rien, c'est le *néant*. Mais avec ce mot lui-même on fait une *réalité* de l'*inanité* ; on donne une existence à ce qu'on prétend ne pas exister ; on *substantive* l'absence de *substance*. Autant on en peut dire des mots *rien*, *négation*, *absence*, etc. Le signe a fait mieux encore, il a constitué avec les mathématiques des quantités négatives, des êtres qui non-seulement n'existent pas, mais encore qui neutralisent ceux qui existent ; tel est le signe —, par exemple.

Ces anomalies sont saisissantes ; elles expliquent bien des disputes philosophiques ; elles nous disent pourquoi depuis quatre mille ans les *mots* ont remplacé les *choses* ; elles nous disent l'origine du paganisme et en même temps du spiritualisme. Les dieux d'Homère ne sont qu'une abstraction, qu'un mythe ; l'un représente la *force*, l'autre la *beauté*, un troisième la *sagesse*, un quatrième la *guerre*, etc. On voit, autre part, Descartes chercher un critérium de certitude dans l'*infini*, autrement dit dans ce qui n'existe pas. Qui donc, en effet, a vu, touché ou senti l'infini? Qui a pu le définir, sinon négativement? Dire qu'il est ce qui n'a ni commencement ni fin, c'est dire ce qu'il n'est pas et non ce qu'il est ; c'est imiter ce naturaliste qui, pour décrire une plante nouvelle, se contenterait d'affirmer qu'elle n'est ni un chardon ni un camélia. L'*infini*, comme l'*espace*, comme tout ce qui n'est pas un corps accessible aux sens, ou son attribut, ne peut être défini *positivement* : l'espace est la même chose que le *vide*, que ce qui n'est pas matière ; c'est le *néant*, c'est le *rien*. Qu'on pardonne cette insistance ; elle vient de la certitude que mille disputes, mille causes d'erreurs peuvent être évitées par l'étude de l'idée abstraite : toujours celle-ci est un moyen de généralisation, mais à divers degrés cependant. Prenons pour exemple les attributs qui concernent les sens de la vue : nous avons l'idée abstraite du *rouge*, qui s'applique à tous les corps ainsi colorés, puis l'abstraction du *bleu*, du *vert*, du *jaune* ; toutes se résument dans une abstraction plus générale encore, dans la couleur. Celle-ci offre en outre ce caractère particulier, qu'elle représente l'impression produite par les corps sur le sens de la vue. Si bien que l'aveugle de naissance auquel on fait entendre le mot bleu peut en avoir une idée abstraite, comme nous avons l'idée de l'infini ; mais il ne saurait en avoir *connaissance* comme si sa vue avait été frappée par un corps coloré en bleu. Voilà donc un premier degré d'abstraction qui s'applique aux diverses impressions que chaque corps fait éprouver à nos sens. Il y aura des multitudes d'abstractions qui concerneront la température, la forme, la pesanteur, la saveur, l'odeur, la couleur et le son. Ce sera des abstractions, parce que l'intelligence les séparera du corps qui les produits ; ce sera une portion de l'idée concrète, qui toujours implique la substance.

Il est un autre ordre d'idées abstraites qui ne concernent plus les propriétés des corps accessibles aux sens, mais simplement des qualités conventionnelles, des actes divers. Prenons pour exemple les mots de *vice* et de *vertu*. Les idées qu'ils expriment ne se rattachent à aucun corps en particulier; ils ne peuvent s'appliquer qu'à l'espèce humaine; encore ce qui est vice ou vertu chez un peuple ne l'est pas chez un autre. Dans la nature, il n'y a pas de vertus; il n'en existe même pas chez certaines peuplades sauvages, qui, dans leur conduite, suivent l'impulsion de leurs organes; cependant, un signe de convention ayant été appliqué parmi nous à des actes de l'espèce humaine, il a fait de ces actes un être particulier, ayant des lois et une influence manifeste sur la civilisation. Il existe de la sorte une foule d'expressions destinées à représenter, à généraliser des actes spéciaux. Le mot *adultère*, par exemple, exprime non-seulement des relations coupables, mais encore des relations avec une personne mariée. Or, l'acte en lui-même n'a rien de spécial, et le mot adultère est sans signification hors du mariage; il ne saurait se rencontrer chez les peuples où la promiscuité des sexes serait admise. Mais qu'on fasse comprendre à ces peuples ce qu'est le *mariage*, ils comprendront bien vite ce qu'est l'adultère. Chez eux comme chez nous, il sera non-seulement un acte accompli dans des conditions particulières, mais encore un être général et abstrait. Il est de même une foule d'abstractions qui concernent, non pas les qualités des corps accessibles aux sens, mais simplement des actes; les mots *guerre*, *plantation*, *navigation*, *rédaction*, *pensée*, *abstraction*, etc., sont dans ce cas. Au moyen du signe, ils substantivent des actes, et en font à la fois une idée générale et abstraite, qui pourra avoir à son tour des attributs abstraits. On dit les *horreurs* de la *guerre*, les *dangers* de la *navigation*.

Grâce au signe, l'intelligence humaine n'a pas seulement donné une existence comme substantifs aux modes et aux actes des êtres, elle est allée plus loin, elle a créé de toutes pièces des individualités, une sorte de monde abstrait et conventionnel, qui, cependant, conserve certaines analogies avec le monde sensible extérieur. Telles sont les créations mathématiques. Elles prennent deux des principaux attributs de la matière qui affectent à la fois l'appareil du tact et celui de la vue : c'est le *nombre*, puis la *figure ;* elles les représentent par des signes distincts qui portent avec eux des attributs spéciaux , et servent à combiner les nombres entre eux, les figures entre elles, puis les nombres avec les figures. Quand, par exemple, on remplace par les signes 1, 2, 3, 4 des personnes absentes, quand par ces signes on les nombre et on les compte, quand on établit les divers rapports numériques qu'elles peuvent avoir entre elles, sans que leur présence vienne aider ces recherches , il est certain qu'on fait une abstraction qui ne concerne plus les *modes* ou les *actes*, mais les *corps* eux-mêmes; de plus, les signes ainsi posés étant conventionnels, et ayant à nos yeux une valeur fixe et absolue, donnent lieu à des résultats toujours les mêmes, et toujours fixes et absolus. Par exemple , 2 × 2 donne 4 pour produit , par cette raison toute simple que 4 est le double de 2, d'après les lois conventionnelles du système de numération. Cette abstraction appliquée à l'humanité démontre que 4 hommes sont le double de 2, ou qu'on ne peut ajouter deux hommes à deux autres sans que 4 se trouvent réunis.

Ce que le signe fait pour le nombre, il le fait, au moyen des lignes droites et courbes, pour la figure qu'il sépare de la matière. Dire, par exemple, que la ligne est un signe sans largeur ni épaisseur marquant le plus court chemin d'un point à un autre, dire que la perpendiculaire est une ligne qui en rencontre une autre en formant deux angles égaux, enfin nommer *droits* les angles placés de chaque côté d'une perpendiculaire, c'est affirmer que tous les angles droits sont égaux. Cette égalité, comme on le voit, ressort de la définition même de la ligne perpendiculaire et de la formation des angles. Autant on peut en dire des propositions géométriques qui ressortent de l'existence même du triangle, de la circonférence, de l'hexagone, de l'ellipse, de la sphère, etc.; et de même que l'addition, la soustraction, la multiplication et la division, qui font la base de l'arithmétique, ressortent directement du signe et du système de numération, de même les propositions géométriques tirent leur démonstration des qualités attribuées aux figures qu'on nomme angle, triangle, circonférence, parallélipipède. La plupart de ces propositions sont dérivées l'une de l'autre; mais elles ont exigé pour leur découverte et leur démonstration un esprit très-sagace et une grande force d'abstraction. Supprimez en esprit le chiffre et la ligne, il n'y a plus d'arithmétique ni de géométrie; on ne saurait calculer des nombres ou mesurer des angles quand ils n'existent pas, quand ils ne peuvent se manifester au cerveau, quand ils ne peuvent être idée.

Ces notions abstraites et mathématiques nommées axiomes, telles que 2×2 donne 4 pour produit, ou bien les angles droits sont égaux, ont été considérées comme des *idées innées*, comme un *dérivé direct de la raison* : on ne veut pas voir que ces prétendues idées innées tiennent à la nature même du signe représentatif. Dire que le bien ne saurait être le mal, que l'espace est infini, que l'unité est la moitié de la dualité, ce n'est pas faire acte de raison, c'est exprimer simplement le résultat de la définition des signes bien, mal, espace, infini, un, deux, etc.

Supposons un homme privé en naissant du tact et de la vue ; il ne pourra avoir aucune notion des figures de géométrie, ni des axiomes qui s'y rattachent, bien que, par le sens de l'ouïe, il puisse avoir une idée confuse de la ligne et de la circonférence : que deviennent alors, chez lui, les idées innées qui se rattachent à la géométrie? Elles n'existent pas.

Les sciences mathématiques, si elles ont les moyens d'abstraire les corps, peuvent à plus forte raison abstraire leurs qualités ou attributs. Elles calculent l'*espace* que peuvent occuper des moellons; elles calculent leur *poids,* leur *figure,* leur *résistance* à l'écrasement. Elles sont allées bien plus loin encore dans cette voie; elles sont parvenues à abstraire jusqu'aux chiffres, jusqu'aux figures de géométrie par le signe *algébrique.* L'esprit se perd en présence de ces immenses créations humaines. Mais n'oublions pas que toutes ces idées n'ont pu être acquises que par la forme physique, que par le signe ; ceci nous aidera à séparer toujours la substance de l'abstraction ; ce sera le fil qui nous guidera dans le labyrinthe de l'entendement.

Tels sont les différents ordres d'idées qui peuvent en outre être *claires* ou *obscures,* *distinctes* ou *confuses, singulières* ou *multiples, absolues* ou *relatives, particulières* ou *universelles,* etc. Une définition et une étude de ces diverses qualifications, applicables aux idées comme à la plupart des impressions cérébrales et à la plupart des corps que renferment la nature, serait un travail aussi ingrat qu'inutile.

De l'idée en particulier.

Il est bon de rappeler ici que la *sensation*, pour devenir *idée*, c'est-à-dire pour revêtir une forme et devenir la représentation du corps extérieur d'où elle émane, doit envahir la masse du cerveau et arriver en *moi*. Il en résulte que le nombre des idées simples est égal à celui des sensations, mais ne peut les dépasser; il en résulte encore que la nomenclature des sensations est la meilleure nomenclature des idées, et que, pour étudier ces dernières, il suffit de suivre la voie tracée par l'étude des sens.

Idées de tact. — Elles sont variables; mais celles qui appartiennent exclusivement au tact concernent la température, parce que les papilles répandues à la surface de la peau peuvent seules recueillir à distance, ou par le contact immédiat, le rayonnement calorifique; seules elles peuvent donner à l'intelligence les idées de chaleur et de froid.

Il ne faut pas confondre le mot de chaleur, qui exprime une idée abstraite, un mode de la matière, avec le mot calorique, qui représente une substance spéciale, un fluide impondérable réparti dans tous les corps en quantité inégale. La chaleur n'est qu'une idée variable, non-seulement avec la quantité de calorique qui rayonne d'un corps, mais variable avec l'état de la peau elle-même. Le froid représente non la quantité absolue, mais la quantité relative de calorique soustrait à l'organisme; et la preuve, c'est qu'un corps à la température de $+ 10°$ peut paraître chaud à la main qui sort de la neige; au contraire, il peut paraître froid à la main qui garde la température ordinaire du corps humain. Le froid et le chaud n'ont donc rien d'absolu par eux-mêmes; ils n'expriment qu'une idée relative. Cependant ils sont un moyen puissant de rapport entre l'organisme et le monde extérieur; ils sont un avertissement incessant pour le moi, et un préservatif contre une foule de dangers.

Il est douteux que les animaux à sang froid, dont le corps se met en harmonie avec le milieu dans lequel il plonge, aient des sensations de chaleur ou de froid bien distinctes; mais l'homme, dont le corps ne peut élever ni abaisser sa température de quelques degrés sans menace de mort, ne se trouve pas dans le même cas; sa peau, dénudée de tous les organes isolants, comme les poils ou les plumes, lui fait apprécier les moindres changements de température. Grâce à cette appréciation, il possède vis-à-vis d'une foule de corps très-subtils et sans résistance, comme l'air atmosphérique, un moyen d'exploration très-étendu; *le froid et le chaud* lui sont, dans des variations peu considérables, un plaisir ou une douleur, et le mettent dans l'obligation continuelle de rechercher l'un et de combattre l'autre. Or, comme l'espèce humaine habite presque toutes les latitudes du globe, depuis l'équateur jusqu'au cercle polaire, le tact, par les impressions qu'il apporte au cerveau, doit varier beaucoup et les mœurs et la manière de vivre.

En mille circonstances, un changement de température est pour l'espèce humaine un moyen de prévision; il dit au marin la tempête qui s'approche, au cultivateur la gelée qui doit détruire ses espérances, au militaire la venue prochaine du vent du désert. Que de fois un courant d'air chaud ou froid est venu apprendre au prisonnier que son cachot avait une issue!

Grâce à l'appréciation de la température, l'espèce humaine a pu sans danger pour la vie ou la santé introduire le feu dans sa demeure, et se trouver constamment dans les arts en contact avec des métaux incandescents, sans s'exposer à des cautérisations mortelles. De même elle a pu employer l'eau et même la glace à mille usages.

Nous ne finirions pas d'énumérer les circonstances où l'appréciation du chaud et du froid est utile, sinon indispensable au maintien de la vie et, à plus forte raison, aux mille fonctions dont elle se compose : mais cette double sensation ne résume pas le tact : il est encore, conjointement avec la vue, l'origine des idées de figure et de dimension. La main, dans ce cas, est le principal agent d'exploration : elle parvient, par la disposition des doigts, à reconnaître non-seulement la figure des corps, mais encore leur étendue : en se promenant sur une surface elle en reconnaît le poli ou les aspérités, elle en apprécie les courbures ; de sorte qu'un aveugle peut avec la main comme avec les yeux apprécier les qualités des étoffes, la matière première qui entre dans leur composition, leur mode de tissage, leur préparation, et, dit-on, jusqu'à leur couleur. Il faut encore rapporter au tact les idées de dureté ou de mollesse. Quant aux idées de résistance et surtout de pesanteur, elles demandent l'intervention de l'appareil musculaire (1). En voyant une pomme se détacher d'un arbre, Newton entrevit les lois de l'attraction ; mais si sa main n'avait été chargée, antérieurement, de différents

____

(1) Les mots de dureté et de mollesse, de résistance et de pesanteur doivent être pris non dans leur sens abstrait, mais comme synonymes de corps durs, mous, résistants, pesants, etc. Nous savons que l'idée abstraite ne peut se produire qu'à l'aide du signe.

objets qui, avec une inégale intensité, tendaient à l'abaisser, jamais il n'aurait mesuré l'inégalité d'attraction qui constitue le poids des différents corps, jamais il n'aurait conçu l'idée de pesanteur.

Ces idées de froid et de chaud, de sec et d'humide, de poli et de rude, de grand et de petit, d'aigu et d'obtus, de plan et d'inégal, de sphérique, de triangulaire, de dur, de mou, de pesant, de léger, etc., peuvent toutes nous venir du tact, et en font l'un des agents les plus puissants du développement intellectuel de la race humaine : à certains égards, le tact peut remplacer l'organe de la vue, exposé par sa délicatesse à mille accidents.

Il peut même remplacer l'appareil de l'ouïe, et servir de moyen de communication aux idées : seul il peut recevoir à la fois des impressions des solides, des liquides, des gaz et des fluides impondérables, seul il peut s'adapter à toutes les formes de la matière ; c'est un résumé de tous les autres sens ; et si la perfectibilité humaine fait espérer des modifications organiques qui étendront nos moyens d'exploration sur le monde extérieur, il est probable que ces perfectionnements se feront dans l'appareil du tact. Son immense surface et sa diffusion dans la peau et les membranes muqueuses lui permettent de s'allier à plusieurs autres fonctions et de veiller à leur intégrité ; il est le guide de la digestion, de la locomotion, et de la génération : il préserve du contact des corps vulnérants le nez, la langue, l'œil et l'oreille ; en s'associant à leurs fonctions, il les complète et leur donne une plus grande précision ; enfin il est une des mines les plus riches des idées de l'humanité.

Idées de goût. — Leur principal objet est de fournir des

renseignements aux fonctions digestives et de diriger la faim ; aussi leur influence sur l'intelligence est-elle médiocre. Du moment où l'appareil du goût ne reçoit d'impressions que des liquides, il demande un contact immédiat, et pour devenir l'origine d'idées concrètes, il veut que la langue s'applique sur les objets qu'elle doit déguster : outre les difficultés que présente ce mode d'exploration, et ce qu'il a souvent de répugnant, il ne peut se varier beaucoup ni avoir d'importance, sauf le cas où l'exploration porte sur les matières alimentaires.

Plus tard on verra, en étudiant l'âme affective, les relations que les instincts digestifs entretiennent avec le sens du goût ; quant à présent, nous n'avons à explorer les saveurs qu'au point de vue intellectuel. Or, il est manifeste qu'elles représentent des qualités spéciales, accessibles à l'intelligence par le seul sens du goût, et qu'avec la paralysie congéniale de l'appareil gustatif, nul ne pourrait avoir connaissance des saveurs, ni les rattacher à une idée concrète.

Il pourrait, avec les expressions salé, poivré, aromatique, acide, sucré, etc., avoir des idées abstraites qu'il rattacherait à d'autres sensations, du tact et de l'odorat ; mais avec les descriptions les plus exactes, il ne saurait se figurer la saveur du sucre ; peut-être la croirait-il analogue à ce que produit le contact du velours ou les émanations d'une tubéreuse, comme l'aveugle de naissance qui, après avoir écouté la description de la couleur rouge, la croyait pareille au son de la trompette.

Faute d'une classification exacte des saveurs, faute de pouvoir mesurer leur influence sur le cerveau, nous ne saurions insister avec fruit sur leur description. Si parfois le naturaliste appose l'extrémité de sa langue sur un débris de plante, de coquillage ou de minéral, ce n'est pas que les saveurs reconnues puissent lui être fort utiles : c'est qu'il cherche un caractère d'une valeur très-secondaire à ajouter à d'autres caractères plus importants, pour établir une description complète.

Idées d'odorat.—Ainsi que les saveurs, elles ne représentent qu'une *forme* de la matière, que l'une de ses qualités : mais comme elles proviennent d'émanations très-subtiles contenues dans les gaz, et entre autres dans l'air atmosphérique qui leur sert de véhicule, comme la respiration, par sa persistance, tend à toujours faire passer à travers les fosses nasales de nouvelles quantités d'air, les odeurs sont un moyen de relation bien plus étendu que les saveurs. Ainsi que ces dernières, elles ont quelque chose de spécial, et signalent à l'intelligence des qualités dont nul ne peut avoir *l'idée* s'il est privé d'odorat dès la naissance.

Non seulement les odeurs sont utiles aux fonctions respiratoires, mais elles entretiennent encore des relations avec d'autres appareils ; témoin celui de la digestion. Elles prêtent leur appui à quelques sentiments, entre autres à ceux qui viennent de l'appareil générateur ; elles sont un moyen général d'exploration pour l'intelligence.

Par le nombre infini des odeurs, on peut comprendre le grand nombre de corps dont elles peuvent déceler la présence ; mais l'être humain, mal doué du côté de l'appareil de l'olfaction, ne perçoit que les odeurs les plus pénétrantes, méconnaît leurs nuances, les classe mal dans sa mémoire, enfin n'en tire qu'un très-faible parti.

Pour montrer ce qu'un peu plus ou un peu moins de subtilité dans certains sens ajoute à l'intelligence humaine, supposons chez un homme la finesse d'odorat que nous remarquons chez le chien, et voyons les conséquences. D'abord le savant ainsi doué pourra bien mieux qu'avec les réactifs les plus sensibles reconnaître et les moindres altérations de l'air respirable, et les gaz qui produisent ces altérations : quelques atomes d'acide sulfhydrique ne sauront lui échapper ; il mesurera des quantités minimes d'acide carbonique ou d'oxyde de carbone et d'autres gaz qui, pour nous, sont à peu près dépourvus d'odeurs.

Quelles sophistications alimentaires pourront lui échapper? quel poison pourra lui être administré, sans qu'il n'en décèle à l'instant les moindres parcelles?

De nuit comme de jour il connaîtra à l'avance l'approche de son ennemi, il saura retrouver partout sa trace, le suivre dans l'ombre, éclairer toutes ses démarches; il reconnaîtra au milieu de mille l'arme ou l'objet qui lui appartient; il saura dans quelle demeure il a accès; il distinguera ses lettres et ses messages.

Cette inquisition ira plus loin encore : nulle infirmité ne sera secrète; et si, comme on doit le supposer, nos diverses passions se traduisent par certaines émanations de notre corps, un odorat subtil peut aller fouiller dans le cœur et en retirer les sentiments les mieux cachés. C'est ainsi que le chien a la divination de la colère de son maître quand elle se voile de feintes caresses; c'est ainsi qu'il attaque résolûment l'homme qui suinte les *émanations* de la peur, et qu'il fuit celui dans lequel il reconnaît l'*odeur* du courage.

En poursuivant notre hypothèse, nous attribuons à l'amant les moyens de reconnaître, malgré les déguisements de la coquetterie, l'amour, l'indifférence ou la haine de sa maîtresse : nous lui donnons non-seulement les moyens de reconnaître la présence d'un rival, mais de préciser ses actes et de suivre jusqu'aux moindres traces d'une infidélité. On raconte qu'un aveugle dont l'odorat avait gagné en finesse ce qu'avait perdu la vue, reconnaissait parfaitement les infidélités de sa femme, et s'en vengait par de fréquentes corrections; de même bien des médecins savent l'odeur de plusieurs maladies, et en constatent l'existence avant d'explorer le malade et d'arriver à son chevet.

Laissons aux romanciers le complément de ces détails, et l'édification, sur ces données, des épisodes de guerre, d'amour, de voyage et de chasse; notre point de vue est purement philosophique, il se borne à montrer ce que la structure organique peut ajouter à notre savoir, et même à nos mœurs. Un peu plus de finesse dans l'appareil de l'odorat rendrait impossible l'organisation actuelle de la société humaine; les relations seraient changées, l'administration de la justice serait différente; tout ce qui repose sur le mensonge devrait disparaître, les sciences physiques recevraient une impulsion considérable, surtout les sciences médicales, qui ne peuvent progresser faute de moyens suffisants d'exploration. Alors le miasme de la fièvre intermittente et du typhus ne serait plus un être de raison; alors on saurait les causes directes de l'insalubrité du sol.

Idées de la vue.

A mesure que les corps qui agissent sur la vue deviennent plus ténus et plus fluides, il en résulte pour les sensations une plus grande importance intellectuelle, et des impressions plus multipliées. Nous venons de dire comment les émanations odorantes apportées par le

vent peuvent déceler à de grandes distances la présence
de tel corps odorant : nous allons voir maintenant comment
le fluide lumineux, en traversant l'espace avec une vitesse de
79,000 lieues par seconde, avertit presque instantanément
l'œil de la présence d'objets fort éloignés et même d'astres
placés à des distances incommensurables. Mais si la portée
de l'œil n'a pas de limites, la vue distincte est loin d'être
dans le même cas : l'œil ne s'accommode que d'une lumière
moyenne ; un trop grand nombre de rayons lumineux l'é-
blouit, un trop petit nombre ne lui cause qu'une impression mal définie, et s'il peut constater à de grandes distances la présence de corps surchargés de fluide lumineux,
il ne peut les voir distinctement. L'inverse a lieu pour les
objets beaucoup plus rapprochés, mais éclairés moyenne-
ment : l'œil peut recevoir de leurs portions les plus ténues
des rayons lumineux, dont le nombre est toujours en raison inverse du carré de la distance, de telle sorte que le
moi tend toujours à considérer comme très-rapprochés les
objets fortement éclairés, et comme éloignés les corps n'é-
mettant qu'un petit nombre de rayons lumineux. Ici existe
une cause d'erreurs qui peut être rectifiée par le tact ou
par l'appréciation de l'angle optique produit par la convergence des axes antéro-postérieurs de l'œil sur l'objet à
examiner. Quand un corps quelconque est éclairé ou coloré,
l'espace qu'il occupe est circonscrit par la lumière ou la
couleur ; il en résulte une image qui vient frapper l'organe
de la vue et produit une sensation. L'image peut être tracée ou par un degré plus considérable d'éclairage qui fait
relief sur les corps du voisinage, ou par une obscurité relative : dans ce dernier cas, l'image a une teinte noire, et
sa circonférence seule se dessine nettement. Quoi qu'il en

soit, il ne faut pas oublier que c'est par opposition de la lumière et de l'obscurité que s'obtient la netteté des images.

Pour qui peut apprécier les distances, il est facile d'estimer le *volume* d'un corps ; il est facile d'en apprécier la *figure*, qui n'est en définitive que la distance respective de ses diverses portions. Une sphère n'est et ne paraît telle que parce que toute sa périphérie est à égale distance de son centre ; cette distance mesure son volume. Quand les diverses parties d'un corps s'éloignent ou se rapprochent, la figure varie également ; et si on veut en avoir la preuve expérimentale on n'a qu'à considérer le travail d'un manœuvre (le praticien), qui, étranger, pour ainsi dire, à l'art du statuaire, copie exactement, à l'aide de son compas, et transforme en statue de marbre le modèle en plâtre qui lui a été confié par l'artiste. Faire le portrait de quelqu'un, c'est maintenir dans la reproduction les dimensions et les distances proportionnelles des traits de l'original.

Mais ces distances ne sont pas absolues, elles peuvent varier avec la position qu'occupe le dessinateur. Est-il de face ? le nez du modèle se trouve plus rapproché que les autres parties du visage, et paraît plus gros relativement qu'il n'est en réalité. Quand on se place à l'entrée d'une cathédrale, les piliers les plus rapprochés paraissent immenses (1) ; les autres s'abaissent et s'amincissent à mesure qu'ils s'éloignent : tous cependant ont les mêmes dimensions. Ce phénomène constitue la *perspective linéaire*. De

(1) Les rayons lumineux partis des extrémités d'un corps très-rapproché convergent vers la pupille en formant un angle très-ouvert, et se peignent sur la rétine en une image volumineuse. Au contraire, quand les rayons lumineux sont presque parallèles, ils ne frappent qu'un point circonscrit de la rétine.

plus les objets en s'éloignant perdent une partie de leurs rayons lumineux, qui sont toujours en raison inverse du carré de la distance ; il en résulte un éclairage moindre, et ce qu'on nomme la *perspective aérienne*.

Ces idées sur les fonctions de l'œil et sur les propriétés qui s'y rattachent sont en opposition avec l'opinion de certains philosophes qui prétendent que les idées de dimensions, d'étendue et de distance ne sauraient procéder du seul sens de la vue, et que celui du tact doit lui venir en aide.

Supposons, pour éclaircir cette importante question, un homme tout à fait dénué de tact, mais ayant bonne vue et les moyens de se mouvoir : en voyant disparaître les objets autour de lui à mesure qu'il les dépasse, en les voyant grossir quand il s'en approche, et diminuer quand il s'en éloigne, en rencontrant des obstacles sur son chemin, il saura bien vite que tous les corps qui l'environnent ne touchent pas ses yeux, et qu'ils sont plus ou moins grands, plus ou moins éloignés de lui. Il ne pourra attribuer les mêmes *dimensions* à l'enfant de trois ans et à la mère qui le porte dans ses bras.

Ce qui prouve d'ailleurs la possibilité de reconnaître, sans le secours du tact, la longueur, la largeur et l'épaisseur des corps, ainsi que les distances auxquelles ils se trouvent, c'est que de petits poulets, des cailletaux, des cannetons, au moment où ils viennent d'éclore, et alors qu'ils ne sont guidés que par l'œil, courent après des mouches et des grains de millet, donnent leur coup de bec seulement quand ils se trouvent à portée, distinguent très-bien les aliments qui leur conviennent, et ne tentent pas d'avaler une portion de nourriture plus grosse qu'eux-mêmes, ce qui aurait lieu infailliblement s'ils n'avaient aucune idée des dimensions.

Si la même rectitude d'impressions ne se remarque pas chez l'enfant au moment de la naissance, c'est que l'œil n'a pas alors le développement nécessaire à l'intégrité de ses fonctions; la lumière paraît à peine faire impression sur la rétine. Enfin, l'intelligence est trop faible pour s'accommoder à une vue complète.

Il reste dans la vue une dernière propriété qu'il ne faut pas oublier, c'est d'estimer, par l'action des muscles obliques (1), la position verticale, horizontale ou oblique des corps linéaires et allongés. Cette propriété est importante en ce qu'elle n'appartient à nul autre sens à un aussi haut degré, pas même au tact, et qu'elle revendique une portion des idées d'équilibre.

Si nous récapitulons les fonctions du sens de la vue, nous trouvons qu'avec les idées de lumière et de couleur qui lui sont spéciales, il possède les moyens non-seulement de constater la présence des corps à proximité et à d'immenses distances, mais encore de constater leur figure et de mesurer d'une façon approximative leur *éloignement*, leur *volume* et leur position relative. Ces diverses idées occupent dans l'intellect une place qu'il reste à examiner rapidement.

Un mot résume les *sensations* de *lumière* et de *couleur*, qui appartiennent spécialement au sens de la vue, et les sensations de figure et de dimension, qui appartiennent aussi au sens du tact; ce mot est image. Il peut y avoir des figures pour qui naît aveugle, mais il ne saurait y avoir

____

(1) Voyez *Fonctions de l'œil.*

d'image, parce que la lumière et la couleur manquent. Avec l'image, disparaissent les arts qui ont pour objet les couleurs, la lumière et la perspective; il n'y a plus de peinture, plus de sculpture, plus de décoration, plus d'architecture; le beau perd une large portion de son domaine, une grande école de l'intelligence reste close.

Les mouvements, faute de trouver dans les yeux des guides sûrs et rapides, perdent l'agilité et la précision; les ouvrages minutieux deviennent impossibles; la main manque de guide, elle devient souvent impuissante ou destructive. Nul ne saurait énumérer tous les actes qui sont impossibles pour l'aveugle, et qui marquent l'amoindrissement de son intelligence. En conservant avec le tact les idées de figure, il conserve l'aptitude à comprendre le langage écrit et les sciences mathématiques; mais sa lenteur à lire, à écrire, ou à tracer des figures, lui donne encore un grand désavantage : sa main ne peut aller aussi vite que pourraient aller ses yeux; elle demande en outre des livres spéciaux, une écriture et des figures en relief. L'aveugle est incapable de relire les caractères qu'il vient de tracer, ils sont perdus pour lui et pour ceux qui sont dans le même cas. Si des yeux étrangers n'intervenaient constamment dans l'existence des aveugles, elle serait impossible, malgré les perfectionnements que depuis cent ans a subis leur éducation, perfectionnements qui ont tous pour but d'obtenir par le tact et l'ouïe les notions que ne peut fournir la vue. Peut-être l'odorat pourrait-il présenter quelque utilité analogue; mais qu'on le suppose aussi subtil que possible, jamais il ne remplacera la lumière et la couleur, ni ne fournira à l'imagination cet aliment incessant des idées et de la poésie.

Idées de l'ouïe. — Il est aussi impossible de définir les

sons que de défininir la chaleur, les saveurs, les odeurs et les couleurs. Celui qui n'a pas d'oreilles n'aura jamais l'idée du son ; il pourra se le figurer d'une façon abstraite en le comparant à quelque autre sensation ; il pourra lui attribuer des analogies avec la lumière ou les odeurs ; mais là s'arrêtera son pouvoir ; une lacune restera dans son intelligence. Non-seulement il sera étranger aux mille bruissements qui remplissent l'atmosphère de mouvement et de vie ; non-seulement il ignorera un des grands côtés de la nature, mais si on décompose l'idée de son, si on cherche la série l'idées qui en naissent, on s'étonnera de la perte que subira son entendement avec la perte du sens de l'ouïe.

Pour qui n'entend pas, il n'y a pas de bruit, pas de son *musical* ; les idées de timbre, de ton, de mesure manquent complétement ; il n'y a pas d'harmonie ni de cadence ; à peine si la poésie écrite peut-être sentie, et si le signe remplace la parole, il ne dit jamais les inflexions de la voix, ni ce que l'accent ajoute au langage oral.

Chacune de ces idées, *ton*, *timbre*, *harmonie*, *parole*, sont l'origine d'une foule d'idées secondaires qui toutes se rattachent à l'ouïe, et qu'il serait impossible de rechercher sans tomber dans des descriptions minutieuses ; il est plus simple d'énoncer rapidement l'influence que le son peut exercer sur les actes de la vie.

Il met l'animal en communication avec une quantité de corps dont la distance peut varier beaucoup, mais rarement dépasser une dizaine de lieues. Sous ce rapport, le son est inférieur à la lumière, et tandis que celle-ci agit presque instantanément, il ne parcourt que trois cent quarante mètres environ par seconde. Mais il se propage par tous les temps, à toutes les heures du jour et de la nuit ; il peut être un avertissement continuel ; il franchit les obstacles que lui opposent les arbres d'une forêt, les murs d'une ville, l'herbe des prairies, les tentures d'un appartement ; il donne à l'être animé les moyens de communiquer partout et toujours avec son semblable, pourvu que les distances ne soient pas extrêmes.

Grâce à ces propriétés, le son est le lien qui réunit la plupart des mammifères et des oiseaux quand ils s'accouplent, quand ils vivent en familles ou par troupes : il sert au mâle à provoquer l'appel de la femelle et à la rejoindre ; il sert à la mère à avertir ou à diriger sa couvée ; il donne au chamois, mis en vedette, les moyens d'avertir rapidement le troupeau de la présence du danger. Le son est le moyen de sociabilité par excellence ; c'est l'agent le plus rapide de la communication des idées et de tous les sentiments ; c'est l'agent de la parole, en un mot.

L'étude du langage pourra seule nous dire la multitude d'idées dont il est l'origine et qui se rattachent au sens de l'ouïe : seule elle nous dira les mouvements du larynx qui s'opèrent sous l'influence d'instincts ou de sentiments déterminés, et qui, en provoquant des instincts ou des sentiments analogues, sont un puissant moyen de sympathies.

En général, l'homme privé du sens de l'ouïe a les idées moins vives et moins colorées que celui dont l'audition est intacte : ce dernier trouve dans les mille bruits qui l'entourent, et qui tous ont leur signification, un aliment incessant pour son imagination : qu'il soit dans la foule ou dans la profondeur des forêts, les idées lui viennent de toutes parts ; son oreille le met en communication de sentiments avec mille concitoyens ; ou bien, couché dans l'herbe, il écoute, en des cris lointains, les amours, les guerres des oiseaux et des insectes ; il distingue au frémissement des feuilles la progression du reptile, le pas saccadé de la belette et du rat ; un roulement lointain lui dit l'approche de l'orage ; il entend les gouttes de pluie frapper le dôme des arbres ; ou bien le souffle régulier du vent du soir, en agitant gaiement les feuilles du tremble, lui annonce une belle journée pour le lendemain.

Mécanisme de l'entendement. — Facultés de l'âme.

Avant de traiter des opérations intellectuelles, il était nécessaire d'en étudier l'agent et de le bien connaître : fixés désormais sur l'idée et sur ses diverses formes, nous devons la mettre en présence du cerveau. Prenons avant tout un exemple, établissons une opération intellectuelle aussi simple qu'il est possible. Tandis que nous écrivons, ce papier frappe nos yeux, sa couleur blanche produit une sensation : si nous sommes préoccupés, si nous réfléchissons profondément, nous ne voyons pas la couleur blanche ; de même notre pendule sonne sans que nous l'entendions ; les impressions ne semblent pas dépasser nos appareils sensitifs, et restent des *sensations*. Au contraire, si nous sommes attentifs, la blancheur de notre papier, le son de la pendule, sont remarqués par le cerveau, ils sont *perçus*, ils deviennent une *idée ;* entre la sensation et l'idée, existe donc la *perception ;* elle est l'envahissement du cerveau ou du moi par la sensation ; elle est la communication au centre sensitif des impressions extérieures ; elle est la première des *facultés de l'âme.*

Il est impossible, dans l'état actuel de la science, de dire quelle modification l'idée apporte dans la texture du cerveau, bien que cette modification soit incontestable. La seule chose qu'on puisse affirmer, c'est que l'impression cérébrale est fugitive si elle est légère, tandis qu'elle persiste si elle est profonde, et cette persistance de l'idée après que la sensation d'où elle tire son origine a cessé, porte le nom de *mémoire*; c'est la deuxième faculté intellectuelle.

Son existence combinée avec cette remarque que le moi est envahi en entier par l'idée, autrement dit qu'il ne peut être à la fois le siége de deux ou de plusieurs idées, rend difficile à comprendre comment des milliers de faits de mémoire peuvent être renfermés dans le cerveau et permettre de nouvelles perceptions. Evidemment ces faits de mémoire doivent se succéder et s'obscurcir les uns les autres; ils doivent même disparaître momentanément, quand une perception nouvelle se répand dans le centre nerveux. Cette aptitude à reparaître et à disparaître est incontestable pour les faits de mémoire; il est encore in-contestable que le moi peut les faire surgir quand bon lui semble, de même qu'il peut commander des mouvements dans les membres.

Cette aptitude, cette faculté, porte le nom de *volonté*; réunie à la *perception* et à la *mémoire*, elle doit nous expliquer les opérations intellectuelles.

Perception. — Le fait physique de la transmission au cerveau des impressions faites sur les appareils des sens est trop mal connu pour comporter de longs développements; cependant la plupart des notions fournies par l'anatomie et la médecine semblent prouver que chaque sens a une portion du cerveau qui lui est plus spécialement dévolue, qui se trouve plus en harmonie avec lui, et qui sert de moyen de transition pour arriver jusqu'au moi, pour produire des perceptions : celles-ci sont d'autant plus distinctes que les sensations sont plus fortes, moins nombreuses et moins rapides. Cependant on peut percevoir avec une extrême rapidité, comme le prouve l'action de lire, qui n'est que la perception des caractères dont l'assemblage forme des mots, ou l'action de faire de la musique : les idées de lettres et de notes, de mots et de mesures, se succèdent avec une telle rapidité, qu'elles n'ont pas le temps de faire une impression profonde sur la cervelle ; elles se résument alors en des phrases, en des idées abstraites et générales qui, moins nombreuses, sont perçues plus à l'aise et laissent des traces plus profondes. Chaque perception pour se formuler, pour devenir une idée, doit seule occuper le moi, elle doit dominer pendant un instant, quelquefois fort court ; car, s'il n'en était pas ainsi, deux perceptions en se manifestant à la fois ou se détruiraient, ou donneraient lieu à une idée mixte, comme deux touches d'un piano frappées en même temps produisent un son composé.

Tels sont les faits qui conduisent à admettre la formation de l'idée ou la perception au nombre des facultés intellectuelles ; elle est le premier degré de l'entendement, sans elle les autres facultés ne sauraient exister.

Mémoire.

Considérée comme la trace laissée dans le cerveau par une impression quelconque, la mémoire est une faculté essentiellement variable. Non – seulement elle embrasse les idées concrètes ou abstraites fournies par les cinq sens, mais elle embrasse encore jusqu'aux sentiments, jusqu'aux impressions qui procèdent des viscères : elle semble être dans les diverses espèces animales en raison directe du volume proportionnel du cerveau, comme si ce dernier était un livre sur les feuillets duquel on pût inscrire d'autant plus de faits que les pages offrent plus de surface. Les insectes, les mollusques, les poissons et les reptiles ont la mémoire fort courte et peu étendue; elle augmente beaucoup dans les oiseaux; enfin elle croît dans les mammifères jusqu'aux carnassiers, aux pachidernes, aux quadrumanes, pour arriver à l'homme, où elle atteint un extrême développement.

Faute de connaître l'altération physique de la substance cérébrale (1) qui produit le fait de mémoire, la science en est réduite à une classification purement abstraite de cette faculté, et à la simple généralisation des faits que fournit l'expérience : elle nous montre que l'étendue et la durée de la mémoire sont loin d'être solidaires, et que presque toujours elles sont en raison inverse l'une de l'autre, le cerveau qui reçoit le plus grand nombre d'impressions n'étant jamais celui qui les garde le plus longtemps. L'étendue de la mémoire paraît en rapport avec l'étendue du cerveau, dont la densité détermine la durée du souvenir.

Il est bien des genres de mémoire qui varient non-seulement avec les races, mais encore avec les individus :

(1) Cette altération peut se concevoir ou d'une substance étrangère entraînée par le courant nerveux et déposée dans la cervelle, ou d'une modification analogue à celles que la lumière imprime aux plaques d'un daguerréotype. Ceci n'est qu'une hypothèse destinée à montrer que la mémoire est un fait organique trop subtil pour être constaté par le scalpel ou le microscope.

les uns se rappellent plus facilement les idées qui ont trait à l'appareil de la vue, d'autres ont la mémoire des sons, d'autres encore ont la mémoire des odeurs, tous se rappellent plus facilement les impressions venues du sens qu'ils exercent davantage. Le chien, par exemple, dont le nez est le principal moyen d'exploration, se rappelle mieux les odeurs que les figures et les couleurs. Quand il cherche son maître dans une foule et qu'il l'aperçoit avec les yeux, il n'est certain de son identité, qu'après être venu le flairer. L'homme, au contraire, a la mémoire de la vue à un degré bien plus considérable que la mémoire de l'odorat, et plus que tout il a la mémoire de l'ouïe. L'esprit reste saisi en réfléchissant à l'immense quantité de mots et de sons musicaux qui peuvent s'imprimer dans la cervelle humaine : un dictionnaire, une nomenclature scientifique, quelques partitions de musique, tout cela représente une mémoire colossale : la même chose a lieu, quoiqu'à un degré moindre, pour les figures et les couleurs ; et la preuve, c'est qu'il est bien plus difficile d'écrire la langue chinoise, dont chaque mot est représenté par un caractère, particulier, que de la parler. Cependant la mémoire des figures et des couleurs est énorme chez l'homme, témoin la multitude de localités dont l'aspect est accessible à son souvenir, témoin la multitude d'objets d'histoire naturelle qu'il sait reconnaître à première vue ; puis viennent dans une progression décroissante les faits de mémoire fournis par l'odorat, le goût et le tact ; encore ce dernier sens, qui chez l'aveugle remplace en partie le sens de la vue, peut-il devenir l'origine d'une foule de souvenirs concernant la figure et les dimensions.

En général, la mémoire acquiert d'autant plus d'ampleur,

qu'elle est plus exercée, ou, pour parler d'une façon plus
physiologique, nous avons d'autant plus de facilité à nous
rappeler les idées que l'intelligence s'appesantit davantage sur elles et les laisse se formuler dans le cerveau par
une impression plus profonde. Toute perception vive et
prolongée donne lieu à un long souvenir ; au contraire,
l'intelligence garde avec peine les impressions légères et
fugitives : il en résulte que le meilleur moyen d'augmenter
sa mémoire est de s'appesantir sur les perceptions, et de
leur donner, au moyen de l'attention, la vivacité qui leur
manque.

S'il était possible de faire dans chaque cervelle la somme
de la mémoire, en additionnant son étendue et sa persistance, on trouverait qu'elle offre peu de différence dans
les têtes de même volume. Celui-ci présente à un haut
degré la mémoire des figures et des couleurs ; celui-là, au
contraire, ne se souvient faiblement que des sons ; un troisième a une facilité merveilleuse pour retenir le signe
abstrait, la formule algébrique, le chiffre : c'est pour cela
que les érudits, que les hommes de cabinet, que les musiciens, dont la mémoire littéraire ou harmonique est énorme,
s'égarent avec une extrême facilité, et ne peuvent reconnaître le sentier et la rue où ils sont passés cent fois. Ils
retiennent bien plus facilement le morceau de littérature
qu'ils entendent déclamer que celui qu'ils lisent, bien
que chaque mot lu ait une sorte de retentissement dans le
cerveau ; mais ce son factice et abstrait ne suffit pas ; aussi
beaucoup d'enfants pour apprendre leurs leçons préfèrent-
ils les lire haut ; dans ce cas ils ajoutent la mémoire de
l'ouïe à celle de la vue.

Cette dernière, si elle est moins facile, est plus persistante, car elle fournit toujours les souvenirs les plus reculés : quand elle se développe chez certains hommes, elle donne à leur intelligence un caractère particulier de rectitude et de jugement. On n'est érudit qu'à la condition d'avoir à un haut degré la mémoire auriculaire, et d'avoir les moyens d'accumuler dans son cerveau une grande quantité de mots et d'expressions. Mais cette accumulation empêche l'ordre et la classification ; c'est un magasin où tant de richesses existent, qu'il est difficile d'y trouver celle dont on a besoin.

La même chose n'arrive pas à qui a la mémoire de la vue : habitué à contempler, il suit curieusement les phénomènes que lui offre la .nature : leur lenteur permet à son intelligence de les analyser, de les grouper entre eux, de les embrasser complétement : il les classe en les comparant à d'autres, et il sait les retrouver dans ses souvenirs.

L'habitude de l'analyse et des déductions perfectionne son jugement ; il voit plus loin que les autres dans les phénomènes naturels ; il est observateur, et fait d'importantes découvertes où l'érudition ne sait rien apercevoir.

En général, le sauvage et le paysan ont la mémoire de la vue ; ils déploient, pour la satisfaction de leurs passions, beaucoup de subtilité d'esprit et de rectitude de jugement : la persistance de leur mémoire est quelque chose de prodigieux ; ils reconnaissent, après vingt ans, le chemin qu'ils ont parcouru une seule fois ; ils oublient rarement la figure de celui qu'ils ont entrevu ; ils retiennent l'aspect de surfaces de terre considérables. Nous avons souvent admiré la mémoire d'un garde forestier des environs de Paris, qui sait la physionomie de tous les arbres et de tous les buissons d'un bois fort étendu : on ne peut lui couper un *brin* ou déplacer une branche, sans qu'il s'en aperçoive ; il sait les gîtes de tous ses lièvres, et les terriers de tous ses lapins ; il reconnaît beaucoup de ces animaux à des signes que ne peuvent saisir des yeux moins exercés.

Il est rare de voir la mémoire des sons se développer à un haut degré, dans le même homme, avec celle des figures et des couleurs ; mais quand cela existe, il en résulte une supériorité intellectuelle incontestable. Un jugement sain et exercé trouve dans l'accumulation d'une quantité de faits de mémoire des éléments de comparaison et de déduction qui manquent à la plupart des intelligences ; il produit alors des travaux commeceux de Cuvier et d'Alexandre de Humboldt.

Volonté. — Grâce à cette faculté, l'animal et l'homme surtout ne sont pas, au centre de la nature, des êtres passifs et subordonnés à toute impulsion extérieure ou intérieure ; ils ont un moyen de réaction, un principe d'initiative qui leur permet de se mouvoir et de lutter contre les forces de la matière. Vouloir, c'est agir, c'est opérer un changement à ce qui est, car on ne saurait désirer ce qu'on possède, car on ne saurait vouloir le rien. Celui qui veut rester en repos est tenu de faire un effort pour cela, et de lutter contre une cause de déplacement. Si rien ne vient le déranger, il n'a pas besoin de vouloir, il reste simplement en repos.

Jamais, quoi qu'on en dise, la volonté ne tend à l'impossible, nul homme ne veut escalader la lune, nul paralytique ne veut marcher, quoique souvent il puisse le désirer ; et si, dans la série des âges, nous suivons les progressions de la volonté, nous la voyons s'accroître avec

les forces et décroître avec elles : la jeunesse peut beaucoup et veut beaucoup, l'excès du vouloir est la *présomption* ; la vieillesse peut moins et veut moins encore ; ce
manque de vouloir est la *timidité*.

Ce que nous entendons par force est tout moyen musculaire ou intellectuel de réagir sur le monde extérieur.
Or la physiologie du système musculaire et du système
nerveux nous permet d'affirmer que leurs actes tiennent
à la direction des courants nerveux, et que vouloir n'est
pas autre chose que *diriger le fluide nerveux vers un point
de l'organisme* (1). L'expérience prouve que chacun a la
faculté de faire contracter tel ou tel muscle et d'opérer
tel ou tel mouvement. Il faut donc que le centre d'innervation ait les moyens de diriger les courants nerveux vers
ces muscles et d'en ordonner la contraction.

Voilà un fait de volonté élémentaire et facile à comprendre, parce qu'il concerne le mouvement et des actes
qui frappent nos yeux ; il doit servir à expliquer des faits
plus compliqués. Supposons, par exemple, que le moi, au
lieu d'appeler l'activité sur la portion du cerveau qui correspond à des muscles, quand il veut produire des mou-

---

(1) Pour comprendre le moi dans l'existence de tout animal,
nous avons admis la centralisation et l'unité nerveuse ; la perception et la mémoire entraînent la même unité ; la volonté prouve
que le cerveau peut, dans sa centralisation, réagir sur telle ou telle
portion de sa substance et y appeler l'activité. Quel est le mécanisme
de cette réaction ? C'est ce que notre ignorance sur la substance cérébrale et le fluide nerveux nous empêche de dire ; mais chacun
peut se l'expliquer par une hypothèse. L'essentiel était de prouver
que le fait de volonté dans l'animal le plus imparfait, comme dans
l'homme le plus capable, s'opère par le même mécanisme : vouloir,
encore un coup, de la part du moi, c'est simplement diriger le
fluide nerveux vers un point déterminé de l'organisme.

vements, concentre cette activité sur la portion de cervelle qui correspond à l'organe de l'odorat, de manière à n'admettre que la perception des odeurs : on aura une nouvelle forme de la volonté, qui porte le nom d'*attention* pour ce qui concerne l'appareil de l'odorat, et qui est la *distraction* pour tous les autres appareils. Être attentif, c'est concentrer *l'initiative cérébrale sur des impressions venues du dehors.*

Une troisième espèce de volonté s'exerce sur la mémoire, en appelant les courants nerveux ou l'activité, ce qui est une seule et même chose, sur les portions de cervelle dépositaires d'impressions déjà anciennes. Elle les avive et les présente au moi, non pas avec autant de lucidité que si elles provenaient d'une impression actuelle, mais avec une clarté suffisante pour fournir à l'intellect des notions précieuses. Tel est le *souvenir*, ou la *souvenance.* La volonté qui combine une série de souvenirs porte le nom de *réflexion.*

Quand le fait de mémoire envahit le moi sans participation de la volonté, il porte le nom de *réminiscence;* il se nomme *hallucination* quand il est aussi vif que l'impression produite par les sens, tout en étant involontaire.

La physiologie des organes des sens et du mouvement a circonscrit le domaine de la volonté, et lui a soustrait les fonctions placées sous la direction immédiate du grand sympathique, comme la circulation, la sécrétion, l'absorption et la nutrition. Elle ne lui a laissé qu'une action fort limitée sur les fonctions mixtes, telles que la digestion, la respiration et la reproduction ; mais elle lui a laissé beaucoup plus de latitude sur le cerveau et les sens, tout en lui posant des limites infranchissables, qui tiennent à la structure même des organes.

En résumé, la volonté peut être considérée ou d'une manière toute physiologique, comme la concentration du fluide nerveux sur une portion déterminée de l'encéphale et des nerfs correspondants, ou d'une manière abstraite, comme la concentration de l'activité du moi sur le mouvement, sur la sensation et sur la mémoire. Il reste à indiquer ce qui détermine le moi à agir dans un sens plutôt que dans un autre.

Lorsque les courants nerveux reviennent au cerveau sous forme de sensations, mais surtout d'instincts, ils tendent à se réfléchir vers des appareils déterminés et à produire des mouvements. Ainsi le besoin de respirer tend à se réfléchir vers des muscles respirateurs; le besoin d'aliments se réfléchit vers les appareils de la mastication et de la déglutition; le besoin de mouvement se réfléchit vers les muscles d'où il procède. Cette tendance des courants nerveux entraîne la volonté et la détermine, si rien ne vient s'y opposer. On peut supposer que deux ou plusieurs instincts présents ou confiés à la mémoire plaident leur cause devant le moi, et que le plus vif est toujours celui qui l'emporte. Moins la mémoire est étendue, plus le moi appartient à l'intérêt présent; c'est ce qui se remarque chez certains animaux dont la volonté semble toujours subordonnée à la sensation actuelle. Au contraire, plus la mémoire accumule de faits, plus la volonté peut opposer de résistance aux entraînements des sensations et des instincts. Un poisson, faute de résister à l'appât, devient la capture du pêcheur; le jeune loup, attiré par une proie, tombe dans la fosse; mais le vieux renard, auquel l'expé-

rience du danger a été un enseignement, ne cède pas tout
d'abord à ses instincts : il leur oppose le souvenir des dangers qu'ils lui ont fait éprouver. Si, dans ses courses, il
trouve un friand morceau, avant de s'en saisir, il explore
les alentours, et si son odorat subtil lui révèle la main de
l'homme, il s'éloigne et résiste à sa faim. Quelque chose
d'analogue se passe dans l'espèce humaine, quand les faits
de mémoire nommés *vertu, probité, honneur, amitié, châtiment,* etc., empêchent la volonté de céder à des instincts
qui leur sont opposés. Apprendre l'honneur et la probité,
c'est acquérir des moyens de résister aux besoins organiques, aux impulsions intérieures; c'est donner de l'étendue
à la volonté, et par suite créer la *liberté.* Le moi est d'autant plus libre, que, sous les mêmes impulsions, il peut
commander des actes plus variés et que les sentiments appris lui donnent des armes plus puissantes contre les instincts actuels. Dans ce cas, la volonté peut se maintenir
longtemps dans une même direction et devenir de la *per-
sévérance;* dans le cas contraire, elle est taxée d'*inconstance.*

Est persévérant celui qui développe son intelligence
et qui s'en sert pour dominer ses instincts intérieurs : ses
actes sont commandés par des calculs qui lui décèlent son
intérêt ou celui de gens qu'il aime; il veut atteindre son
but, malgré tout ce qui peut lui faire obstacle. C'est pour
cela que les peuples instruits et civilisés sont persévérants,
tandis que l'inconstance est l'apanage de l'ignorant et du
sauvage. L'un et l'autre abandonnent le lendemain ce
qu'ils ont commencé la veille; ils brisent un hochet qui
leur plaisait il y a un quart d'heure; ils se précipitent
dans le danger auquel ils viennent d'échapper; incapa-

bles de prévoir l'avenir, ils ne sont qu'au moment présent.

Au jeune âge, les instincts sont trop vifs, les sens trop neufs, et l'expérience trop imparfaite, pour que la volonté soit bien forte; mais dans l'âge mûr, elle gagne en puissance ce que perdent les passions et ce qu'acquiert l'intelligence; la vieillesse exagère ces tendances, elle devient *opiniâtre*. La même chose se remarque parmi les races humaines et les peuples; la constance appartient à ceux qui joignent l'amour de l'étude à des sensations peu vives: tels sont les Hollandais, les Anglais, les Allemands, les Suédois et les Bretons. Chez eux, les calculs intellectuels destinés à démontrer l'intérêt bien entendu ont bien plus de moyens de se produire et de dominer la volonté que chez les peuples dont le sang est ardent, les nerfs irritables et les instincts très-impérieux. Parlez raison à un Français, à un Italien de dix-huit ans, ce sera de l'éloquence perdue : le nègre, entraîné par la fougue de son organisation, cherchera vainement à s'abstenir de danse, d'ivresse et de faciles amours; l'Espagnol sollicitera des faveurs de sa maîtresse, lors même qu'elles devront lui coûter la vie.

A ces faits d'observation, un autre fait semble donner un démenti: c'est l'opiniâtreté, qui s'allie si souvent chez la femme à une organisation nerveuse, mobile, irritable, à une intelligence privée de fortes études. Voici l'explication de cette exception apparente. La femme pendant une longue période de son existence est soumise à un appareil qui lui fournit ses sentiments principaux, qui la conduit dans une direction déterminée, et la rend, avant tout, amante, épouse, ou mère. Les passions qui se rattachent à ce triple état ne dominent pas qu'un instant, elles ne s'éteignent pas momentanément par la jouissance, comme chez l'homme ; elles dominent toujours, elles demandent le lendemain ce qu'elles demandaient la veille, ce qu'elles demandaient la semaine, le mois, l'année d'avant. Voyez après cela, dans quelles circonstances la femme est persévérante, et vous trouverez toujours que, directement ou indirectement, ses instincts d'amante ou de mère sont en jeu. Hors de là, ses idées sont dans une oscillation continuelle ; elle prend en aversion ce qu'elle aimait naguère ; sa conversation embrasse en deux minutes dix sujets différents ; ses idées politiques, quand elle en a, tournent comme le vent : c'est un enfant qu'on aime et qui charme, mais dont on ne peut méconnaître ni l'inconstance ni l'opiniâtreté.

Opérations intellectuelles.

Toutes peuvent se rattacher aux facultés et rentrer en partie soit dans la perception, soit dans la mémoire, soit dans la volonté ; c'est donc à tort qu'elles ont été considérées comme des facultés même secondaires : leur subordination nous dispense de les étudier longuement ; un exposé de quelques faits intellectuels nous servira de démonstration.

Si la volonté ne vient en aide à l'action des sens, il peut fort bien arriver que la sensation ne parvienne pas jusqu'au moi ; dans le cas contraire, la perception est facile, et l'état qui se produit porte le nom d'*attention*.

L'attention peut embrasser les faits de mémoire comme les sensations présentes ; mais il est rare qu'elle se porte de deux côtés à la fois : alors elle devient *distraction* pour les faits présents ou passés qu'elle néglige : l'homme très-attentif à sa lecture est distrait pour tout ce qui se passe autour de lui ; mais s'il prête l'oreille aux mille bruits qui l'environnent, il devient distrait pour sa lecture.

Aidé de l'attention, le moi peut en un temps fort court rapprocher deux idées pour en remarquer les rapports ; il fait alors une *comparaison* : à la suite de la comparaison, l'énoncé, par le moyen du langage ou par action mentale, des ressemblances ou dissemblances constatées, produit le *jugement*, qui prend le nom d'*induction* quand il dérive lui-même d'un jugement antérieur : une série de jugements produit le *raisonnement*. L'art de raisonner prend le nom de logique ; il se sert de mots, comme les mathématiques se servent des chiffres et des figures pour la solution des problèmes ; il a ses règles et ses théories longuement exposées par Aristote, dans le but de préserver les hommes de l'erreur ; mais, si l'on en juge par l'expérience de deux mille ans, le préservatif a été bien peu efficace.

Comparer des faits de mémoire, les opposer à des faits présents, porter sur tous des jugements, c'est faire acte de *réflexion* : la réflexion et le raisonnement, quand ils ont pour but de découvrir les qualités des choses, quand ils trouvent un enseignement dans le souvenir du passé, quand ils impliquent la prévision de l'avenir, deviennent la *raison*.

Il peut arriver que le moi ajoute à la mémoire du passé, ou à l'observation des faits actuels, une image ou une qualité qui les colore et leur donne une forme nouvelle : alors se produit l'*imagination*. Employer l'imagination à *former* des choses nouvelles , c'est *inventer*, c'est faire acte de *génie*.

Le génie trouve son principal champ d'action dans l'*abstraction*, qui n'est autre chose que l'emploi de l'idée abstraite, et la représentation, par un signe accessible aux sens, des divers modes ou attributs des corps. Mais l'abstraction elle-même ne peut exister que par *l'association des idées*, et cette association est une forme de la mémoire. Tel individu, par exemple, après avoir rencontré un ami dans un lieu quel qu'il soit, ne peut se retrouver à cette place sans penser à son ami, dont le souvenir se trouve associé à une maison, à une borne, à un arbre, etc. Chacun associe dans sa mémoire, pour en faire un seul et même fait, les corps extérieurs aux noms qui les représentent : le mot de pain suffit pour représenter un aliment, le mot de vin rappelle une boisson : beaucoup de signes accessibles à la vue produisent le même effet ; il en résulte une substitution d'idées qui s'appellent réciproquement. La vue du pain appelle le mot sur les lèvres ; le mot fait apparaître le pain devant les yeux : par l'association des idées on peut abstraire les modes : on les généralise en leur donnant un corps en les rendant accessibles aux sens et à l'intelligence.

Nous ne finirions pas d'énumérer toutes les opérations intellectuelles dont la métaphysique s'est plu à constater minutieusement le mécanisme. Elle a nommé *connaissance* le résultat de l'exploration d'une substance par les sens et l'intellect ; elle a nommé *compréhension* l'aptitude à recevoir une série d'idées et à les combiner par le raisonnement ; enfin elle a nommé *pensée* l'ensemble des opérations de l'intelligence.

Résumé de l'entendement.

Entendement et *intelligence* ont pour première condition d'existence la centralisation nerveuse exprimée au physique par le cerveau et la moelle épinière, au moral par le *moi*. Le moi est la séparation de l'être organisé et du monde extérieur ; il est l'atelier de l'entendement dont les *idées* sont les matériaux, dont les *facultés* sont les ouvriers.

L'idée vient de l'extérieur, et pour trouver accès dans le cerveau, dans le moi, elle doit d'abord être introduite par les organes des sens, sous forme de sensation. Il y a cinq espèces de sensations, comme il y a cinq sens; le moi peut donc apprécier les qualités de la matière de cinq manières différentes ; mais ses organes lui interdisent d'aller au delà, et l'on peut supposer que bien d'autres propriétés des corps lui sont inconnues. Plus une portion de matière affecte de sens, et plus l'appréciation de ses qualités par le moi est complète; c'est pour cela que les solides et les liquides capables de faire impression sur le tact, le goût, l'odorat, la vue et l'ouïe, sont bien mieux connus que les fluides impondérables qui n'affectent qu'un sens, comme font la lumière et le calorique.

La sensation conserve son nom tant qu'elle est une impression locale et partielle; mais quand elle envahit le cerveau et le moi, elle se généralise, elle représente une *forme* de la matière (εἶδος), elle devient *idée*.

Il y a autant d'espèces d'idées que d'espèces de sensations, que de formes de la matière, et, de plus, les idées subissent des modifications qui tiennent à l'emploi qu'en font les facultés. Lorsqu'une sensation, par exemple, est admise comme représentation d'un corps avec ses diverses qualités ou attributs, elle devient une idée *concrète* ou sensible; mais si, au moyen d'un signe accessible à l'œil, à l'oreille ou même à la main, le moi sépare la sensation, la forme, l'idée, du corps qui lui a donné naissance, il y a idée *abstraite*.

Abstraites ou concrètes, les idées sont *particulières* quand elles ne concernent qu'un corps ou que l'une de ses qualités ; elles deviennent générales quand, au moyen du signe, elles embrassent une quantité de corps ou de propriétés.

Le degré d'évidence des idées les rend *claires* ou *obscures* ; leur séparation les rend *distinctes*, et leur mélange les rend *confuses* ; leur application à un fait ou à plusieurs les rend *particulières* ou *générales, absolues* ou *relatives, singulières* ou *multiples*. De cet inventaire, il ressort que le nombre des idées est non-seulement égal au nombre des corps inorganiques ou organisés qui se rencontrent dans la nature, mais qu'il se multiplie encore par les diverses formes de ces corps, par leurs qualités ou attributs. Or, si chaque grain de sable et de poussière peut donner lieu non-seulement à une idée particulière et concrète, mais encore à une série d'idées abstraites qui concerneront sa figure, sa dureté, sa couleur, sa transparence, son opacité, etc., il est facile de voir que les matériaux de l'intelligence humaine sont infinis et inépuisables.

L'usage qu'elle peut en faire n'est pas moins vaste ; par la *perception*, chaque sensation est transformée en idée, et peut trouver accès près du moi ; par la mémoire, chaque idée peut être mise en dépôt dans la cervelle pour réapparaître longtemps après, sous l'effort de la volonté. Le moi possède donc le présent par la perception ; il tient le passé de la mémoire, tandis que la volonté lui donne l'avenir.

Telles sont les vastes proportions de cette partie de l'âme humaine qui se nomme intelligence ou entendement; il nous reste à étudier la seconde portion de l'âme : c'est la conscience.

CHAPITRE DEUXIÈME.

Ame affective ou conscience.

L'*intelligence* a pour domaine le monde extérieur ; c'est le moi percevant les sensations, les transformant en idées et les élaborant de mille manières avec l'aide des facultés. La *conscience* a pour domaine le monde intérieur ; c'est le moi percevant les instincts et les transformant en sentiments qui sont à l'âme affective ce que les idées sont à l'intellect.

Une histoire complète des sentiments et de la conscience suppose donc l'histoire antérieure des instincts. Ces derniers ont été signalés lors de notre rapide esquisse de la physiologie du corps humain ; mais ils n'ont pas été classés par ordre, et voici l'instant de réparer cette omission.

Leur mécanisme est facile à comprendre au moyen des courants nerveux ; ils dérivent de l'initiative organique ; ils sont l'expression de l'état de chaque appareil ; ils disent au moi les attractions ou les répulsions de chaque partie du corps.

Dans tout instinct se remarque ce double caractère : 1° de toujours procéder de l'intérieur ; 2° de toujours être une impulsion vers un acte. Nul parmi les instincts n'est indifférent ; mais tous ont un côté positif et un côté négatif, entre lesquels se trouve l'indifférence, comme le zéro, sur un thermomètre, marque le point où l'eau distillée flotte entre l'état liquide et la congélation. L'instinct sexuel a pour côté positif le désir, et pour côté négatif le dégoût ; l'amour peut se changer en haine ; la faim se transforme en satiété, l'amour-propre en abnégation, la parcimonie en désintéressement. Ce caractère est très-important à constater pour l'étude de la conscience ; il expliquera bien des secrets de l'âme humaine.

Par cela seul que les instincts procèdent des organes, ils sont constamment en harmonie avec leur structure ; ils demandent toujours positivement ou négativement l'intégrité des fonctions, et, sous ce rapport, doivent être considérés comme éminemment conservateurs de l'individu ou de l'espèce ; ils sont une sorte de règle intérieure de la vie animale ou organique.

L'accomplissement des actes qu'ils sollicitent produit le bien-être, tandis que la résistance produit le mal-être ; c'est une recherche constante du plaisir, une fuite perpétuelle de la douleur. Il y a plaisir pour le côté positif de l'instinct dans l'activité organique ; au contraire, le côté négatif sollicite le repos, sous peine de douleur.

Nous reconnaissons, toujours en suivant la classification organique, quatre ordres d'instincts : 1° ceux qui procèdent du centre d'innervation lui-même, et que nous nommerons cérébraux ; 2° ceux qui procèdent du système moteur, et que nous nommerons musculaires ; 3° ceux qui viennent des appareils des sens, et qui seront appelés sensitifs ; 4° enfin ceux qui viennent des viscères, et qui seront appelés viscéraux.

Sentiments.

Quand l'instinct, sortant de l'appareil, envahit le cerveau ou le moi, il devient sentiment. Un exemple va bien faire comprendre le mécanisme de cette transformation.

La nuit, pendant le sommeil, l'instinct respirateur fait dilater la poitrine, introduit l'air dans les poumons et l'en expulse, sans que le moi en soit instruit, sans que la volonté y participe en rien. De même, pendant la veille, tel avale sa salive ou cligne les paupières sans avoir conscience de ce qu'il fait : ici l'instinct existe seul, il agit par action réflexe sur les muscles de la respiration, de la déglutition ou de la paupière. Mais celui qui plonge dans une rivière sent vivement, au bout de quelques secondes, l'instinct respirateur, qui envahit alors le moi, est perçu et devient un sentiment. De même, quand la salive s'accumule dans la bouche, pendant la veille, on ressent le besoin de déglutition qui prend le caractère du sentiment, fait partie de l'âme et tombe sous l'action de ses facultés.

Deux sentiments étrangers l'un à l'autre, et, à plus forte raison, ayant un but opposé, ne peuvent envahir simultanément le moi. Le plus fort masque son concurrent, et garde sa domination tant qu'il conserve la même intensité. Mais cette intensité diminue à mesure que la volonté accorde satisfaction : ce qui était d'abord un besoin impérieux n'est bientôt plus qu'un désir affaibli, et peut même, au bout de quelques instants, prendre un caractère répulsif. C'est la même tendance positive ou négative observée déjà dans les instincts.

Par cette sage disposition, les sentiments les plus faibles peuvent avoir leur tour de prépondérance, quand leurs rivaux plus puissants sont devenus lassitude, satiété, fatigue; quand, au lieu de tendre vers l'activité, ils ne sollicitent que le repos. Leur puissance est proportionnelle à l'importance de la fonction qu'ils représentent; ils sont donc essentiellement conservateurs de l'individu et de l'espèce; ils sont une règle de conduite placée dans la chair de tous les animaux, dont la vie consiste, la plupart du temps, à leur obéir.

Ces assertions, exposées d'une manière abstraite, sont peut être difficiles à saisir: essayons de leur donner une forme plus sensible en montrant comment la structure de l'abeille et les sentiments qui s'y rattachent suffisent pour expliquer l'existence et les travaux de cet intéressant insecte.

Qu'on le suppose sortant de sa ruche par une belle matinée de mai : ses ailes reposées par la nuit tendent à l'emporter à travers une atmosphère parfumée. Bientôt sollicité par la faim, alléché peut-être par les senteurs du matin, et guidé par un odorat subtil, il s'enfonce dans le calice des fleurs et boit leurs nectaires avec délices. Pendant ce temps, les poils dont il est couvert se chargent de pollen et de sucs visqueux arrachés aux étamines et aux glandes des fleurs : ces richesses, embarrassantes pour la progression, sont recueillies par des peignes dont sont armées les pattes postérieures, et sont poussées dans de petites sacoches destinées à les recevoir. Peu à peu ce fardeau s'augmente et le vol s'appesantit : il devient difficile de se livrer aux courses lointaines; d'ailleurs l'estomac, saturé de sucs, ne demande plus de nourriture : les ailes s'alourdissent, la fatigue se prononce, le sentiment de l'habitation est dominant; il est temps de regagner la ruche.

Ici se présente une difficulté insoluble dans l'état actuel de la science! Comment notre abeille, perdue au milieu des bois et des vallées, écartée souvent de plusieurs lieues de sa demeure, la retrouve-t-elle sans hésitation? Prenez-la sur des fleurs, renfermez-la dans une boîte, cherchez de mille manières à l'égarer; sitôt rendue à la liberté, elle reprend directement le chemin qui doit la mener près de ses compagnes.

Quoi qu'il en soit, l'abeille rentre à la ruche avec les matériaux qu'elle doit employer : son jabot est distendu par une grande quantité de miel qu'elle ne saurait digérer, et dont un sentiment de nausée tend à la débarrasser.

Mais où placer cette substance fluide et gluante dont ses appétits lui disent tout le prix? Un vase est nécessaire, et la cire est le seul agent de construction à la portée de notre insecte. L'examen de ses instruments va nous dire comment les matériaux seront employés. Si nous considérons la forme allongée de l'animal, la disposition de sa tête dépourvue de mobilité, puis la disposition de ses mandibules et de ses pattes, nous verrons que le sentiment d'activité, parti de ces organes, le portera à construire de petits cylindres creux placés horizontalement pour faciliter le travail. Tous ces petits cylindres, de même dimension parce que les abeilles ont la même taille, et placés les uns à côté des autres, finissent, en se touchant, par affecter la forme d'un prisme à six pans, c'est-à-dire la plus avantageuse pour que nul espace ne soit perdu. De même la disposition horizontale des aréoles produit la position verticale des rayons, et leur donne les moyens de supporter sans fléchir, le poids du miel qu'ils contiennent. Faut-il en conclure que l'abeille a des notions mathématiques très-développées? non certainement : ces résultats, bien que merveilleux, sont dus seulement à la figure, aux dimensions d'un petit nombre d'organes, et aux sentiments qui en procèdent. De même, quand un insecte accumule des provisions qui doivent le nourrir pendant la saison des frimas, il ne faut pas croire qu'il agit en prévision de l'avenir : il receuille du miel parce que la belle saison lui donne une activité dévorante, et qu'il trouve du plaisir à obéir à ses sentiments.

On raconte qu'une souris, en pénétrant imprudemment dans une ruche, est tuée à coups d'aiguillons : son cadavre, trop lourd pour être traîné au dehors, est enveloppé d'un linceul de cire qui préserve la république de l'infection dont elle est menacée par la décomposition des chairs. Ici, à notre avis, les abeilles n'ont pas été guidées par la prévision des malheurs que pouvait occasionner la décomposition d'un cadavre. Leurs pattes s'embarrassaient sur une peau velue et très-peu en harmonie avec leur structure : elles ont opposé à cet obstacle ce qu'elles opposent à tous les obstacles de la cire. De même elles ne font pas choix de cette substance parce qu'elle est imputrescible et imperméable, mais parce que leurs organes ne sont pas disposés pour en recueillir d'autre. Impossible de pousser plus loin cette analyse de la vie de l'abeille; il nous suffit de faire entrevoir tout ce que la structure des organes, unie aux sentiments qui en dérivent, peut produire de phénomènes extraordinaires dans la vie.

Tant que la structure organique et les impulsions intérieures se maintiennent en harmonie avec le monde extérieur, l'animal vit, prospère, se perpétue; dans le cas contraire, il succombe et disparaît. C'est ainsi que les entrailles

de la terre contiennent les débris d'une foule d'êtres qui vi-
vaient sous des influences d'atmosphère, de chaleur et de
végétation différentes, mais qui, n'étant plus en harmonie
avec notre sol actuel, ont dû s'éteindre et disparaître pour
faire place à des êtres qui s'accommodaient mieux d'un
monde nouveau. Transportez un renne du cercle polaire
sous l'équateur : il meurt au milieu de la végétation luxu-
riante d'un magnifique climat. Placez la gazelle d'Arabie
dans les fertiles prairies de la Hollande : elle devient malade ; elle meurt, parce que ni ses organes ni ses sentiments ne peuvent se plier à ses nouvelles conditions
d'existence. Mais qu'à cette brusque translation on substitue un rapprochement progressif qui s'opère au moyen de
cent générations : l'organisation et les appétits de la gazelle
se modifieront peu à peu, sa taille s'accroîtra, ses pieds
s'élargiront, ses poumons deviendront moins susceptibles,
et elle finira par préférer les plaines humides de l'Europe
aux arides vallées de l'Arabie.

Mais prenons pour exemple l'humanité elle-même ; met-
tons l'homme caucasique à côté du Malgache et du Papou,
qui confinent au singe, et nous verrons comment avec les
organes changent les sentiments. Si les noirs de Saint-Domingue, après avoir reçu parmi eux, comme une plante
exotique, la civilisation européenne, se rapprochent chaque
jour de l'état de barbarie observé dans l'Afrique centrale,
la faute en est à leur structure physique et aux sentiments qui
en dérivent : la partie sensuelle de leur être domine l'intelligence ; et il en sera de même tant qu'avec les générations
ils ne se rapprocheront pas de la structure des races supérieures. On peut entrevoir, dès lors, combien il est utile
de connaître et d'étudier les sentiments de l'humanité, de

les classer, et d'estimer l'activité qu'ils doivent avoir pour favoriser un degré éminent de civilisation. Cette estimation faite, l'espèce humaine possède, en modifiant sa structure par l'éducation, les moyens de réfréner les appétits trop actifs, de stimuler ceux qui sont languissants : chaque perfectionnement peut se transmettre à la descendance par voie de génération, puisqu'il est représenté par une modification organique. Les croisements peuvent encore accélérer ce résultat, et contribuer puissamment au perfectionnement de la race humaine.

Un tel but assigné à la philosophie mérite certainement le travail le plus opiniâtre et les plus grands efforts ; mais il ne faut pas se dissimuler les obstacles qui se trouvent en chemin. La conscience est un labyrinthe où se sont perdus bien des penseurs ; la plupart se sont égarés au milieu de la multitude des sentiments, faute d'avoir trouvé un moyen de classement. Ils ont établi *a priori* des divisions arbitraires et abstraites ; il ont donné la prépondérance à ce qui n'était qu'une conséquence ; ils ont réuni ce qui devait être divisé, et ils ont divisé ce qui devait être réuni ; ils ont omis la plupart des sentiments ; et tout cela, pour n'avoir pas voulu prendre le scalpel et interroger les organes. Or, c'est dans les organes qu'existe la véritable classification des sentiments ; il va nous suffire, pour en avoir le tableau, de prendre les divers appareils et leurs instincts dans l'ordre où nous les avons étudiés.

TABLEAU.

Tableau des sentiments humains.

APPAREILS.	INSTINCTS	SENTIMENTS POSITIFS.	SENTIMENTS NÉGATIFS.
Cerveau et moelle épinière.	Cérébraux.	Conservation. Sympathie, imitation. Manifestation.	Suicide. Contradiction. Dissimulation.
Muscles.	Musculaires.	Locomotion, équilibr. Liberté, migration. Travail.	Lassitude, vertige. Servit., patriotisme. Paresse.
Sens.	Sensitifs.	Curiosité. Abri. Arts.	Discrétion. Vagabondage. Barbarie.
Cœur. Poumons. Tube digestif. Organes de la génération.	Viscéraux.	Activité. Inspiration, langage. Faim et soif. Gourmandise. Amour. Maternité. Paternité.	Indolence. Mutisme. Satiété. Sobriété. Haine.
Habitudes.		Habitudes.	Habitudes.

Ce tableau, calqué sur les *instincts*, dont les *sentiments* ne sont que la perception, comme l'idée est la perception de la sensation, comprend deux ordres de sentiments : les uns, *simples*, ne concernent qu'un appareil ; les autres, composés, embrassent deux ou un plus grand nombre d'appareils. La faim, par exemple, est un sentiment simple, et n'intéresse que l'appareil digestif, tandis que la gourmandise et même l'appétit sont des sentiments composés, en ce qu'ils se compliquent de l'action des organes du goût, de l'odorat, de la vue et de la plupart des sens.

Le désir procède directement de l'appareil générateur, et disparaît avec les organes génitaux; l'amour, au contraire, rallie à lui non-seulement l'action des sens, mais une foule de sentiments qui concernent la virilité ou la maternité. L'amour doit être classé parmi les sentiments complexes, tandis que le désir appartient aux sentiments simples.

Ces derniers sont partiels quand ils procèdent d'un appareil limité et n'occupant qu'une portion de l'organisme, comme le poumon, l'estomac, l'œil, etc.; ils deviennent généraux quand ils émanent d'un appareil réparti dans tous les tissus et prenant part à toutes les fonctions, comme les organes de l'innervation et de la circulation. C'est pour cela que la faim ne peut être qu'un sentiment partiel, tandis que l'attrait du plaisir et l'activité sont des sentiments généraux.

Simples ou composés, partiels ou généraux, positifs ou négatifs, les sentiments sont naturels quand ils tiennent à la disposition normale des organes; ils deviennent *habitudes* quand ils changent, ainsi que les organes, par suite de l'éducation, ou de la répétition incessante des mêmes actes. Nul sentiment, nul appareil n'échappe complétement à l'empire de l'habitude, qui devient ainsi un moyen puissant de perfectionner la race humaine, et qui mérite une étude approfondie.

Sentiments qui naissent des centres nerveux.

Comme tout autre organe de la vie de relation, le cerveau porte en lui son principe d'initiative, dont le côté positif est la recherche du plaisir ou du bien-être, tandis que le côté négatif est la crainte de la douleur, du mal-être. Ce sentiment généralisé, et porté par les courants nerveux dans tout l'organisme, est le mobile de la vie humaine; il est conservateur par excellence; il est la notion du bien et du mal, il porte en lui tout un traité de morale. Il embrasse l'avenir sous la forme de l'espérance ou du désespoir. Le plaisir et la douleur gouvernent l'humanité: la prédominance du premier est le bonheur; la prédominance de la seconde est l'infortune. Or, restreindre l'infortune et agrandir le bonheur fut toujours le but de la société et résuma toujours le progrès, la civilisation.

Si dans cette direction la marche a été longue, si le but est loin encore, c'est que la science du plaisir et de la douleur n'existe pas. Peu ont entrevu cette vérité, que nos jouissances sont limitées comme nos organes, comme notre appareil nerveux ; que l'infini dans le plaisir est impossible, et que forcément il aboutit à la lésion organique, à la douleur. Peu savent que le bonheur n'est que la collection de plaisirs restreints, qu'il est l'équilibre dans la conscience, comme la santé est l'équilibre dans les organes et les fonctions.

Et, de plus, sait-on où finit le plaisir, où commence la douleur? Sait-on exactement les sources où chacun d'eux s'abreuve? Sait-on ce qui les avive et ce qui les tue? Partout, à la suite de ces questions, n'existent qu'incertitude et réponse évasive. Cherchons notre refuge habituel, et voyons si la physiologie ne peut donner une solution satisfaisante.

Elle nous apprend que l'accomplissement normal de toute fonction donne lieu à une impression cérébrale qui est le bien-être, tandis qu'une lésion organique ou fonctionnelle donne lieu au mal-être. Il reste à décider ce qu'est l'accomplissement normal des fonctions.

N'oublions pas que chacune d'elles est une portion de la vie, qu'elle a une place assignée dont elle ne doit pas franchir les limites, et un ordre de service, un tour d'activité dont elle ne peut s'écarter impunément.

Qu'elle reste inerte ou dépasse l'activité qui lui est dévolue, elle devient douleur! qu'elle s'écarte de l'ordre qui lui est assigné, elle devient douleur! que par sa prédominance elle paralyse une autre fonction et l'empêche de s'accomplir, elle devient douleur! Toujours et partout la douleur avertit le moi des lésions organiques ou fonctionnelles qui se produisent; elle mérite donc le titre de sentiment conservateur. Autant on peut en dire du plaisir qui marque l'état normal de chaque fonction. Mais plus il est vif, dans le jeu régulier des organes, et plus la douleur produite par l'irrégularité a de raisons d'être cuisante : plaisir et douleur pourraient l'un et l'autre être représentés par deux chiffres égaux, dont l'un, positif, serait précédé du signe +, et l'autre, négatif, du signe — ; celui-là s'appliquant aux fonctions normales, et celui-ci aux fonctions anormales : l'état intermédiaire serait 0.

De cette égalité de chiffres il ne faudrait pas conclure à un équilibre de bonheur et de malheur dans la vie; car, de même que la santé ou l'accomplissement régulier des fonctions est la règle, tandis que la maladie est l'exception, de même aussi le bien-être est plus fréquent que la douleur.

La conclusion de tout ceci est qu'un premier élément de bonheur tient au jeu régulier des organes; qu'une autre cause de bonheur dépend de l'ordre dans lequel s'accomplissent les fonctions, et de la durée attribuée à chacune d'elles ; car, si l'ordre est rompu, si l'une empiète sur l'autre, et se prolonge au delà du terme qui lui est assigné, il y aura perte pour le plaisir, la vie ne sera pas complète, elle sera obscurcie par les sentiments négatifs, fatigue, satiété, dégoût, douleur.

Mais d'où partira cet enseignement de l'ordre dans lequel doivent s'accomplir les fonctions, et du temps qui leur est assigné? quel moyen les organes auront-ils de plaider leur cause devant le moi et de solliciter leur tour d'activité? Nous voilà revenus à l'instinct et au sentiment, et nous sommes tenus de lier à leur étude la science du bonheur. Déjà nous avons appris que le sentiment principal du centre nerveux est, dans la partie positive, la recherche du plaisir; dans sa partie négative, la crainte de la douleur. Il reste à étudier les sentiments partiels et complexes.

Ici encore l'ordre à suivre est entièrement tracé par la physiologie; elle indique dans le cerveau les *instincts* de conservation, d'imitation et de manifestation; elle indique dans l'âme les *sentiments* de conservation, d'imitation et de manifestation.

Conservation. — Son objet principal est de veiller sur la vie des individus et des peuples, en contraignant l'être humain de se préférer à ses semblables, et à plus forte raison au reste de la nature. On le reconnaît dans l'acte de cette mère qui dévore son enfant pendant le siége de Paris; dans l'acte des naufragés qui tirent au sort à qui servira de pâture au reste de l'équipage; dans l'acte de ce malheureux qui, au centre des déserts africains, refuse à son père la goutte d'eau qu'il implore comme préservatif de la mort; dans l'acte de ces êtres inoffensifs, qui, menacés dans leur vie, rougissent leurs mains du sang de l'ennemi qui les attaque.

Ces exemples sont lugubres, mais ils disent bien ce qu'est le sentiment de conservation, et l'immense empire qu'il doit avoir en se mêlant à toutes les fonctions. Il sollicite des actes très-divers, et change de nom avec le but qu'il se propose. Quand, par exemple, il s'unit au moi, il devient l'*amour-propre*, dont la contre-partie est l'*amour du prochain*, et le point intermédiaire l'*abnégation*.

L'amour-propre étant un sentiment normal constamment tenu en équilibre par l'amour du prochain, n'a rien que de légitime : il sauve l'espèce humaine de l'abaissement, en donnant à tout homme le sentiment de sa valeur, en lui faisant repousser la domination des autres, en lui faisant comprendre sa dignité ; somme toute, il est un précieux élément social : mais quand il n'est pas tenu en équilibre par l'amour du prochain, par l'abnégation, il s'exagère, et devient *personnalité* d'abord, puis *égoïsme*, il devient vice. Sont personnels presque tous les êtres faibles, mais surtout les enfants, les femmes et les vieillards. Ils ne prennent intérêt qu'à ce qui les touche ; leur cœur n'a d'affection et de dévouement que pour un nombre limité d'individus dont ils reçoivent des services, de l'affection et du dévouement. Voyez une femme dans sa famille : elle se condamne en faveur de son mari et de ses enfants aux veilles, aux fatigues, aux travaux les plus rudes ; mais hors de là, elle ne voit rien : elle sera au désespoir du chagrin de son amant, et rira des douleurs d'un amoureux transi ; elle prendra même plaisir à aviver ces douleurs et à les étendre à d'autres soupirants. Dans un lieu public, elle abusera de la politesse de ses voisins en faveur de ses amis. Elle n'a d'opinions politiques que celles qui lui sont utiles. Enfin, si nous en croyons Voltaire, elle aime surtout être maîtresse au logis. La personnalité, avec les sentiments de génération, dit tout le caractère de la femme; il explique très-bien ce mélange d'indifférence, de tendresse, et de dévouement restreint, dont tant de maris, d'amants, et même d'étrangers, font journellement l'expérience. Mais ces considérations appartiennent plus au romancier qu'au philosophe, elles nous entraîneraient trop loin.

Moins riche en dévouement restreint, le caractère de l'enfant et du vieillard se rapproche plus de l'égoïsme, de l'absence de tout amour du prochain ; encore doit-on remarquer cette nuance, que l'enfant s'attache volontiers à ceux qui lui sont utiles, par la *reconnaissance*, tandis que le vieillard n'est guère reconnaissant. Sa faiblesse physique et morale lui interdit de veiller sur les autres; son attention se concentre sur sa débile existence ; il ne peut rien donner d'une vie qui va s'éteindre.

En résumé, c'est dans l'homme adulte qu'il faut chercher l'amour du prochain et l'abnégation ; parce que celui-là peut donner qui est riche, celui-là peut agir qui est fort. Chez lui, l'égoïsme est un vice contre nature, qui ne se voit guère dans les temps de force et de ferveur, mais qui se multiplie aux époques de décadence et de corruption. Il se multiplie chez les êtres énervés par la débauche, blasés par l'excès des plaisirs, chez ces êtres dont les organes épuisés ne peuvent plus réagir contre les agents extérieurs. Toute faiblesse est une cause d'égoïsme, parce qu'elle suppose une obligation plus immédiate de veiller à la conservation. Toute force, qu'elle tienne aux muscles, à la volonté ou à la croyance, est une cause d'abnégation et de dévouement. L'égoïsme est l'exagération du sentiment conservateur de l'individu. Au contraire, l'abnégation pourvoit à la conservation de l'espèce; elle pousse Léonidas à se faire tuer aux Thermopyles; elle lance Curtius dans un gouffre; elle anime ces soldats qui vont faire de leur poitrine un rempart à la patrie. L'amour-propre basé sur le sentiment des forces donne lieu à la *confiance*, qui, loin de s'effrayer des obstacles, les appelle dans l'espoir de les surmonter : sa contre-partie est la *défiance*, et son exagération est la *présomption*, qui elle-même a pour côté négatif la *modestie*. Un présomptueux croit pouvoir plus qu'il ne fait. L'homme modeste fait plus qu'il n'espère. Certaine nuance de la présomption, quand elle a pour objet soit des avantages extérieurs, soit des succès auprès du beau sexe, porte le nom de *fatuité*.

Voilà bien des nuances du sentiment positif et négatif de la conservation, mais il en est beaucoup d'autres encore. Quand l'amour-propre lutte contre des personnalités rivales, il devient *émulation;* alors il est guidé par le désir de s'approprier une chose utile ou agréable, par la *convoitise,* en un mot, ou bien par le seul désir du triomphe. Cette tendance vers la lutte s'observe chez beaucoup d'animaux; elle s'adresse à tous les obstacles, même aux choses inanimées; elle se reconnaît aussi bien chez le nageur qui prend plaisir à dominer le courant d'un fleuve que chez le coursier de l'hippodrome qui s'épuise en efforts pour devancer son rival. Elle est assez forte pour faire braver la crainte de la douleur et même de la mort. Dans ce cas elle porte le nom de *courage*, dont l'exagération est la témérité, et la contre-partie la *peur*.

Presque toutes les organisations puissantes sont portées vers l'émulation et le courage, tandis que la pusillanimité, la peur se rencontre chez les êtres dont le sentiment de conservation s'exagère. Celui qui est fort et qui ne redoute ni les travaux ni les dangers, étend le sentiment de sa conservation, l'amour-propre, jusqu'au soin de sa dignité ; il ne veut à aucun prix se laisser amoindrir ; le sentiment qui résume ces tendances est la *fierté*, qu'il ne faut confondre ni avec la *vanité* ni avec *l'orgueil*.

Est fier celui qui non-seulement repousse l'humiliation pour lui, mais qui, de plus, la repousse pour les autres et rougit de la leur infliger : ce qu'il veut avant tout, c'est sa propre estime. Autre est la disposition du vaniteux ; de l'estime il ne veut que l'apparence. Enfin l'orgueilleux ne veut pas seulement repousser la domination des autres, il prétend encore leur imposer la sienne.

Celui qui, pour fuir l'humiliation de l'aumône ou du parasitisme, sait, après un revers de fortune, gagner son pain au prix des plus rudes travaux est guidé par la fierté. Celui qui, pour se couvrir d'oripeaux et se faire admirer des laquais, se condamne aux sollicitations, aux soins minutieux de sa toilette, au parasitisme, et à des milliers d'obligations qu'il ne saura jamais reconnaître, est un vaniteux. Enfin celui qui, pour se donner une supériorité quelle qu'elle soit, se condamne à mille travaux, à mille souffrances, est un *orgueilleux*. L'orgueil explique la vie de César, de Mahomet, de Louis XIV, de Napoléon, du moine Hildebrand et de Thomas Becket. C'est un des grands fléaux de l'humanité ; c'est lui qui a causé la plupart des bouleversements sociaux, et qui explique cet amour de domination dont tant de peuples gémissent depuis bien des milliers d'années. Il a pour côté négatif l'*humilité*.

Mis en présence d'une supériorité étrangère, l'orgueilleux tend à la dominer, il est pris d'*ambition*. Souvent même il est peu délicat sur le choix des moyens; si la lutte lui est impossible, si ses forces le trahissent, il lui semble que cette supériorité d'un autre est un vol fait à son amour-propre; il est atteint d'*envie*.

Le vaniteux aussi est envieux, mais lui borne son ambition aux apparences du pouvoir et de la domination : d'un souverain il ne veut que la cour et les équipages, tandis que l'orgueilleux veut la réalité du pouvoir, et se couvre de bure à la condition de dominer ceux que couvre l'or.

L'envie doit être classée parmi les sentiments malfaisants : elle entoure l'homme d'une foule d'inimitiés, elle l'abreuve de fiel en lui faisant détester toutes les supériorités; elle le rend mauvais juge du mérite des autres, et lui fait méconnaître le sien.

Pour contre-partie de l'envie se présente l'*admiration*; mais elle appartient davantage aux sympathies qu'au sentiment de la conservation, en ce qu'elle tend à subordonner notre amour-propre à une personnalité étrangère.

Quand notre amour-propre reçoit une blessure, il en résulte un sentiment de réaction qui pousse à rendre coup pour coup, blessure pour blessure; il porte le nom de *ressentiment*. S'il se prolonge, il prend le nom de *rancune*, et perpétue les inimitiés longtemps après les causes qui les ont produites. En général, la vivacité et la durée du ressentiment se mesurent à l'intensité de la lésion et au degré d'amour-propre de l'offensé. S'il est personnel et orgueilleux, sa rancune sera longue et vivace; elle sera courte et

légère s'il est conduit par l'amour du prochain et la simple
fierté, parce qu'alors il arrive à pardonner, et s'en fait un
titre à sa propre estime. La contre-partie du ressentiment
est la *reconnaissance* qui résulte du bienfait, comme le
premier résulte de la blessure.

Il reste à étudier une dernière nuance du sentiment de
conservation qui s'applique non-seulement au présent, mais
encore à l'avenir. Quand un besoin s'adresse à un objet
extérieur, le premier mouvement est de désirer cet objet
(convoitise), et d'en user s'il est sous la main ; et, de plus,
l'homme, ainsi que plusieurs animaux, a une tendance à
accumuler à l'avance ce qui doit servir à des besoins à
venir. Le mulot et l'écureuil font leur provision de noi-
settes et d'amandes de pin ; le corbeau accumule des noix
dans le tronc des arbres : quant à l'espèce humaine, ses
immenses magasins disent assez sa tendance : on la voit
accumuler des provisions de toute espèce quand sa faim
est satisfaite ; on la voit tisser des vêtements quand elle est
revêtue d'habits chauds et épais. Ce sentiment d'approvi-
sionnement tient en bonne partie à la prévoyance, et au
désir de se mettre en garde contre des besoins à venir : il
peut tenir à l'activité et au besoin de faire quelque chose ;
mais il se rapporte certainement au sentiment de la conservation, à l'amour-propre. On récolte les fruits de la terre,
et on les place sous sa main pour les soustraire au gaspillage
des autres : il y a là un sentiment de personnalité manifeste
qui crée le tien et le mien, et devient l'origine de l'*appropriation.*

Nul ne peut nier la légitimité du sentiment qui pousse
chaque membre de l'espèce humaine à accumuler le fruit
de son travail et à se *l'approprier.* La possession se re-

marque dès les premières années de la vie chez les enfants : ils comprennent parfaitement leurs droits, ils défendent ce qui leur appartient. Mais ce respect pour ce qu'on possède implique forcément le respect pour ce que possèdent les autres, et donne lieu à la *probité*, dont la contre-partie est le *vol* ou l'improbité.

Si les besoins à venir font naître et légitiment l'appropriation, ils mesurent aussi son étendue et le point où elle doit s'arrêter. Celui, par exemple, qui accumule bien au delà de ses besoins sort des voies de la nature, il est atteint *d'avarice*. Il peut être considéré comme *charitable* s'il donne son superflu, et comme *généreux* s'il donne une partie du nécessaire. Si, avec des richesses très-restreintes et des provisions peu considérables, il sait suffire à ses besoins, il est mu par le sentiment de l'*économie*; il est atteint de *dissipation* s'il gaspille son bien sans profit pour lui ou pour les autres.

Rien d'utile certainement comme ce sentiment d'appropriation qui pousse les hommes à recueillir tout ce qui peut leur être utile, et à le soustraire à l'intempérie des saisons. Sans cela, d'immenses richesses seraient perdues, tandis qu'elles entretiennent l'abondance au sein de l'humanité. Par l'appropriation sont prévenues les disettes et les famines; elle tend à économiser la terre et à accumuler d'énormes populations sur des espaces restreints. Mais elle n'entretient l'abondance qu'à la condition de se tempérer par la charité et la générosité; car, si elle devient avarice, elle soustrait les richesses à la circulation, elle fait comme si ces richesses n'existaient pas, elle crée la famine où devrait régner l'abondance.

Flétrissons l'avarice, cet égoïsme de l'appropriation,

comme un des vices les plus nuisibles à l'espèce humaine, comme contraire à la générosité, à l'amour du prochain, comme synonyme de faiblesse et de lâcheté. L'avarice en effet est le vice de l'être faible, de l'enfant, du vieillard, de l'homme épuisé par les excès. Voyez le dissipateur dont l'héritage a disparu au milieu des plaisirs des grandes villes et des folles dépenses ; quand l'épuisement de ses organes lui défend l'orgie, quand il est blasé, il devient avare. L'argent seul lui arrache un sourire ; il aime à compter son or, comme s'il y retrouvait condensés tous les plaisirs qui se sont enfuis. Le vieillard tend d'autant plus à accumuler qu'il lui reste moins à vivre ; l'enfant est *accapareur ;* ses tendances sont renfermées dans ce mot d'un gros garçon qui, placé à table à côté de sa mère, disait en avançant son assiette vers le roti : *Maman, j'en veux trop.*

Partout dans la vie humaine se retrouve le sentiment de conservation et ses nuances ; non-seulement il met à profit, sous forme de prudence, toutes les connaissances et les notions fournies par les sens et l'intellect, mais il cherche de plus à se concilier l'inconnu sous forme de religion. L'idée de Dieu vient chez l'homme de son impuissance à embrasser et même à comprendre l'immensité de la nature; il se sent petit et faible en présence de l'infini ; il se sent continuellement dominé par des forces supérieures, et ces forces il les nomme Dieu.

Dans les temps d'ignorance, quand l'inconnu est partout, quand le phénomène le plus simple tient à des causes occultes et surnaturelles, la Divinité revêt mille formes ; elle touche par mille côtés l'homme qui s'imagine retrouver en elle ses instincts et ses sentiments ; il la fait colère, hautaine, vindicative ; et, pour se la rendre favorable, il agit envers elle comme envers ceux de ses semblables qu'il sait puissants, et par suite hautains et vindicatifs.

L'Asiatique mis en présence d'un despote qui d'un signe peut donner la mort, se met à genoux et courbe son front jusque dans la poussière; s'il parle, il épuise les formules de l'humilité; le sentiment de la conservation lui dicte les paroles et lui trace les actes que nous retrouvons dans toutes les religions, sans en excepter celles des temps actuels. Nos fervents catholiques croient se rendre favorables Dieu, les anges, les saints, la Vierge et même Jésus-Christ, en s'humiliant, en se frappant la poitrine, en usant de leurs genoux les dalles des églises, en jeûnant, en se torturant de mille manières.

Ils croient plaire à des êtres qu'ils disent infiniment bons, en leur donnant le spectacle de l'abaissement et de la douleur. Ils veulent attendrir la Divinité par les moyens qui attendrissent le grand Lama ou l'empereur de la Chine; ils espèrent, par la prière, être préservés de la mort, de la grêle, de la gelée, de la maladie, enfin de toutes les misères terrestres dont les causes dépassent la sagesse ou la puissance humaine.

Mais ce n'est pas seulement de cette façon que le sentiment de conservation contribue à la naissance du sentiment religieux, il lui vient encore en aide par l'horreur de l'anéantissement et par l'espoir d'une autre vie.

Tel est ce besoin de vivre, que tous les hommes, en face de la décomposition cadavérique, sont disposés à admettre une existence meilleure que celle dont ils ont l'expérience; ils ne peuvent se former une idée raisonnable de leur éternité, et cependant la plupart l'admettent contre l'évidence; ils la veulent splendide, infinie. Beaucoup, à l'imitation du chien de la fable, lâchent leur proie pour l'ombre, se torturent leur vie durant, dans l'espoir de gagner le paradis, ou achètent à beaux deniers comptants des indulgences destinées à raccourcir leur temps de purgatoire.

L'admission d'une autre vie placée en face du paradis et de l'enfer a donné, parmi les nations, de vastes proportions à l'esprit religieux ; elle a augmenté le crédit du prêtre, a dégagé son influence sur la volonté divine du contrôle de l'expérience ; elle a fait du sacerdoce un état privilégié qui a toujours gouverné les nations par les deux sentiments les plus puissants et les plus généraux, l'espoir de la vie ou du bonheur, la crainte de l'anéantissement ou de la torture.

Sympathies et imitation.—Un échange de fluide nerveux entre deux êtres animés constitue les sympathies ; elles se remarquent dans beaucoup d'animaux, et font que les carnassiers d'une même race ont répugnance à se déchirer entre eux, et *ne se mangent pas*, si nous en croyons le proverbe ; elle établit entre tous les hommes une solidarité d'existence qui porte le nom d'*amour du prochain*, et devient *amitié* en se limitant à un individu.

Par les sympathies, l'homme souffre de la blessure de son voisin, de sa misère, de sa faim ; cette réaction d'un individu à un autre, cette communication de la douleur, porte le nom de *pitié*. Elle détermine toute la série des actes renfermés sous le nom de charité et de bienfaisance ; elle partage le pain du pauvre comme le repas fastueux du riche ; elle enferme dans les hôpitaux les sœurs de Saint-Vincent de Paul ; elle soutient les martyrs dans leurs rudes épreuves, les martyrs de la liberté comme ceux de la religion. C'est à l'amour du prochain qu'est due en bonne partie l'organisation de la *société* humaine, l'association d'une multitude d'êtres qui se réunissent pour s'étayer les uns les autres contre les misères de la vie, pour doubler leurs joies en se les communiquant et alléger leurs peines par le partage. Rien n'est puissant et fécond comme ce sentiment; il fit la force irrésistible du christianisme, comme la fraternité fait la force des doctrines actuelles.

La contre-partie des sympathies se nomme *antipathie*; elle se traduit par la *haine*, par le désir de nuire à celui qu'on devrait protéger; l'état intermédiaire est l'*indifférence*. Rien n'est pénible comme la haine, dont les causes principales sont le ressentiment, mais surtout l'envie : on hait celui qui opprime, qui fait injure, qui blesse; mais on hait surtout la supériorité. Voilà pourquoi l'existence des grands hommes est presque toujours misérable, tandis que le bonheur est l'apanage de la médiocrité. Nous voyons ici les sentiments nés de l'instinct de conservation exagéré, c'est-à-dire la personnalité et l'égoïsme, faire équilibre et lutter contre la *fraternité*, comme la fraternité elle-même lutte contre l'amour-propre; elle distribue la richesse accumulée par le sentiment d'appropriation, par l'économie; elle place le *dévouement* à côté de la crainte du danger. En continuant ainsi ce parallèle de l'amour-propre et de l'amour du prochain, on verrait chacun d'eux faire tour à tour la contre-partie de l'autre, et le même antagonisme se maintenir parallèlement dans les sentiments qui en dérivent; on verrait la personnalité s'équilibrer par l'abnégation, l'égoïsme s'équilibrer par le dévouement, etc. Il en résulte un double correctif qui rallie le sentiment de la conservation individuelle au salut général.

Sans la fraternité, l'amour-propre serait un sentiment destructeur et stérile, comme l'amour du semblable amènerait le sacrifice d'une foule d'individualités s'il n'était tempéré par l'amour de soi.

En rattachant la sympathie à certaines similitudes ou convenances d'organisation, on doit admettre qu'elle varie avec ces convenances, et qu'on ne peut aimer tous les hommes également, parce que tous ne sont pas semblables. Il en est encore avec lesquels le contact est plus fréquent, les échanges de services et d'idées plus faciles ; dans ce cas, l'affection se concentre sur eux, il naît un sentiment qui porte le nom d'*amitié* ; il se nomme *reconnaissance* quand il provient de bienfaits ou de plaisirs reçus. L'*inimitié* est le côté négatif de l'amitié, et l'*ingratitude* est la contre-partie de la reconnaissance.

Aux sympathies doit se rattacher un sentiment qui tient aussi à l'amour-propre, que Gall nommait *approbativité*, parce qu'il est la recherche de l'approbation, de l'estime. Quand on estime son semblable, on veut être estimé de lui, on veut conquérir sa confiance, ses applaudissements ; on veut encore s'attirer l'estime ou les applaudissements d'une multitude, de tout un peuple ; on recherche la *gloire*. Il ne faut pas confondre l'amour de la gloire avec l'*ambition* ; ce dernier sentiment implique toujours le désir de domi-nation, tandis que le premier ne demande que l'estime, et souvent, pour l'obtenir, se dévoue au service des autres. L'amour de la gloire est ce qui pousse l'homme aux grandes actions, aux grands dévouements. C'est lui qui soutient le militaire au milieu des dangers et des fatigues ; c'est lui qui soutient le savant dans ses recherches et l'artiste dans son enthousiasme. Il se modifie de mille manières, et revêt une foule de nuances, selon son sujet et selon son objet. Tantôt il repose plus particulièrement sur la fierté, et donne lieu à la *vertu*; tantôt il est stimulé par la vanité, et donne lieu à l'*honneur*. A certaines époques on voit des hommes sacrifier l'honneur à la vertu, se couvrir d'un opprobre apparent pour sauver leur pays par un acte d'abnégation et de dévouement digne de la plus grande gloire; tantôt, au contraire, on voit des hommes sacrifier la réalité à l'apparence, se montrer grands et sublimes dans leur vie publique, et se livrer à toutes les turpitudes dans leur vie cachée. Les ordres, les décorations, le luxe, les richesses donnent une satisfaction basée sur le sentiment de l'honneur lié, si nous en croyons Montesquieu, à l'organisation monarchique; il tend à produire de grandes actions; mais il exalte l'égoïsme, la personnalité, la vanité et l'ambition. C'est pour cela que les rois, les conquérants ne retrouvent plus, au jour du malheur et des revers, ceux qu'ils ont comblés de décorations, de richesses et d'honneurs. C'est pour cela que Napoléon, après avoir vu des millions d'hommes courir au feu et se faire tuer au profit de son exaltation et de sa puissance, trouvait à peine un ami parmi ces hommes si braves, quand il ne pouvait plus donner ni décorations ni richesses. Il se voyait trahi par son frère d'armes, par l'hôte de sa tente, qui se couvrait d'*opprobre* pour conserver ses *honneurs*.

Autre est la vertu à la recherche de la gloire; elle ne veut pas une estime passagère; elle rit des oripeaux dont se couvrent les puissants et les riches. Mais, loin de trahir l'ami et le bienfaiteur, elle tend la main à l'ennemi vaincu, elle le sauve au prix de mille dangers.

A l'aspect d'une action par laquelle l'un de nos semblables se dévoue et s'impose des peines et des douleurs au profit de l'humanité, nous sommes pris pour lui d'*estime*,

qui est le sentiment réciproque du besoin d'approbation.
Si l'action est grande ou expose à des dangers sérieux, notre
estime devient *admiration*. Toujours il y a sympathie pour
l'homme qu'on admire; mais il peut n'y avoir pour lui ni
amitié ni reconnaissance. Quand, au contraire, nous sommes témoins d'un acte nuisible à l'humanité, nous ressen-
tons un sentiment d'*improbation*, qui, en s'exagérant,
devient *indignation*. L'indignation attache à celui qui en
est l'objet l'opprobre, comme l'admiration revêt de gloire
celui qui la commande.

Voilà les principaux sentiments qui se rattachent aux
sympathies proprement dites; il reste à étudier ceux qui
naissent des sympathies devenues *imitation*.

Nous avons cherché à faire comprendre comment, au
simple point de vue organique, les êtres qui s'avoisinent
tendent à se mettre à l'unisson sous le rapport des figures
et des couleurs. Nous avons cité des exemples destinés à
démontrer que, par l'action des sympathies nerveuses,
l'être animé tend à reproduire les actes qui se passent autour de lui. Cette tendance, quand elle arrive au moi, fait
partie de l'âme, et devient un sentiment variable selon les
appareils qui imitent; mais que, d'une manière générale,
on peut appeler le *sentiment d'imitation*.

S'il s'applique à l'ensemble des actes de la vie, s'il porte
le fils à faire comme son père, le citoyen à faire comme les
autres membres de la cité; il devient l'origine des *mœurs*
d'un peuple et tend à les perpétuer de génération en génération. Il lutte contre la mobilité des caractères; il maintient certaines coutumes en les étendant à une foule d'individus. Mais s'il est conservateur des mœurs à un point de
vue, il tend, sous certains rapports, à les modifier rapide-

ment. Un citoyen, par exemple, guidé par l'imitation négative, par la contradiction, adopte un nouveau vêtement; s'il lui sied, d'autres se vêtiront comme lui, et les anciennes coutumes seront abandonnées; autant peut être dit des équipages, des ameublements, de l'architecture des édifices, etc. Cette tendance à imiter les choses nouvelles est l'origine des *modes* : elle ne se prononce pas avec autant de violence et de rapidité chez tous les peuples : certains ont les nerfs réfractaires et sont peu accessibles aux sympathies; d'autres, au contraire, reçoivent avec une extrême facilité l'impression du voisinage. Sous ce rapport, le peuple français peut être offert comme type. S'il est réuni en assemblée, il comprend l'orateur à demi-mot, il saisit ses intentions, il s'électrise sous la parole, et pris, dans son enthousiasme, d'une volonté unique, il accomplit de grandes choses; mais souvent il commet des erreurs.

Nulle part on ne subit, comme en France, l'entraînement de l'opinion publique; nulle part les idées saisissantes ne se propagent avec autant de rapidité; aussi notre pays est-il la terre classique des révolutions.

Ce caractère national explique l'influence d'une grande capitale comme Paris sur la civilisation, les sciences et les arts : chacun baigne dans une atmosphère scientifique et artistique qui semble s'infiltrer par les pores et donner des aptitudes nouvelles. Le peintre, par exemple, ne jouit de toutes ses facultés de coloriste et de dessinateur qu'à Paris : s'il fait un voyage pour recueillir des études, il vient les utiliser dans la capitale. Il en est de même pour l'art dramatique, pour l'architecture, pour la musique : l'inspiration ne vient qu'au milieu d'un vaste foyer d'intelligence et de sympathie.

L'imitation est pour beaucoup dans la création des langues, qui ont pris au monde extérieur une foule de sons ; elle contribue puissamment à perpétuer l'accent de certaines contrées ; elle paye son tribut aux arts mécaniques en leur fournissant constamment des modèles dans la nature ; elle est aussi, en partie, l'origine de la peinture, de la sculpture et de la musique. Nul doute que la peinture n'ait commencé par une imitation grossière des hommes et des choses ; il en est de même de la sculpture et même de l'architecture, qui emploie constamment dans ses ornements la reproduction de feuilles, de fruits, d'animaux, etc.

Quant à la musique, on a voulu en trouver l'origine dans l'imitation du chant des oiseaux, des bruits aériens produits par les roseaux, etc.

En considérant les mouvements et les actes des hommes, leurs idées, leurs aptitudes et leurs sentiments, on retrouve partout la tendance à l'imitation : ils copient non-seulement ce qui excite leur admiration, mais ils imitent encore ce qui excite leur mésestime ou leur indignation ; c'est pour cela qu'on voit, à certaines époques, se reproduire les grandes actions et les actes d'un dévouement sublime, tandis qu'en d'autres temps une population tout entière semble baigner dans la corruption et la turpitude.

Le vice a sa contagion, comme la vertu : si un crime peu ordinaire se commet et produit beaucoup de bruit, on peut être certain qu'il se reproduira, comme se multiplieront les actes de charité et de dévouement qui acquièrent de la publicité. Les hommes ressemblent plus ou moins aux moutons de Panurge, tous subissent l'entraînement, et les forts seuls savent y résister, parce qu'au lieu de recevoir l'impulsion des autres, ils savent la leur donner : celui qui comprend bien le mécanisme de l'imitation et l'influence qu'elle peut avoir sur la destinée des peuples voit en elle de nombreux éléments de gouvernement.

Manifestation. — La propension à imiter ce que font les autres est aidée par la tendance qu'ils éprouvent à manifester ce qui se passe en eux ; tendance que nous savons générale dans la nature, et qui pousse les animaux, aussi bien que les hommes, à exprimer leurs divers sentiments ou impressions.

Parmi les manifestations, celles qui exigent le concours des muscles soumis à la volonté peuvent être empêchées par le moi ; mais celles qui sont sous l'influence du cœur ou de la circulation sont involontaires. Il faut être bien habile ou bien dissimulé pour empêcher son front de rougir, ses yeux de briller, sa gorge de se dessécher, ses membres de frissonner, sa voix de s'altérer, quand des impressions vives saisissent inopinément : peu savent même, en pareille circonstance, étouffer un cri, réprimer un geste ou empêcher une attitude particulière ; tous éprouvent le besoin d'exprimer ce qui les agite.

Une étude de chaque genre de manifestation contraindrait à passer en revue la plupart des appareils, depuis la peau qui se hérisse jusqu'au tube intestinal dont les troubles démontrent bien souvent le saisissement ; mais, sans entrer dans de tels développements, il est nécessaire de parler des principaux moyens de manifestation, qui sont le geste et la parole.

C'est une longue, profonde et difficile étude que celle du geste et de l'attitude : ils offrent mille nuances, mille complications que l'observateur sait interpréter, mais qui échappent, par leur nombre, à la plupart des hommes. Plus qu'aucun autre, peut-être, le médecin habitué à interroger les signes et les symptômes, sait deviner, à l'habitude extérieure du corps, les sentiments qui agitent la conscience; le mime, le comédien se trouve dans une position analogue, non pas qu'il ait à deviner ce qui se passe chez les autres, mais parce que sa profession consiste à exprimer, à manifester une série d'idées et de sentiments.

Dans le geste comme dans l'attitude il est plusieurs centres d'action qui sont : 1° la tête ; 2° la poitrine et les épaules; 3° le ventre et le bassin : la tête, comme moyen de manifestation, a l'œil et la bouche avant tout, puis le reste du visage, dont les traits sont moins mobiles; enfin les poses, qui tiennent aux diverses inflexions du cou. C'est merveille de voir le sentiment de manifestation représenter mille impressions intérieures par le degré d'ouverture des paupières, par le plus ou moins d'humidité de l'œil, par la saillie de la cornée et l'ouverture de la pupille. Un seul plissement des lèvres, un mouvement des sourcils peuvent dire bien des choses : on lit sur les plis du front l'habitude de la méditation ou des préoccupations sérieuses; le contour des joues, les méplats et les fossettes qui les animent, les plis qui entourent les yeux peuvent tous avoir leur signification.

En général, l'expression des pensées hautes et profondes siége sur le front ; l'œil exprime la plupart des passions, mais surtout les diverses formes d'amour ou de haine; la bouche est plus souvent sensuelle et ironique. La manière dont la tête est attachée et les inflexions du cou sont fort éloquentes, surtout chez la femme : elles donnent aux traits beaucoup de relief; tandis que des muscles nombreux produisent une série de saillies et parfois une turgescence dont le caractère passionné ne saurait être méconnu.

Dans la poitrine et les épaules, il faut plus particulièrement s'attendre à trouver des manifestations de force ou de faiblesse, des attitudes offensives et défensives ; mais si on leur adjoint les bras, on trouve dans le geste une source inépuisable d'expression.

Chez la femme, la saillie du sein, la grande mobilité des côtes, la rapidité et l'étendue des mouvements de la poitrine fournissent de nouveaux moyens de manifester les sentiments ; tandis que la rondeur des bras et la délicatesse de leurs attaches donnent au geste une suavité particulière.

Au bassin, ainsi qu'aux membres inférieurs, il faut rattacher l'expression des sentiments qui concernent l'appareil générateur ; c'est pour cela que la marche d'une femme indique à des yeux exercés des habitudes de continence ou de débauche, et l'énergie des passions combattues. Certaines danseuses trouvent dans les mouvements du bassin et des membres inférieurs les moyens de raconter tout une histoire d'amour ; avec un mouvement des hanches elles électrisent tout un parterre de théâtre ; tandis que les négresses des colonies, dans leurs danses lascives, exaltent jusqu'à la fureur les passions de leurs noirs amants.

Tant d'organes soumis au sentiment d'expression ou de manifestation nous disent assez son importance sur la vie humaine et la multitude de rapports qu'il peut établir entre les membres d'une même cité. Il est difficile qu'une impression s'empare de l'âme sans qu'elle ne se manifeste d'une manière ou de l'autre, sans qu'elle ne passe à un ou plusieurs individus voisins : de là une sorte de solidarité de sentiments établie entre les membres d'une famille ou d'une tribu; de là le principe de la société.

Le sentiment de manifestation se résumant dans la série des mouvements volontaires porte le nom de *langage*, dont la meilleure part concerne les organes vocaux. Nous comptons en parler longuement quand nous arriverons aux sentiments qui concernent l'appareil vocal ; mais nous devons faire remarquer dès à présent que la parole, aussi bien que le geste, peut être un signe conventionnel, applicable, par conséquent, non-seulement aux sentiments, mais encore aux idées. Du moment où ils sont de pure convention, les moyens de manifestation sont infinis ; ils peuvent donc représenter un nombre infini d'impressions.

Si nous considérons, d'une façon abstraite, le sentiment de manifestation, il prend le nom de *vérité ;* car manifester ses sentiments, c'est dire le vrai, c'est confesser ce qui existe, c'est témoigner de ce que l'on voit et de ce que l'on ressent. La vérité est donc une chose d'autant plus sainte et plus étroitement liée à la constitution humaine, qu'elle naît d'un sentiment plus étendu et plus impérieux ; elle est d'autant plus nécessaire à l'humanité, qu'elle établit une plus grande solidarité d'existence entre les hommes ; si tous disaient vrai, le vice serait impossible.

Par malheur, ce beau sentiment de vérité a sa contrepartie, le *mensonge*, qui est le témoignage de ce qui n'existe pas. Entre la vérité et le mensonge, se trouve la dissimulation, qui est l'absence de manifestation. Au contraire, la franchise est la disposition à dire vrai.

En général, les forts disent vrai, les prudents dissimulent, les faibles et les pusillanimes mentent. Tout être opprimé tend à dissimuler et à mentir : c'est pour cela que les enfants mentent dans les colléges, que les femmes mentent dans leur ménage, que les esclaves mentent dans l'atelier, que le serf ment sur la glèbe.

C'est dans les Etats despotiques que la conspiration est en permanence, c'est chez les hommes libres qu'on retrouve l'amour de la vérité.

En Chine le mensonge est en honneur, à Sparte il était une turpitude; le Russe est célèbre par sa dissimulation; l'Anglais est renommé pour sa franchise: tous dans les mêmes conditions de force et de liberté obéiraient à l'impulsion de leurs organes, au sentiment de manifestation; ils aimeraient à dire la vérité.

Cet exposé des sentiments cérébraux, conservation, imitation et manifestation, peut se résumer dans un sentiment plus général que nous nommerons sociabilité. L'homme, en effet, comme beaucoup d'autres animaux, cherche auprès de son semblable un refuge contre le danger; il demande appui et protection à qui lui est uni par le lien des sympathies; il trouve dans l'amour, dans l'amitié, dans l'admiration, dans la bienfaisance, etc., etc., une assurance contre les misères de la vie.

C'est seulement en présence de son semblable que l'homme peut céder à l'impérieux besoin de manifester, sous forme de geste, d'attitude, de langage, d'art, de science, etc., tout ce qui se passe en lui.

Dans la solitude, au contraire, il se trouve privé de ses plus belles aptitudes affectives ou intellectuelles; il s'amoindrit de tout ce qu'il ne reçoit pas de ceux qui l'entourent et de tout ce qu'il ne peut leur donner.

Nous verrons encore dans la suite bien d'autres sentiments aider au sentiment de sociabilité, qui se trouve ainsi le plus général et le plus étendu des besoins, sinon le plus impérieux; il tient à l'organisme par mille attaches; et sa contre-partie, la misanthropie, est toujours une maladie mentale, une douleur réelle. Il ne faut pas la confondre avec l'amour de la solitude, forme ordinaire de la fatigue intellectuelle.

Sentiments qui concernent l'appareil musculaire.

Les instincts nous ont appris comment les muscles, par le fait de la nutrition, tendent à la contraction, et, par leurs nerfs centripètes, communiquent cette tendance au *moi*. Nous savons encore comment, après une série de contractions, les muscles épuisés tendent au repos, et communiquent cette disposition au cerveau : ceci nous dispense d'insister sur le fait organique. Nous avons à étudier les impressions musculaires quand elles sont perçues, quand elles sont devenues sentiments.

Elles se mêlent à beaucoup de fonctions, deviennent partie des sentiments qui en naissent, et changent de nom avec le but qu'elles se proposent. Par exemple, le sentiment des fibres musculaires de l'estomac fait partie de la faim, le sentiment des fibres contractiles du poumon fait partie du sentiment de la respiration, tandis que les muscles de l'œil sont pour quelque chose dans le sentiment de la vision. Notre but n'est pas d'étudier cette série de sentiments musculaires, mais de les réunir sous une dénomination générale, le *sentiment du mouvement*, dont la contre-partie est le *besoin de repos* ou la *lassitude*.

Il importe beaucoup de faire observer que le mouvement est un plaisir jusqu'au moment où la lassitude se prononce, et qu'à partir de ce moment il devient une douleur qui va progressant. La tendance au mouvement et la tendance au repos sont donc en raison inverse l'une de l'autre, comme sont tous les sentiments ayant un côté négatif; la seconde est le correctif de la première; elle indique l'instant où la prolongation des mouvements devient une cause de maladie pour l'organisme.

Un autre sentiment, qui, en bonne partie, doit être rattaché au système musculaire, est celui de l'équilibre. Il diffère essentiellement de la tendance au mouvement; son objet est de maintenir la rectitude du corps et la position qui, sous le nom de station, semble favoriser davantage la veille et l'activité physique ou intellectuelle.

Ce sentiment d'équilibre, quoique peu important en apparence, veille cependant incessamment sur la conservation de la vie; il empêche dans les mille attitudes du corps des chutes dangereuses; il permet des mouvements excessivement variés, et sait maintenir au milieu des exercices les plus violents, au milieu des impulsions les plus rapides, le centre de gravité dans la base de sustentation.

Une partie du sentiment de l'équilibre doit être attribuée à l'appareil de la vision; mais cette part est minime, car les aveugles savent fort bien se maintenir debout, et, de plus, ils ne sont pas exposés, sur les lieux escarpés, à être attirés par le vide, comme font bien des gens dont la vue est excellente. L'œil, pour veiller à l'équilibre, a besoin d'un point d'appui; s'il plonge dans l'immensité, cet appui manque, un sentiment contraire à l'équilibre se manifeste, et une chute devient imminente. Pour garder la rectitude du corps en pareil cas, le plus sûr est de fermer les yeux et de s'en rapporter au sentiment musculaire; il agit indépendamment de tout ce qui l'entoure ; il n'est distrait que par une vigoureuse secousse physique ou morale. L'homme qui reçoit une nouvelle saisissante chancelle, et souvent tombe à terre; l'homme dont une balle traverse les chairs tombe avant de se sentir atteint, surtout si le projectile a lésé le voisinage des centres nerveux.

Inutile d'insister sur l'importance du sentiment de l'équilibre ; sans lui la progression, le déplacement, les travaux et même la vie animale seraient impossibles.

Liberté. Si on décompose le sentiment du mouvement et son annexe, le sentiment de l'équilibre, on voit le besoin d'agir se transformer tout d'abord en sentiment de *liberté*, dont le côté négatif est la *servitude*. Etre libre , c'est avoir les moyens d'exercer sa volonté; la volonté est toujours tenue de se formuler par un acte, par un changement à ce qui est ; tout changement aux choses extérieures suppose une contraction musculaire : c'est donc aux muscles qu'il faut rattacher le besoin d'être libre. Jamais les actes purement cérébraux ne demandent à être libres, parce qu'ils ne peuvent être autre chose, et ne sont pas soumis à la servitude. Parler de liberté de pensée, c'est faire un pléonasme ; mais il n'en est pas de même de la liberté d'écrire ou de parler, parce que l'action musculaire intervient, parce qu'il s'opère un changement aux choses extérieures. C'est donc comme moyen de communication de l'idée et des sentiments que la liberté intéresse l'intelligence; elle l'intéresse de tout ce que le langage et les moyens de manifestation ajoutent à la vie de l'homme.

Un beau travail serait de faire l'histoire intellectuelle des peuples, au point de vue de la liberté : partout on la verrait protéger les sciences et les arts, partout on la verrait agrandir l'humanité ; on verrait la Grèce libre faire plus, en quelques siècles, pour la civilisation, que le reste d'un monde abruti par la servitude ; on verrait le génie oppresseur de Rome se montrer, malgré des apparences libérales, réfractaire aux arts de la Grèce ; on verrait, après l'invasion des barbares, la civilisation ravivée dans les Républiques Italiennes par quelques parcelles de liberté ; on verrait les Provinces Unies lutter contre les armes de l'Espagne, de la France et de l'Angleterre ; puis recueillir les industriels, les penseurs, les artistes chassés par le génie destructeur de Louis XIV. Le seul mot d'oppression explique la chute de Napoléon, la misère de l'Irlande, la torpeur de la Russie, le malaise des provinces Autrichiennes, la langueur de la colonisation Algérienne ; le seul mot de liberté dit la prospérité des États-Unis, et les immenses travaux opérés, en quelques années, sur une surface de sol grande comme l'Europe.

Mais ce n'est pas seulement l'intelligence et la civilisation humaine qu'intéresse la liberté, elle tient aux passions, aux sentiments, au boire et au manger : nulle portion de la vie qu'elle ne puisse agrandir ; elle distribue le jour et le soleil ; elle donne la nourriture, les courses dans les bois, les loisirs, les rêveries, la musique, l'amour, l'amitié, les livres, tout ce qu'il y a de bon dans ce monde ; en un mot : elle allége la misère, fait goûter le bien-être et rend la richesse un fardeau, parce qu'elle est une *servitude*.

Tout être animé et pourvu de muscles tend invinciblement vers la liberté, vers la lutte contre la servitude ; et ce double sentiment est d'autant plus actif chez lui, que ses moyens d'agir et de vouloir sont plus puissants. L'aigle ne peut devenir un animal domestique ; le lièvre rapide est renommé pour sa sauvagerie ; le levrier est le chien le plus vite à la course et celui qui s'apprivoise le plus difficilement. De même, l'homme qui a le plus de force et d'activité musculaire est celui qui aspire le plus fortement à la liberté : témoin les montagnards et les peuples dont la nourriture est substantielle, comme les Suisses, les Basques, les gens du Dauphiné et des Cévennes ; les peuples d'Angleterre, de France, du nord de l'Allemagne et de l'Amérique septentrionale. Une alimentation abondante donne de la richesse à leur sang et, par suite, à leurs muscles, une tendance continuelle vers le mouvement. Par contre, la misère et le manque de nourriture sont de puissants agents d'esclavage et de servitude ; ils indiquent en partie la cause du despotisme asiatique, et ce qui empêche l'Irlande, la Russie, la Pologne et l'Italie de s'affranchir ; ils justifient ce mot profond d'un homme d'Etat : *La misère est un frein...*

Travail. L'activité, l'action musculaire déployée dans le but de satisfaire à l'un des besoins de l'humanité, porte le nom de *travail* ; l'état contraire est l'*oisiveté*. Tout homme bien conformé, tend au travail, soit pour satisfaire ses instincts musculaires, soit pour satisfaire ses divers besoins ; l'oisiveté lui est une peine, un vice organique ; elle amène vite l'amoindrissement des forces. Appliquée à l'intelligence, elle produit la folie qu'on voit si souvent résulter de la réclusion cellulaire ; appliquée aux membres, elle amène l'ankylose et la paralysie, et cela au prix des plus vives douleurs. Plus les muscles se développent, et plus l'amour du travail est puissant : c'est pour cela que les peuples de l'Europe les mieux nourris font des prodiges de travail ; tel est le peuple Anglais, qui pourrait fournir au monde les objets manufacturés dont il a besoin, qui couvre la mer de ses vaisseaux et la terre de ses colonies , qui dans son activité dévorante veut embrasser le monde et le trouve trop étroit ; tel est le peuple Hollandais qui, après avoir arraché à la mer son sol et sa patrie, s'est fait un moment le courtier de l'Europe ; telle est cette nation Américaine dont les prodiges de travail étonnent l'ancien monde.

Le sentiment du travail est si puissant dans l'espèce humaine, du moment où l'alimentation est suffisante, qu'il devient un élément principal de bonheur, en se satisfaisant. L'homme actif seul est heureux ; il est heureux d'agir avec l'espoir de pourvoir à un ou plusieurs de ses besoins ; il est heureux d'agir pour l'action seule.

Son travail, outre le produit, maintient l'harmonie parmi les fonctions, stimule la nutrition et la circulation, augmente l'appétit, développe les muscles, donne l'adresse et la force ; il procure un sommeil profond, et donne ce bien-être général qui toujours accompagne la plénitude de la vie. Autres sont les résultats de l'oisiveté : avec elle, les fonctions manquent de leur stimulant principal ; elle amoindrit l'appétit, la nutrition et la circulation ; elle nuit au sommeil, elle maintient l'agitation et l'inquiétude ; elle crée ces existences malheureuses qui portent dans les diverses capitales un insurmontable ennui, des passions factices, avides de turpitude et de corruption, comme d'un élément de distraction ; elle est une des causes les plus fréquentes du suicide.

Il ne faut pas douter que l'obligation de travailler, appliquée à tous les hommes, ne soit, pour l'espèce humaine, un grand élément de bonheur et de moralité. Si tous les hommes employaient à des créations utiles la somme de travail qu'ils peuvent donner, les productions et les richesses deviendraient immenses; le bien-être général amènerait vite l'amélioration de la race et de la santé, amènerait vite le goût des sciences, des arts et des plaisirs intellectuels; la civilisation prendrait une vitesse proportionnée à cette foule d'intelligences et de bras multipliés les uns par les autres.

Au point de vue organique, le travail est un élément de santé et de force; au point de vue des passions, il est un frein et un élément de moralité; au point de vue de l'intelligence, il est le plus puissant moyen de développement, il doit être un objet de respect et de vénération pour les peuples; pour l'enfance, qui doit y lire un avenir de prospérité; pour l'âge mûr, qui doit y trouver les moyens de développer sa puissance; pour la vieillesse, qui lui doit les moyens de lutter contre le poids des ans et contre la triste pensée d'une fin prochaine.

Trop longtemps, dans ce monde, l'oisiveté a été respectée, et le droit de ne rien faire considéré comme le suprême bonheur; le jour où l'enfant apprendra, dès le berceau, que le travail est honorable et que celui-là seul est digne de vivre qui gagne son pain et son bien-être, ce jour-là l'humanité aura fait un grand pas, et sera bien près du bonheur.

Émigration et *voyages.* Le sentiment moteur, concentré dans les membres inférieurs et aidé de la curiosité, du besoin de changer d'air et de climat, devient le sentiment de l'*émigration* et des *voyages* ; il pousse, en s'unissant à certaines nécessités alimentaires, des myriades d'oiseaux, d'insectes, et même de quadrupèdes, des pôles vers l'équateur, et de l'équateur vers les pôles ; il dirige en général l'espèce humaine vers les régions chaudes et fertiles, parce qu'elle y rencontre plus facilement le bien-être et les choses nécessaires à la vie.

Ce sentiment a son côté utile, en ce qu'il tend à peupler toute la terre, à mêler les nations, à croiser les races, à porter dans toutes les contrées des éléments de civilisation ; le voyageur fait beaucoup pour le progrès social.

A l'amour des voyages s'oppose le patriotisme, l'amour du sol natal et de la vie sédentaire qui empêche la dépopulation de certaines contrées infertiles et montagneuses ; il est même curieux de voir le montagnard tenir plus à ses rochers que l'habitant de la plaine ne tient à ses champs fleuris : le premier, éloigné de son pays, est pris, presque à coup sûr, de nostalgie ; le second est très-peu sujet à cette maladie.

On peut encore rapporter au sentiment moteur l'amour de la *chasse*, de la *pêche*, de la *promenade*, des *courses* à cheval ou en voiture. Mais à tous ces sentiments se mêlent soit des satisfactions d'émulation et d'amour, soit l'espoir de satisfaire sa faim et sa gourmandise ; la place que de tels sentiments tiennent dans la conscience est trop secondaire pour exiger aucun détail.

Sentiments qui concernent les appareils des sens.

Tous les sens, ayant pour objet l'exploration du monde extérieur, se concentrent en un sentiment général, la *curiosité* ou la tendance vers l'exploration, dont le côté négatif est la *discrétion*. La simple activité de l'œil suppose le besoin de voir, comme l'intégrité de l'oreille suppose le besoin d'entendre.

Mais si la curiosité part de cinq appareils, si elle peut s'exercer sur l'immensité du monde extérieur, elle constitue un sentiment d'une grande importance ; elle sert merveilleusement l'activité humaine et contribue au développement intellectuel, autant que le travail contribue au développement physique ; elle est presque toujours en raison directe de l'activité des sens. L'homme, comme les animaux, tend à explorer par le sens qui, chez lui, est le plus développé ; aussi exerce-t-il surtout sa main, son œil et son oreille, tandis que le chien et le porc exercent leur nez, certains polypes leur appareil du goût, etc.

Sentiments tactiles. La *curiosité* ou besoin d'exploration appliquée au tact a surtout pour objet la température, la figure et la distance ; elle concerne tous les corps qui peuvent offrir une résistance à la main ; aidée des muscles, elle veille presque constamment à la conservation de l'espèce.

Rarement on examine attentivement un objet sans y porter la main, on le parcourt des doigts lors même que le contact en est rude et désagréable ; mais si une douce température, le poli des surfaces ou leur velouté flattent la peau et produisent une sensation agréable, on cherche à prolonger le contact au delà du temps nécessaire pour l'exploration : ceci est une nuance des sentiments qui se combinent aux sensations, pour amener plusieurs besoins ou tendances nouvelles.

L'homme, par exemple, pour maintenir à la surface de

son corps une température agréable, tend à se vêtir, à s'abriter dans une caverne, ou à se construire une demeure. L'ours et l'écureuil se réfugient dans un tronc d'arbre, le blaireau et l'hermine dans un terrier, l'abeille dans sa 'ruche ; tous sont poussés à ces divers actes par un sentiment qu'il est impossible de méconnaître et de ne pas rapporter, en grande partie, au tact : nommons le *sentiment d'abri*.

Quand il préside à la confection des vêtements, il recherche les tissus dont le contact est le plus doux à la peau ; il les prend légers en été, épais et chauds en hiver. Quand il élève une demeure, il la construit de manière à préserver de l'ardeur du soleil et de la froidure des hivers ; il dirige les dispositions architecturales, pour ce qui concerne la distribution et l'aménagement.

L'habitation une fois construite modifie singulièrement l'espèce humaine et caractérise son genre de vie, en ce qu'elle l'attache à une portion déterminée du sol (1), et tend puissamment à resserrer les liens de famille : ici apparaît la série des sentiments qui s'attachent au foyer. L'enfant qui dès le jour de sa naissance a considéré la maison paternelle comme le refuge contre les maux et les dangers, le père de famille qui retrouve sous son toit ce qu'il a de plus cher au monde ; la femme qui, mal disposée pour les

(1) Une exception est offerte par la tente, qui est une habitation mobile. Elle transforme la vie sédentaire en un campement momentané. J'estime que son adoption est pour beaucoup dans les mœurs de la race Sémitique et dans l'impuissance où elle se trouve de dépasser certain degré de civilisation. Tant que les Arabes s'abriteront sous la tente, il conserveront leur ignorance, leur caractère aventureux, leur tendance vers les rapines, leur esprit belliqueux et leur vie pastorale.

travaux extérieurs, trouve à la maison un aliment pour son activité; le vieillard que l'approche de la mort rend casanier et rattache à son lit : tous les membres de l'espèce humaine, en un mot, tendent invinciblement à concentrer leur vie au foyer. Le toit paternel , aussi bien que l'aspect du pays natal et l'air embaumé des montagnes, cause les regrets du jeune soldat entraîné vers les contrées lointaines.

Parlerons-nous de ce respect pour le seuil et pour le foyer qui s'offre si grand et si vivace, aussi bien chez les peuples sauvages que chez les peuples civilisés? De même que l'animal ne souille jamais sa tanière, et se hâte d'y rentrer, s'il est blessé, comme en un lieu de paix et de repos, de même l'homme n'aime pas à répandre le sang dans sa hutte : il respecte l'ennemi qui s'assied à son foyer.

C'est à la maison qu'il faut rattacher les mœurs hospitalières et une bonne partie des sentiments qui constituent la famille et la tribu : l'abri commun amène vite la conformité de goûts et d'idées, il produit la solidarité d'existence; tandis que l'hospitalité, en multipliant le contact avec l'étranger, tend à répandre le progrès. A la peau et au tact doit encore être rapporté, en partie, le sentiment de la propreté dont les sentiments de l'odorat forment la meilleure part.

Sentiments gustatifs. Leur importance est bien minime s'ils ne sont étayés par la faim ; mais alors ils deviennent un guide sûr pour diriger le régime de chaque individu, surtout quand ils n'ont pas été altérés par l'habitude. Ils font que l'homme du Nord recherche comme aliment, les viandes, les corps gras et alcooliques qui , surchargés de fibrine, de carbone et d'hydrogène, donnent aux muscles une grande énergie, au poumon des éléments de combustion et de calorification, au sang de nombreux principes d'activité : ils font que l'homme du Midi préfère les végétaux mucilagineux frais et acides, comme exposant moins aux maladies de foie, aux fièvres pernicieuses et aux dyssenteries si redoutables dans le voisinage du tropique; ils font que l'enfance préfère les aliments farineux, lactés et sucrés à tous les autres ; elle y trouve, avec des éléments suffisants de réparation, les moyens d'entretenir une mollesse de fibres indispensable à la croissance.

L'homme fait qui dépense beaucoup aime une nourriture réparatrice ; la femme dont l'intestin a une grande force d'assimilation aime une nourriture douce; le vieillard combat les glaces de l'âge par des aliments excitants, par le vin surtout qui est, pour lui, ce que le lait est pour l'enfance. Même distinction pour les tempéraments : ils demandent des aliments d'autant plus chauds et plus réparateurs qu'eux-mêmes sont plus froids et pourvus de moins de forces assimilatrices.

Si la faim seule préside à l'alimentation, elle tend à s'assouvir brutalement et donne lieu à la *gloutonnerie;* au contraire, quand, guidée par les sentiments du goût, elle explore curieusement chaque mets, prolonge la mastication, joint le plaisir à la déglutition comme un puissant élément digestif, elle prend un autre nom et devient *gourmandise.* C'est à tort qu'on voudrait confondre le gourmand avec le glouton ; ce dernier est digne de pitié, car il n'éprouve d'autres plaisirs que ceux de l'animal carnassier dévorant sa proie ; celui-là, au contraire, trouve dans le sentiment du goût une sorte de poésie : il sait graduer les saveurs de manière qu'elles se font contraste et que le côté suave de chacune d'elles est mis en relief ; il apporte le plus grand soin dans la cuisson et la préparation des aliments ; il sait quels vins peuvent à la fois réjouir son palais, faciliter sa digestion et soutenir ses forces.

C'est ainsi que les sentiments du goût transforment une fonction repoussante chez la plupart des animaux, en cet art de manger trop chanté par les poëtes gourmands, pour qu'il nous soit permis d'en faire l'éloge après eux. Notre qualité de médecin nous oblige d'avouer que les triomphes de la cuisine ancienne ou moderne sont pour beaucoup dans la gravelle, la goutte, l'obésité, les dartres et tant d'autres maladies qui, tôt ou tard, démontrent, à qui est taxé de gourmandise, les avantages du sentiment opposé et négatif, de la sobriété.

Somme toute, l'art de manger, s'il doit se modérer dans ses excès, doit être aussi considéré comme une supériorité, comme un élément de bonheur de la vie humaine. Un repas célèbre l'union de deux amants, il célèbre la naissance de leurs enfants, il est un des actes principaux de l'hospitalité ; il fait que deux amis, après avoir partagé le contenu de quelque vieille et précieuse bouteille , sentent un lien de plus serrer leur affection.

Que le philosophe perdu dans les hauteurs de la psychologie, que l'ascète absorbé par les choses du ciel, se garden de jeter un regard de pitié sur des coutumes antiques ; mais que leur cœur se réjouisse en s'asseyant à la table d'un ami et qu'ils méditent en vidant leur verre, sur les sentiments qui procèdent du goût et sur les éléments de bonheur que renferment les produits de la Bourgogne ou du Médoc.

Sentiments de l'odorat. Ils sont aux fonctions respiratoires ce que les sentiments du goût sont aux fonctions digestives ; ils ont pour mission de faire le triage de l'air respirable.

Un nombre de maladies plus considérable qu'on ne l'imagine viennent de l'inspiration d'un air impur ; presque toujours alors, les sentiments de l'odorat sont blessés et ils cherchent à entraîner l'homme vers des régions plus salubres : l'odeur de vase, par exemple, est très-désagréable ; elle annonce au colon algérien le voisinage d'un marais et la présence du miasme de la fièvre, elle tend à pousser le cultivateur vers les montagnes où un air embaumé et salubre lui promet la force et la santé, comme compensation de récoltes moins abondantes.

Toute lésion de l'odorat annonce un danger : si, par exemple, l'odeur des mets devient désagréable, il faut sortir de table sous peine d'indigestion ; si l'odeur du charbon imprègne un appartement, on y est menacé d'asphyxie, ou tout au moins de mal de tête ; si les vapeurs qui s'exhalent du corps et de la poitrine de plusieurs personnes resserrées dans une pièce exiguë font venir des nausées et produisent un malaise insupportable, c'est qu'elles sont une menace de typhus.

Par cela seul que l'odorat nous pousse à éloigner certaines émanations désagréables, il contribue puissamment au sentiment de la propretée dont l'utilité est plus grande pour l'espèce humaine que pour toute autre espèce animale : une peau dénudée de poils et douée d'une force d'absorption considérable ne peut, sans dommage pour la santé, se couvrir d'impuretés ; de même des vêtements souillés entretiennent constamment sur le corps une atmosphère dangereuse ; enfin des immondices accumulées dans un appartement sont une menace de maladie. Si le tact incite à faire cesser cet état de choses, l'odorat y contribue plus puissamment encore ; le premier fait rechercher les bains et les ablutions, le second préside à la découverte et à l'expulsion de mille impuretés.

Outre cette influence négative des sentiments de l'odorat, ils ont encore une action positive et font rechercher vivement les odeurs suaves : ils créent cet art des parfums qui agit puissamment sur les organisations sensuelles et délicates. Les femmes savent parfaitement ce qu'une odeur suave peut ajouter aux désirs de leur amant ; elles savent qu'il recherchera, à leur suite, les portions d'atmosphère embaumées par leur chevelure ; elles savent qu'une odeur subite saisie au milieu des bois, ou dans les rues d'une grande ville, doit éveiller, chez lui, plus d'un précieux souvenir : aussi ne se décident-elles pas sans de profondes méditations au choix d'un parfum qui doit être toujours le même et se trouver en harmonie avec l'odeur qu'exhale naturellement leur corps ; le choix est plus difficile encore si cette odeur est désagréable, car il faut la déguiser.

On ne saurait croire combien les odeurs agissent sur la plupart de nos antipathies ou de nos affections : elles éloignent du vieillard qui ne maintient pas autour de lui la propreté la plus scrupuleuse, elles attirent près de l'enfance et de ses fraîches émanations, elles font aimer l'atmosphère des montagnes chargée de l'arome des sapins ; elles attirent vers les ruisseaux bordés d'origan, de menthe, d'absinthe et de mélisse. Le chasseur se réjouit en respirant l'âpre senteur des bois dépouillés par l'automne : il rattache à l'odeur des feuilles en fermentation le passage de la bécasse et la chasse au chien courant ; puis, lorsqu'il rentre épuisé par la fatigue et la faim, il évente les parcelles de fumée que lui apporte le vent du soir; elles lui annoncent les préparatifs du souper et la *flambée* de sarment si bonne aux membres humides et engourdis.

Sentiments de la vue. Leur seul agent étant la lumière, on peut croire, de prime abord, qu'ils offrent très-peu de variété; mais si on réfléchit qu'aux sensations lumineuses se rattachent les notions de couleur, de figure et de distance, on comprend bien vite que les sentiments qui concernent l'appareil de la vision prennent les mêmes proportions.

Le sentiment de la couleur tient à une disposition particulière de la rétine, qui trouve dans telle nuance un élément de plaisir, tandis qu'une autre nuance lui est une cause de douleur. Il est difficile d'expliquer le fait organiquement, mais l'expérience de chaque jour vient le confirmer : on sait, par exemple, les préférences accordées aux diverses couleurs; préférences qui varient avec les individus, qui se rattachent peut-être à l'organisation de l'œil, mais sur lesquelles trop de circonstances influent pour qu'il soit possible d'établir des classifications à cet égard. L'un aime le rose, parce qu'il lui rappelle la toilette de sa maîtresse; un autre préfère le bleu, parce que la tenture de l'appartement où il se tient est de cette couleur; un troisième préfère le vert, parce que sa vue affaiblie s'en accommode mieux, et craint l'éclat fatigant du rouge et du jaune. Il est remarquable, cependant, que les races d'hommes exemptes de croisements et présentant de grandes analogies parmi les individus qui les composent, comme certaines peuplades sauvages, montrent une préférence marquée pour une couleur et même pour une nuance déterminée. La même chose ne se remarque pas chez les Européens, parce que leur structure varie à l'infini : les uns sont blonds, d'autres bruns, d'autres châtains, d'autres rouges; ils se sentent attirés vers les nuances analogues à celles qui dominent en eux : mille fois nous avons eu des fleurs rouges dans des cheveux d'un blond très-hasardé ; les femmes espagnoles aiment à se vêtir de noir ; les naturels du Canada augmentent avec de l'ocre rouge la teinte cuivrée de leur peau. Mais ces tendances offrent de nombreuses exceptions, elles sont vite dénaturées par l'habitude ; peut-être sont-elles un reste de l'instinct de certains animaux qui aiment à se reposer, à se gîter, parmi des végétaux, des terres, ou des rochers d'une teinte analogue à la leur : le lièvre, par exemple, fait son gîte dans les champs nouvellement labourés, ou au milieu des herbes et des feuilles sèches ; la perdrix a un instinct merveilleux pour déguiser sa couleur parmi les chaumes; la bécassine se rend invisible dans les tourbières; le râle échappe à l'œil dans la sombre végétation des marais; la gelinotte trompe la vue la plus subtile quand elle est nichée dans les mousses et les lichens qui pendent des vieux sapins.

Cette portion du sentiment de la couleur peut avoir son importance, au point de vue de l'industrie, en ce qu'elle explique pourquoi telle femme aime à s'entourer d'étoffes bleues; telle autre d'étoffes rouges ; mais elle intéresse trop peu la philosophie pour nous demander d'autres développements. Il est plus utile d'étudier le sentiment au point de vue de l'harmonie des couleurs.

Deux teintes différentes, quand elles sont rapprochées,

réagissent l'une sur l'autre, comme font les odeurs, les saveurs et les sons ; elles donnent lieu à un composé dont l'action sur la rétine est agréable ou pénible, harmonique ou discordante. Avoir le sentiment de la couleur, c'est apercevoir les harmonies et les discordances des nuances diverses. C'est mieux encore. Chaque couleur, prise isolément, a une valeur absolue ; mais si elle est rapprochée d'autres couleurs, elle n'a plus qu'une valeur relative : le blanc alors, pour rester tel, demande une teinte de bleu, de vert ou de jaune ; le rouge demande à incliner vers l'amaranthe ou l'orangé ; le vert se teinte de jaune ou de bleu : du moment où une nuance se prononce dans une portion des couleurs, elle influe sur toutes les teintes voisines, et entraîne, sous peine de désaccord, de manque d'harmonie, des modifications analogues. Voyez deux peintres reproduire le même paysage ; ils peuvent avoir le sentiment de la couleur au même degré, et on remarque une harmonie parfaite parmi les teintes qui couvrent leur toile ; cependant les couleurs dont ils se servent ne sont pas les mêmes : le jaune domine dans l'œuvre du premier et lui donne une nuance *chaude* ; le bleu, au contraire, est le ton général de l'œuvre du second, et lui donne un aspect plus froid, mais plus poétique.

Certains hommes dépourvus du sentiment de la couleur cherchent en vain à comprendre la peinture : ils ne peuvent saisir les tons accords, ni éviter les discordances ; en vain ils se livrent au travail le plus opiniâtre : l'art les fuit, parce que l'œil et les sentiments qui s'y rapportent sont impuissants à les guider.

Quelque chose d'analogue se remarque, pour le sentiment de la figure : telle ligne droite ou courbe plaît à l'œil , tandis que telle autre ligne lui déplaît , non-seulement en raison de sa position absolue , mais encore en raison de sa position relative.

Il faut rattacher à la synergie des deux moitiés droites ou gauches des rétines, et à la portion du *sentiment d'équilibre* qui en est le résultat, l'attrait qu'offrent les lignes droites , perpendiculaires ou horizontales. Elles font la base de l'architecture , parce qu'elles symbolisent l'équilibre, la stabilité , la force , tandis que l'obliquité semble annoncer quelque chose d'instable. C'est encore par une raison d'équilibre que l'œil aime *la symétrie* et n'est pas étranger au sentiment des proportions. Les figures disposées de manière à ne pouvoir s'équilibrer, à se menacer d'écrasement et de conflit, sont toujours disproportionnées ; le contraire a lieu pour celles dont toutes les parties offrent des rapports de volume, de figure et de point d'appui.

La ligne droite plaît en général par sa simplicité ; les combinaisons mathématiques et les figures auxquelles elle donne lieu sont bien moins nombreuses et moins complexes que celles des lignes courbes, aussi domine-t-elle dans les premiers temps de l'architecture et dans la décoration des peuples qui commencent à se civiliser. Mais deux ou plusieurs lignes droites, en se rencontrant, ne peuvent produire qu'une série d'angles , et des figures composées de plans , dont l'effet peut plaire à distance , par un caractère de simplicité et même de sévérité, mais qui , en raison de la vivacité des arêtes, est rarement agréable quand le contact est immédiat. Alors on recherche la ligne courbe qui , dans ses variétés infinies, se plie à tous les détours , à toutes les proportions. Quand elle s'allie aux lignes droites, elle en rompt l'uniformité et les rattache les unes aux autres sans les briser, comme font les angles ; elle se plie à l'imitation de la plupart des produits de la nature et fournit à l'ornement une mine inépuisable de modèles ; enfin, elle symbolise la douceur et le plaisir. Elle apparaît chez les peuples très-civilisés, parce qu'elle demande, dans son application, une grande perfection des sciences mathématiques ; elle domine aux époques de sensualité et de mollesse, comme on peut s'en assurer dans l'architecture, la décoration, le vêtement, l'ameublement des temps des califes, de Léon X, de Louis XV et de l'époque actuelle. Si l'homme, dans son habitude générale, représente la force et la sévérité, il le doit à son aspect anguleux ; la femme, au contraire, doit à la rondeur de ses membres, la faiblesse, la douceur et le plaisir qui respirent dans toute sa personne. Quand les lignes de son corps se brisent par l'effet de l'âge, elle change d'aspect et prend quelque chose d'imposant et de sévère.

Ces exemples suffisent pour faire comprendre ce que peuvent être le sentiment de la couleur et celui de la figure ; mais si les couleurs ont entre elles des harmonies et des discordances ; si les lignes sont dans le même cas, il existe encore des harmonies et des discordances entre les couleurs et les lignes : telle figure, par exemple, comporte dans ses diverses parties des teintes qui varient forcément avec la quantité de lumière reçue, avec la position de l'observateur et avec la distance à laquelle il se trouve. Les couleurs diminuent d'éclat, à mesure que l'œil s'éloigne et que la lumière s'éteint : elles tendent à se charger de bleu ; les lignes perdent aussi de leur netteté avec la distance, elles changent leurs relations et leurs proportions.

L'appréciation de ces diverses modifications constitue la *perspective* aérienne et linéaire. Nous y reviendrons en traitant du sentiment de l'art.

Sentiments de l'ouïe. L'oreille doit à sa structure de se complaire dans l'impression d'un ou de plusieurs sons, en raison de leur ton, de leur timbre ou de leur qualité ; elle peut aussi les craindre et en recevoir une impression désagréable : c'est pour cela qu'on aime à écouter une voix douce, le murmure du vent dans les feuilles, le bruit d'une cascade ; et qu'on craint une voix discordante, le bruit d'un char sur le pavé, le sifflement du vent à travers les fissures d'une porte, ou les cordages d'un navire. Chaque son porte en lui les qualités qui le font admettre ou repousser, qui en font un élément de plaisir ou de douleur. Mais les hommes ne sont pas d'accord sur les sons ; les jugements qu'ils en portent changent avec les oreilles, comme les jugements sur les couleurs changent avec les yeux. Un Européen, par exemple, trouve exécrable la musique qui ravit un Chinois, et le Chinois est peu satisfait des plus belles compositions de Mozart.

Cependant les lois physiques qui régissent les sons, si elles trouvent un point d'appui dans les nombres et dans les sciences mathématiques, ont leur point de départ dans le sentiment de l'ouïe qui, en rapprochant deux sons, les déclare accords ou discords. Les notes de musique ont été inventées longtemps avant qu'on ait pu nombrer les vibrations qui composent chacune d'elles, et bien des grands compositeurs ont ignoré que des deux notes qui mesurent l'octave l'une a juste deux fois autant de vibrations que l'autre. Si des nombres disent le rapport mathématique des vibrations aériennes qui composent l'accord parfait, ils ne disent pas pourquoi l'accord parfait produit sur l'oreille une impression harmonieuse ; ceci est le secret du *sentiment de l'harmonie*. Il faut encore lui rapporter le charme ou la peine qu'apportent le ton , le timbre et surtout l'accent. L'oreille seule peut dire pourquoi les sons d'un orgue sont saisissants et majestueux, pourquoi une basse émeut profondément et porte à la tristesse, pourquoi les sons d'un hautbois sont doux et mélancoliques. La même note de musique, rendue par ces divers instruments, n'a pas la même valeur et ne produit pas le même effet ; elle se modifie dans le même instrument, avec la volonté du musicien, qui peut en changer, non pas le ton et le timbre, mais la valeur et l'expression.

Sous le rapport de l'expression et de l'accent, aucun instrument de musique ne peut le disputer à la voix humaine , dont les inflexions sont très-nombreuses et éveillent sympathiquement dans les auditeurs une foule de mouvements divers. Elles donnent au sentiment de l'ouïe une grande importance , en le prenant pour moyen de communication entre les hommes, dans le langage oral, dans le chant et dans les cris instinctifs qui sont destinés à exprimer les impressions les plus vives. L'étude du langage nous donnera l'occasion d'examiner plus sérieusement ce sujet ; de même que nous retrouverons le sentiment de l'harmonie dans l'étude du *sentiment de l'art*, qui doit maintenant nous occuper, parce qu'il est lié intérieurement à l'œil et à l'oreille.

Sentiment de l'art.

Son importance, et la place énorme qu'il tient dans l'évolution de l'humanité, peuvent seules nous engager à lui consacrer quelques développements ; car il n'appartient ni aux sentiments *primitifs* ni aux sentiments *secondaires*, mais aux sentiments *complexes*. On ne peut le localiser dans l'œil, bien qu'il emploie les couleurs, les lignes et les distances ; on ne peut le placer dans l'oreille, bien qu'il se serve des sons et les utilise selon les lois de l'harmonie ; il ne réside pas dans l'appareil générateur, quoiqu'il y touche de fort près ; il n'est entièrement subordonné ni à l'imitation ni à la manifestation , et cependant il est un peu tout cela. Le sentiment de l'art est la combinaison du sentiment de la vue, de l'ouïe, de génération, d'imitation et de manifestation.

Il tient au sentiment de manifestation, parce qu'il tend toujours à manifester une idée, une impression, une image intérieure conçue par l'artiste ; c'est par la manifestation que l'art est créateur, qu'il pousse irrésistiblement certaines âmes élevées vers la production , vers la *matérialisation de l'idée*. Qu'il ait sous la main du marbre, un crayon, une palette, un instrument de musique, une plume, l'artiste est pressé par le besoin de manifester ce qui se passe en lui. Mais pour formuler ces éléments de manifestation, le sentiment d'imitation lui vient en aide ; il lui donne à copier et à employer des multitudes de figures , de couleurs et de sons. Où en seraient la peinture , la sculpture, la musique et même la poésie, sans l'imitation, sans l'aptitude à reproduire ce qui frappe dans la nature ?

Les sentiments générateurs ne sont pas moins utiles à l'art ; ils représentent l'élément amour et passion sans lesquels l'art n'est rien , parce que sans eux il ne saurait frapper sympathiquement les individus et agir sur le peuple. Presque toujours, on voit la figure d'une femme à côté de la figure d'un grand artiste, et les belles productions plastiques, poétiques et musicales, se faire sous l'invocation d'un grand amour. Quant aux sentiments qui concernent la vue et l'ouïe, nul ne sera tenté de les exclure du domaine de l'art ; ils en forment pour ainsi dire le sol et la limite ; rien ne se fait sans qu'ils ne soient pris pour guides.

Par cela seul que le sentiment de l'art est complexe et demande le concours d'éléments divers, il manque chez beaucoup d'individus, et il se généralise avec difficulté chez les peuples. Son but est de saisir une idée abstraite ; de lui donner une forme palpable, matérielle et passionnée, qui agisse sur les sens, qui fasse impression sur l'intelligence. Mais donner une forme, c'est créer une *image*, c'est *imager*. L'imagination est donc la qualité essentielle de l'artiste : elle doit dominer la peinture, la sculpture, la poésie, l'art dramatique ; sans elle, un tableau n'est plus qu'une copie servile, un poëme n'est plus qu'une série de mots cadencés, le chant n'est plus qu'une psalmodie. Un fait, mieux que toute chose, va démontrer cette vérité : prenons pour exemple l'idée abstraite de *beauté* et appliquons-lui les éléments, image et passion ; cherchons à en faire une œuvre artistique. Aussitôt elle va revêtir les formes d'un être charmant, dont le corps et les membres pleins d'harmonie semblent accumuler sur eux toutes les perfections : voilà pour l'image ; mais, de plus, cet être est une femme à la fleur de l'âge ; il offre tout ce qui peut stimuler l'amour : voilà pour la passion ; entre la figure accessible à l'œil et l'idée abstraite de beauté, une parfaite concordance est établie et *Vénus* est créée.

Les mêmes données peuvent s'appliquer à la *Sagesse*, représentée par *Minerve*; à la *Chasteté*, représentée par *Diane*; à la *Puissance*, représentée par *Jupiter*; au *Temps*, représenté par *Saturne*, etc., etc. Quand les productions artistiques sont impuissantes à représenter, par elles-mêmes, l'idée abstraite tout entière, elles s'entourent d'attributs : Jupiter s'arme de la foudre; Minerve, de son égide; le Temps, de sa faux; Vénus seule est nue, comme la Vérité; la beauté absolue est toujours vraie.

Admirons l'imagination des grands artistes qui osèrent ainsi matérialiser les idées philosophiques, leur donner la figure et la passion, sans lesquelles le peuple n'aurait pu ni les aimer, ni les saisir. C'est l'art qui constitua la Grèce ; qui peupla son ciel, sa mer, ses forêts, ses ruisseaux, ses cavernes de mille divinités ; qui lui créa une religion et la langue la plus poétique qui fut jamais ; enfin, qui fit du peuple Athénien une assemblée d'artistes et de savants. Quel agent contribua plus que l'art au rapide essor de l'esprit humain pendant le seizième siècle? Quelles causes ont mis l'Italie, puis la France, à la tête de la civilisation moderne, sinon un grand développement artistique? C'est que les productions des peintres, des architectes, des poëtes et des musiciens n'ont pas seulement pour objet de donner le plaisir et de faire passer des heures agréables ; leur mission est plus haute, elles doivent être à la fois l'histoire de l'époque actuelle et l'aurore des lumières à venir. Le véritable artiste ne regarde jamais le passé ; sa nature, essentiellement sympathique, doit s'imprégner des aspirations des peuples ; il doit emprunter au penseur l'idée philosophique, dans ce qu'elle a de plus âpre et de plus abstrait, comme l'architecte emprunte au carrier les matériaux d'un édifice ; il doit dépouiller cette idée de séche-resse et d'abstraction , lui donner une figure ; lui donner le charme , la passion, la vie, et la jeter palpitante au mi-lieu des hommes qu'elle pénètre et qu'elle embrase.

Mais pour avoir cette puissance et cette action sympa-thique sur les masses , l'œuvre d'art est tenue de résumer un ensemble de qualités qui constituent le *beau*. Or, peu de personnes comprennent bien ce mot : les uns l'appli-quent à ce qui leur plaît et à ce qui paraît laid à d'autres, et réciproquement.

En philosophie, des désignations arbitraires ne peuvent être admises ; et quand la science s'empare d'un mot, elle doit le classer et le définir ; elle doit nous dire ce qu'est le *beau* ; elle doit, sous le nom d'*Esthétique*, nous donner un moyen d'apprécier les œuvres de l'art, et désigner la part qu'elles peuvent prendre au perfectionnement de l'hu-manité.

Dire que le *beau* est l'état d'une production artistique complète et harmonique, c'est exprimer une vérité : mais une définition si abstraite demande des explications et des exemples.

Des études antérieures nous ont appris qu'une œuvre d'art se compose d'une idée abstraite ou morale, à laquelle l'artiste doit donner une figure, une forme, soit au moyen des lignes et des couleurs, soit au moyen des sons. Il doit, de plus, animer son œuvre du feu de la passion. Or, entre l'idée, la figure et la passion, il faut que le rapport soit établi, que l'harmonie soit maintenue, sous peine de dis-cordance, de fausseté, de laideur. Mais ce n'est pas tout : une idée principale entraîne toujours une série d'idées ac-cessoires ; une figure entraîne d'autres figures circonvoisines; une couleur appelle d'autres couleurs, un son demande d'autres sons; l'attraction est forcée, et l'artiste est tenu de maintenir l'harmonie au milieu de tout cela. Jamais il n'atteindra le beau, si ses couleurs, en se rapprochant, produisent un ton faux, si les figures qu'il groupe sont en désaccord de ligne, de couleur, d'idée et d'expression; si ses vers et sa musique manquent de cadence, d'image et d'harmonie.

Cette explication est peut-être trop abstraite encore? Essayons de la compléter par des exemples. Supposons un paysage à faire dont l'idée sera *une matinée de printemps.* Le peintre, s'il fait un calque mort et inintelligent d'un coin de forêt, n'aura pas produit une œuvre d'art; s'il veut atteindre le beau, voici quelles conditions lui sont nécessaires. L'idée de printemps renferme en elle les idées accessoires d'efflorescence, de génération, d'exubérance de vie et d'amour. La terre est verte, humide, plantureuse; le feuillage des arbres a une teinte douce et légère; la physionomie des végétaux a quelque chose d'arrondi et de *moutonneux,* qui tient à la mollesse des jeunes pousses et au développement incomplet des feuilles; le soleil, qui contraste avec l'obscurité des hivers, a quelque chose d'éblouissant, tandis que les vapeurs qui remplissent l'atmosphère donnent un reflet blanc à tous les corps polis et voilent les lointains d'une brume légère. Rien de tout cela ne doit échapper au peintre : il a dans ses couleurs des moyens d'expression infinis; mais, en peignant, il est dans l'obligation de maintenir dans son tableau une gamme de couleurs qui, sans exclure la variété, n'amène aucune discordance et soit en harmonie avec les figures des objets et avec la multitude d'idées accessoires renfermées dans

l'idée mère, *une matinée de printemps;* il faut enfin que
ses couleurs soient en harmonie avec la perspective linéaire,
avec la perspective aérienne, avec le plan des objets qu'elles
représentent, avec leur figure et la latitude du ciel : à cette
condition seulement, l'artiste atteindra le beau. C'est une
erreur de croire que son œuvre la plus parfaite est celle qui
copie la nature, de la manière la plus exacte. Le laid peut
exister dans la nature, et produire une œuvre laide s'il est
imité : l'art interprète et ne copie pas; s'il en était autrement, le daguerréotype nous offrirait des portraits parfaits.
Pour faire un beau portrait, le peintre, en combinant har-
monieusement les figures et les couleurs, doit chercher
l'idée qui peut représenter le caractère physique et moral,
l'âge, et jusqu'à la position sociale de l'original : sans l'a-
nimation et l'idéal, même pour le portrait, le beau
n'est pas atteint. Ces mêmes idées peuvent s'appliquer
à l'architecture. Dans une basilique comme dans une gare
de chemin de fer, l'architecte doit voir un être, un individu
dont toutes les parties (j'allais dire les organes) concordent
avec l'idée mère qui lui a donné naissance, avec le but
d'utilité, avec les fonctions qu'il doit remplir. Qui dit basilique dit grandeur, adoration, recueillement, prière.
C'est la maison de Dieu, c'est le vaste édifice qui contient
la foule des fidèles et se plie, dans sa disposition intérieure,
à tous les besoins du culte. La même chose à peu près se
dit d'une mosquée; elle doit cependant différer de l'église
de toute la distance qui sépare la religion de Mahomet de
celle du Christ. Le culte n'est pas le même, les cérémonies n'ont guère d'analogies, la morale des deux religions
diffère sous beaucoup de rapports.

Si les dimensions de ce livre comportaient des recherches étendues sur l'architecture, nous trouverions comment le symbole de la croix a déterminé la disposition de la plupart des basiliques; nous retrouverions le mythe dans l'autel, dans les vases sacrés, dans les cierges, dans les ornements; nous trouverions dans la nécessité d'appeler les fidèles l'origine du clocher; nous trouverions la puissance de ses assises dans la nécessité de résister aux ébranlements de la cloche; tandis que les fonctions du muzzein nous diraient l'exiguïté du minaret.

De même l'idée architecturale d'une gare de chemin de fer est le mouvement, le transit. Un monument construit sur ces données doit se plier aux mouvements des voyageurs et des marchandises; il doit, dans son aménagement, faciliter la circulation, empêcher l'encombrement et éviter autant que possible les accidents.

L'architecture est la portion de l'art la plus compliquée : elle absorbe, dans ses productions, la sculpture et la peinture, qui lui fournissent des moyens et des attributs; elle est tenue de varier ses constructions avec les matériaux employés. Aussi les grands architectes, comme les beaux monuments, sont-ils fort rares : ils expriment plus que toute autre production un degré éminent de civilisation.

Partout, dans cette analyse rapide des œuvres d'art qui se rapportent au sens de la vue et emploient les couleurs, les lignes et les figures, on découvre l'harmonie comme élément principal du beau. La même chose a lieu pour les branches de l'art qui se rattachent au sens de l'ouïe.

Une composition musicale, par exemple, demande avant tout l'harmonie des sons et se base sur les règles qui concernent les notes, le ton, le timbre et la mesure. Du moment où des sons discords se rapprochent, l'oreille est pé-

niblement affectée, l'âme souffre du manque d'harmonie;
elle souffre encore quand, avec des tons justes, l'expression musicale est en désaccord avec l'idée qui lui a donné
naissance; quand l'idée et la passion manquent, la musique
perd tout son charme, ou plutôt il n'y a plus de musique.

Cette branche de l'art, quoique très-précise quant aux
règles d'acoustique qui lui donnent naissance, manque complétement de précision quant à la forme qu'elle donne à
la passion et à l'idée. Rien n'est vague, et cependant rien
n'est passionné comme une belle composition musicale;
elle émeut profondément sans rien dire de précis au cœur
ou à l'imagination; tous la comprennent et sont trans-
portés par elle, quand bien peu sont capables de dire leurs
impressions. La raison de ces contradictions apparentes,
c'est que l'idée abstraite et indifférente, autrement dit l'idée
précise, échappe à la musique, qui se complaît, au contraire, dans le sentiment, dans la passion, dans ce qu'il y
a de plus indéfinissable au monde. Un chant d'amour nous
émeut; il nous communique momentanément les transports, les craintes, les incertitudes d'un amoureux; un
chant de guerre peut nous communiquer le courage et
l'ardeur belliqueuse; un chant de douleur nous fait verser
des larmes et commande la pitié; nous sentons profondément, et nous comprenons à peine. Du reste, le manque
de précision est l'essence même de la poésie: du moment
où la forme se prononce, elle s'adresse à l'intelligence; au
contraire, quand elle devient passionnée, quand elle se
revêt de sentiment, elle parle à la conscience, au côté affectif de l'âme.

La musique est de toutes les branches de l'art celle qui,
depuis deux siècles, a fait le plus de progrès et a contri-

bué le plus puissamment, peut-être, à la civilisation des peuples; elle a pénétré avec un égal succès jusqu'au voisinage des pôles, dans les vallées les plus étroites, et sur les monts les plus élevés; elle se plie au caractère de toutes les nations : vive, éclatante, amoureuse en Italie, elle fait vibrer les nerfs et stimule le désir; tandis qu'en Allemagne, ses formes graves, vaporeuses et mélancoliques produisent de charmantes et d'interminables rêveries.

En poursuivant cette analyse, nous arrivons à la poésie, qui n'est autre chose que la mesure, la cadence, et jusqu'à un certain point l'harmonie des sons introduite dans le langage des peuples. Un poëme est de la musique parlée; c'était, chez les Grecs, des paroles chantées; et maintenant encore la psalmodie, la déclamation, et surtout le récitatif nous font parfaitement comprendre ce que les vers peuvent renfermer d'harmonie.

Mais quand la parole humaine se règle et se cadence, l'idée dont elle est la forme doit suivre la même progression; elle doit s'élever, se revêtir d'images, de passion, de *lyrisme*; elle doit devenir sentiment.

Vainement vous cadencerez de la prose, vainement vous y joindrez la rime : vous n'aurez pas de poésie si vous ne maintenez l'harmonie entre les mots, les images et les idées que vous voulez représenter. Le vrai poëte élève toujours, ou abaisse dans les mêmes proportions, les divers éléments du langage poétique; il ne dit pas de même dans une tragédie, dans une ode, dans un sonnet, dans une ballade et dans une romance; le sentiment de l'art le guide dans le rhythme, dans le mécanisme des vers, comme dans les sentiments qui s'y rattachent; il sait que cette harmonie générale peut seule lui donner le beau.

Nous n'en finirions pas d'exposer toutes les parties du sentiment de l'art. Il est implanté par mille racines au cœur de l'humanité, il constitue son plus beau privilége, il est sa principale source de bonheur; il poétise presque tous les actes de la vie; il donne du relief et de l'élégance aux sentiments les plus doux, aux passions les plus vives; enfoncé comme un soc dans l'aride champ de la barbarie, il ouvre une large voie aux bienfaits de la civilisation.

Peu échappent à sa séduction; et si le printemps et l'été de la vie cherchent en lui d'ineffables jouissances, il va ranimer le peu de sang et de chaleur qu'épargnent les glaces de l'âge.

Sentiments viscéraux.

Activité. Faute de communications directes et immédiates avec le centre sensitif, l'appareil circulatoire ne peut donner lieu à des sentiments partiels comme font les appareils digestifs et respirateurs. Mais le centre nerveux, ainsi que tous les autres organes, étant dans l'impossibilité de fonctionner sans l'abord du sang, il faut bien rapporter à ce dernier le principe de toute action, c'est-à-dire l'*activité.*

Si le principe de l'activité est dans le sang, sa manifestation, sa traduction sous forme de sentiment, appartient au système nerveux; il est important de ne pas l'oublier et de se convaincre que si un appareil sans circulation ne peut être actif, il ne peut sans nerfs donner naissance à des sentiments.

Ce point établi, on doit considérer que la circulation, agissant dans tous les organes et dans tous les tissus, ne peut provoquer que des sentiments généraux : telle est l'activité. Elle ne s'adresse pas seulement aux muscles pour

donner lieu au sentiment de locomotion et de la *liberté ;*
elle s'adresse encore au cerveau, pour provoquer les sentiments de *conservation*, d'*imitation* et de *manifestation ;*
elle s'adresse aux appareils sensitifs, aux poumons, au tube
digestif, etc. Son côté négatif ou contre-partie est l'*indolence*.

Plus le sang est riche (sauf l'instant où cette richesse
devient maladive), et plus l'activité est considérable ; au
contraire, l'épuisement sanguin amène toujours l'inertie.
L'excès de richesse du sang produit la fièvre, qui n'est
qu'un excès d'activité ; l'état contraire est la consomption.
Quel médecin n'a vu, après des saignées répétées ou de
grandes hémorrhagies, les caractères les plus fermes faiblir, les hommes les plus turbulents demeurer immobiles
sur leur lit ? Quel homme d'Etat ne sait que la diète, par
l'affaiblissement qu'elle amène dans le sang, est un moyen
presque infaillible de dompter les caractères les plus rebelles ?

L'Autriche emploie la privation de nourriture comme
auxiliaire, dans les cachots de Milan, de Venise et du
Spielberg ; l'inquisition use depuis longtemps de ce moyen,
pour obtenir des révélations ; les despotes aiment à maintenir les peuples dans le besoin, pour qu'ils soient plus soumis : si l'Irlande meurt inerte dans sa misère, c'est qu'elle
manque de sang et d'aliments. Les faits se pressent pour
montrer que dans les maladies où la composition du sang
est sérieusement altérée, comme le scorbut, le typhus, la
peste, la fièvre jaune, l'infection purulente, etc., l'intelligence aussi bien que les muscles sont frappés de torpeur
(τῦφος).

Si, en donnant plus d'extension au champ de notre observation, nous considérons les divers peuples au point de vue de l'énergie circulatoire, nous voyons les hommes des tropiques, que le climat condamne à une transpiration abondante et à une alimentation peu réparatrice, montrer une indolence parfaitement en harmonie avec le peu de richesse de leur sang ; tandis que l'homme du Nord, l'Européen, qui adopte pour son alimentation des éléments très-réparateurs, tels que la viande et les boissons alcooliques, présente une activité que rien ne saurait épuiser.

Peu de sentiments sont aussi dominateurs et aussi impérieux que l'activité et l'indolence. Ne pas agir quand le besoin s'en fait sentir, ou déployer de l'activité quand on est pris d'indolence, c'est à coup sûr une des plus grandes peines qui puissent être infligées à l'humanité ; aussi la prison cellulaire, qui tend à refréner le mouvement intellectuel et musculaire, est-elle un supplice. L'esclavage qui, sous un ciel brûlant, impose un travail prolongé à des hommes naturellement indolents, est un supplice en sens inverse. On augmente la misère du prisonnier en rendant ses aliments très-substantiels, tandis qu'on diminue par ce moyen les misères du nègre des colonies.

Il est cependant un summum d'activité ou, ce qui revient au même, une richesse de circulation qui ne peut être dépassée dans chaque latitude, sans devenir maladie. Les Anglais, par exemple, pour résister au climat énervant de l'Inde, maintiennent leur régime ordinaire et abusent des boissons alcooliques, dans une contrée où les indigènes vivent de riz et d'eau ; il en résulte un peu d'activité et d'énergie pendant deux ou trois ans, puis cette alimentation d'une autre latitude amène les maladies du foie, les fièvres pernicieuses ou la dyssenterie.

C'est une loi de la nature que là où le soleil augmente la fertilité du sol, l'activité humaine diminue dans les mêmes proportions. Sans cela les pays chauds seraient, sous le rapport de la civilisation, des contrées de merveilles, tandis que les régions froides seraient condamnées à une insurmontable infériorité.

Il suffit, au contraire, de visiter l'Angleterre, la Hollande, le nord de la France et de l'Allemagne où, pendant six mois, des hivers rigoureux arrêtent la production du sol, pour se faire une idée des prodiges que peut enfanter le travail. Il lutte contre tous les obstacles. Il finit par en triompher, il double la vie, il est un élément principal de bonheur.

Tout homme en santé doit agir, pour être heureux ; il doit agir jusqu'à la fatigue. Ses muscles doivent se contracter, ses yeux doivent explorer, son cerveau doit penser. Les amusements capables de devenir passion impliquent toujours cette triple action. Voyez la chasse ! elle demande, le plus souvent, des fatigues musculaires qui dépassent celles du manœuvre ; elle tient les yeux et les oreilles constamment en éveil, elle exige beaucoup de sagacité et d'esprit d'observation. La pêche est dans ce cas ; le bal agit de même, mais il appelle comme auxiliaires l'entraînement sexuel et l'attrait de la musique.

Les jeux ne sont qu'une lutte de force, d'agilité ou de sagacité ; tant il est vrai que pour s'amuser l'homme doit toujours agir et dépenser.

Un des sentiments les plus généraux et les plus impérieux de l'espèce humaine est donc exprimé par le mot travail qui s'applique à l'activité dirigée vers quelque chose d'utile. Un autre sentiment non moins impérieux se retrouve dans le côté négatif de l'activité, dans l'indolence; et dans le côté négatif du travail, dans la paresse.

L'indolent est presque toujours un être malade ou mal organisé; le paresseux, au contraire, déploie souvent beaucoup d'activité à faire quelque chose d'inutile. L'un et l'autre, en échappant au travail, sont une charge pour l'humanité.

Sentiments respirateurs.

Ils sont très-variés, et ceux qui tiennent de fort près à la conservation de la vie ont un caractère très-impérieux. Aucun autre sentiment, en effet, ne peut dominer le besoin d'inspiration et d'expiration : la volonté la plus énergique a souvent peine à le combattre pendant une minute, et il faut la grande habitude des plongeurs du golfe Persique pour que la respiration reste suspendue volontairement pendant deux minutes et demie. Ce besoin incessant d'air peut donner lieu à des considérations morales qui ne sauraient trouver place en ce moment : il suffit d'observer que le poumon ne demande pas seulement de l'air, mais encore de l'air pur. Un vrai supplice est réservé à qui respire de l'air vicié : une sorte de suffocation se manifeste, le malaise se fait sentir. Souvent alors le sens de l'odorat est lésé, la muqueuse du poumon s'irrite et le besoin de tousser se fait sentir.

Fuir l'air vicié et rechercher l'air pur est donc un sentiment naturel à l'homme, comme à beaucoup d'animaux. Il explique les joies du citadin quand il quitte des rues méphitiques, pour s'élancer vers les bois et les prairies; il explique le charme que le montagnard trouve dans ses rochers, dont l'atmosphère est imprégnée de la senteur des sapins et des plantes alpestres.

Si le besoin d'inspirer et d'expirer ne domine pas la plupart des autres sentiments, c'est qu'il reste souvent à l'état
d'instinct. Il commande les actes d'inspiration et d'expiration par action réflexe, il n'a pas besoin de l'intermédiaire
de la volonté : témoin ce qui se passe pendant le sommeil.

Dans l'immense majorité des cas, les instincts inspirateurs ne sont perçus qu'en devenant intenses, par suite d'un
obstacle apporté à la respiration. En temps ordinaire, ils ne
vont pas jusqu'à la conscience.

Inutile d'examiner minutieusement les sentiments qui se
rapportent au bâillement, à l'éternument ; ils ne concernent que des actes organiques, et ne sont remarquables que
par leur caractère impérieux ; quant au soupir, au sanglot,
au rire, ils sont des agents de manifestation et sont consa-
crés à l'expression des sentiments doux ou tristes. Au contraire, les sentiments vocaux méritent notre attention comme
étant l'une des causes principales du langage humain.

Quand la conscience est frappée d'une façon vive et rapide, il est rare qu'une action réflexe sur les organes respirateurs et le larynx n'amène pas la production d'un son
dont le timbre et la qualité varient avec les sentiments ; ces
sons, nommés cris ou exclamations, expriment la surprise,
la douleur, la crainte, le plaisir, l'amour, etc. ; bien que
n'étant pas absolument les mêmes chez les divers individus,
ils ont cependant un caractère particulier qui toujours les
fait reconnaître et porte dans les consciences voisines une
émanation du sentiment qui les a produits. Un cri a souvent suffi pour porter la terreur dans une assemblée de
mille personnes. Le son qui sort de la poitrine du malheureux qui subit la torture semble déchirer les chairs des
assistants. L'amoureux a un timbre de voix qui émeut et

porte à la tendresse, l'affection maternelle a des accents particuliers, la colère emploie des inflexions pleines de menaces; enfin, la pitié sait trouver des tons doux et consolants.

Tout ceci ne concerne qu'un sentiment de manifestation dont le larynx est le point de départ. Pareille chose se remarque chez la plupart des animaux, dont les cris sont compris par leurs semblables tout d'abord et sans le secours de l'éducation, comme s'ils trouvaient un écho dans l'organisation voisine. La perdrix, en apercevant l'épervier, jette un cri aigu et plaintif qui disperse instantanément sa couvée et la fait disparaître dans les herbes; tandis qu'un autre cri rallie tous les perdreaux autour de leur mère. Le chant d'amour de la caille appelle le mâle et fait naître aussitôt chez lui la passion; le rouge-gorge, saisi par la chouette ou la pie-grièche, jette des cris plaintifs qui appellent à son secours tous les oiseaux du voisinage.

Il faut avoir vécu au milieu des animaux et les avoir observés de bien près, pour connaître les nombreux moyens de communication que le sentiment de manifestation parti du larynx met à leur disposition. Pareille chose a lieu chez l'homme avec plus d'étendue encore. Une série de besoins de manifestation, nés du tuyau vocal, du pharynx, de la langue et des lèvres, se résument dans le sentiment de l'articulation, et lui donnent mille moyens de communiquer avec son semblable ou d'autres espèces voisines.

La perception des instincts nés du poumon, du larynx, du tuyau vocal et de la bouche donne lieu au sentiment de la parole qui, par son immense influence sur les destinées humaines, mérite la plus grande attention et quelques développements.

Sentiments de la parole.

Dans la parole humaine il est bon de distinguer la *voix*
de l'articulation. La première appartient à un grand nombre d'espèces animales ; la seconde, si on en excepte quelques oiseaux, est la propriété exclusive de l'homme, lui
permet de varier son langage à l'infini et de communiquer
à ses semblables toutes les impressions qui peuvent trouver
accès dans son cerveau.

Pour comprendre comment un son peut ainsi représenter les êtres extérieurs, ou les conceptions cérébrales, il
faut bien se rappeler ce qui a été dit de l'association des
idées et de cette aptitude de l'intelligence à réunir dans le
même cadre l'impression qui vient de l'œil et celle qui
vient de l'oreille : de telle sorte qu'un son peut rappeler
une couleur ; qu'une couleur peut rappeler un son, un
sentiment, une saveur, une odeur, et les représenter au
moi. Ceci bien entendu, il faut encore adjoindre au sentiment de la parole le sentiment d'imitation, pour comprendre le mécanisme de la formation des langues. Sans
lui les hommes se seraient trouvés fort embarrassés de
donner un nom à tous les objets qui les environnent, tandis qu'ils ont dû simplement imiter les sons produits. Cette
tendance se remarque surtout dans les langues des sauvages, qui représentent la plupart des animaux par leur
cri habituel ; de même, dans des langues plus perfection-
nées, comme est le français, on désigne le geai et le coucou
par leur cri ordinaire ; enfin, dans une foule d'expressions,
telles que tonnerre, tambour, cataracte, on retrouve une
tendance d'harmonie imitative. C'est bien plus sensible
encore dans le langage de l'enfance : elle appelle un âne

un hihan, un moineau un fiafia, une poule une cocotte, une cloche un banban, etc.

Supposons des enfants obligés de se créer ainsi un langage, leur vocabulaire se trouvera enrichi d'une multitude de mots, d'où ils pourront tirer les moyens de nommer des objets dépourvus de sonoréité. Après avoir nommé la poule une cocotte, ils nommeront son œuf un coco ; après avoir nommé tambour l'instrument qui règle le pas de nos soldats, ils donneront le même nom avec quelques variantes aux objets qui présentent la même figure.

Il est probable que telle fut l'origine des langues, et que cette base commune pour la formation des substantifs établit entre elles les rapports recherchés par certains linguistes, et considérés par eux comme une preuve de communauté d'origine ou de formation divine.

Retrouver dans nos langues actuelles toutes les expressions mères et retrouver dans celles-ci une tendance imitative, est une chose impossible, après les altérations imprimées aux mots par la prononciation et les générations successives : il faut noter, en outre, que les diverses races humaines, n'ayant ni le larynx ni la bouche semblables, n'imitent pas de la même manière les sons qu'elles entendent. On peut voir, dans les voyages de Cook et de Dumont-d'Urville, les singulières transformations que les naturels de Taïti font subir aux expressions françaises et anglaises, quand ils veulent les imiter. Ils ne maintiennent aucun nom propre sans l'altérer et l'assimiler à leur langage habituel ; de même l'Allemand altère les mots français, le Français prononce le mot suédois d'une façon singulière, le Provençal fait subir mille changements à la langue du reste de la France.

Quand, par suite des générations, des invasions, du mélange et du croisement des races, les expressions ont passé par mille bouches différentes, il est fort naturel qu'elles aient subi cette série d'altérations qui ont transformé le langage celte en grec et en romain, le grec et le romain en espagnol, en français, en anglais, etc.

Pour démontrer la répugnance des races à inventer des mots sans le secours de l'imitation, on peut citer l'exemple des sauvages, qui n'ont pas de noms propres, à vrai dire, et chez lesquels les individus et même les peuplades sont désignés par le nom de l'animal, de la plante ou de l'instrument avec lequel ils ont quelque ressemblance : l'un s'appelle serpent, l'autre cerf, l'autre lion, l'autre canot, pluie, etc. Souvent, en Algérie, les enfants d'une même tribu se nomment les fils du lion, du chakal, etc.

Pour nous, ces noms manquent de signification ; dans notre ignorance de l'arabe, nous les employons comme ceux de Paul, de Charles ou de Nicolas, qui, peut-être, désignaient un arbre, un reptile ou un oiseau, dans des langues actuellement perdues.

Si le sentiment de l'imitation est indispensable pour la formation des langues, il n'est pas moins utile à leur conservation. Il perpétue, dans certaines contrées, des locutions et un accent particulier ; il repousse les innovations ; il attache le fils à la langue de son père, le citoyen à la langue de sa cité ; il est l'un des éléments les plus puissants des nationalités. Aussi les peuples conquis tiennent-ils à leur langue comme à un symbole de leur indépendance, tandis que le conquérant cherche à y substituer une langue nouvelle.

Le moment où les langues française, anglaise, allemande,

furent substituées au latin dans les actes civils qui se faisaient en France, en Angleterre, en Allemagne, marquait un premier pas vers l'indépendance. Quand la diète de Hongrie décréta que les actes publics devaient se faire en langue magyare, elle visait évidemment à s'émanciper de l'Autriche, tant il est vrai que la domination de la parole est partout un signe de liberté.

De grands développements et des notions de linguistique, incompatibles avec l'étendue de ce travail, pourraient seuls démontrer péremptoirement comment tous les substantifs destinés à devenir la représentation d'objets physiques, qu'il s'agisse de noms communs ou de noms propres, ont été inventés par le sentiment de la parole, aidé du sentiment d'imitation ; mais ce que nous avons dit suffit pour faire considérer la chose comme très-probable. Voyons maintenant si l'homme ne peut trouver de la même manière des mots pour exprimer les modes ou qualités des objets extérieurs.

Pour dire qu'un objet est rouge, ne peut-on lui appliquer la couleur du rubis ou du sang ? Ne peut-on pas attribuer à un corps blanc la couleur du lait ? Qui nous dit que les expressions de rouge et de vert ne sont pas des mots altérés qui désignent des fruits, des fleurs ou des cristaux ? N'avons-nous pas le *violet*, le *garance*, l'*émeraude*, qui désignent la couleur d'une fleur, d'une racine, d'une pierre précieuse ? Pour exprimer le froid, n'a-t-on pas constamment à la bouche les expressions de glace, et le feu n'est-il pas employé à tout propos comme synonyme de chaleur ? Après avoir inventé le mot glace, on a pu, en altérant un peu sa prononciation, l'employer à désigner l'une des qualités de l'eau congelée, et avoir l'adjectif glacial.

Une autre altération du substantif peut représenter, non plus une qualité, mais une action, un changement à ce qui est; peut produire le verbe, en un mot. Après avoir inventé le mot amour, on a fait aimer; du mot faux est sorti le verbe faucher, etc.

Dans les langues actuelles, beaucoup de substantifs manquent de l'adjectif et du verbe correspondants; ma isil n'en est pas de même dans les langues primitives, dans le sanscrit, par exemple, où l'on trouve une régularité et une simplicité de mécanisme qui doit nous faire regretter vivement la complication des langues actuelles.

Il serait superflu d'insister sur les différents rouages qui, avec l'usage et le développement intellectuel de l'humanité, sont venus compliquer le mécanisme du langage oral, tels, par exemple, que le pronom, la conjonction, la préposition, l'article, les temps, les genres, etc. L'essentiel est de démontrer comment le sentiment de la parole, aidé du sentiment d'imitation et de manifestation, peut présider à l'invention du substantif, de l'adjectif et du verbe, qui permettent d'exprimer toute sorte d'idées.

Avec la forme du cerveau, d'où émane l'imitation et la manifestation, la forme des langues se modifie. Le substantif et l'infinitif du verbe servent à exprimer presque toutes les idées, chez l'enfant comme chez les races inférieures; et le philosophe peut trouver un profond sujet de méditation dans la transformation puérile que le nègre de Guinée, aussi bien que le nègre des colonies, fait subir aux langues française, anglaise et espagnole, pour se les approprier. Il annonce, dans sa manière de s'exprimer, les aptitudes de l'enfance, dont il a les qualités et les défauts. Le nègre, en effet, est un enfant dont il faut faire l'éducation, et que l'Européen doit élever jusqu'à lui. La même chose peut être dite de races à demi sauvages ; et parmi les races civilisées il serait facile au linguiste d'établir une classification intellectuelle, d'après l'état des langues. Nous avons la conviction qu'on trouverait une représentation exacte du degré de civilisation, du caractère et des mœurs des peuples de la Chine, dans l'analyse du langage chinois. Plus près de nous, le génie de la langue allemande, et l'obscurité qui résulte d'une tendance à toujours construire les phrases par inversion, amènent cette philosophie nuageuse, cette tendance vers un spiritualisme général ; cet amour des subtilités, des distinctions et des minuties qui semble faire la base du caractère allemand. Au contraire, la langue française, par sa clarté et sa structure directe, donne aux peuples de France un caractère positif qui repousse les subtilités du spiritualisme, et tend constamment vers les sciences exactes. C'est en France que se font les nomenclatures, que se formulent les doctrines, et que les sciences se constituent. Paris doit à sa langue d'être la ville de l'enseignement, elle lui doit encore d'être à la tête des arts et du mouvement politique.

Si on peut mesurer le génie des peuples à leur langage, on peut, de la même manière, mesurer le génie des individus. *Le style, c'est l'homme*, disait Buffon ; et cette parole paraît d'autant plus belle et plus vraie, qu'on la médite plus profondément.

Ce rapprochement étant fait entre le génie des diverses langues et le développement intellectuel des différents peuples, il faut encore examiner les causes qui ont pu faire varier la prononciation des mots auxquels nous avons attribué une origine commune dans l'imitation. Ceci n'est plus un fait cérébral ou intellectuel, c'est un fait organique et qui tient à la disposition de l'appareil vocal. Prenez un Anglais, un Allemand, un Arabe et un Chinois; prononcez devant eux un mot français un peu compliqué, en les priant de vous imiter : chacun d'eux fera subir à l'expression une modification analogue à l'accent de sa langue maternelle; on n'aura plus un mot français, mais un mot anglais, allemand, arabe ou chinois. Le même son s'altère beaucoup en passant par différents larynx; et l'articulation change avec la forme des gosiers, des mâchoires, des langues et des lèvres. Il est probable que les sons sifflants de la langue anglaise tiennent à la disposition des mâchoires et des dents incisives, disposition que tout le monde peut remarquer dans la généralité des Anglais; il faut attribuer, de même, la rudesse et les sons gutturaux de la langue allemande à l'ampleur du gosier, à l'épaisseur de la langue et à la saillie tonsillaire, qui sont ordinaires chez les hommes de race teutonique. Du moment où le plus grand nombre présente une tendance marquée vers un mode de prononciation, la minorité, qui n'a pas les mêmes aptitudes, agit cependant de même, par imitation ; et c'est ainsi que les langues et les accents se forment. En général, les peuples du Nord ont la voix rude, par suite de l'irritation fréquente des organes respiratoires; les consonnes abondent dans leurs langues : au contraire, les peuples des pays chauds doivent une langue douce, claire et sonore à la tiédeur de l'air qu'ils respirent; les voyelles se pressent dans les mots qu'ils prononcent, leurs belles dents et la minceur de leurs lèvres facilitent la prononciation vive et saccadée qui se remarque dans leur accent.

Dans une même contrée, sous une latitude pareille, les idiomes changent beaucoup avec l'élévation du sol et la structure de la race. Un habitant des plaines de la Picardie ne dit pas le français comme un Lorrain, un Basque parle autrement qu'un habitant du Languedoc, l'indigène du haut Jura diffère complétement du Bourguignon sous le rapport de l'accent et des expressions. La même chose se remarque entre l'Anglais et le Gallois, entre le Toscan et le Calabrais, etc. Il est même douteux que des communications très-actives, un enseignement uniforme et un mélange intime des races puissent jamais faire disparaître complétement ces différences : le sol ne peut être changé.

Sentiments qui concernent l'appareil digestif.

La *faim*, la *soif*, et leur contre-partie, la *satiété* et la *nausée* sont les principaux sentiments digestifs. Quant à la *succion*, à la *mastication*, à la *déglutition*, et à l'*excrétion*, l'intérêt qu'elles présentent est purement organique et ne saurait nous occuper.

Une première chose est à remarquer dans la faim, c'est son caractère impérieux ; elle ne cède le pas, sous ce rapport, qu'au besoin de respirer ; mais, quand elle est satisfaite, elle domine tous les autres sentiments, elle s'empare de la conscience et peut devenir une passion, une maladie, une fureur. Elle ne trouve pas, comme le sentiment respirateur, des moyens continuels de se satisfaire ; et si, grâce aux progrès de la civilisation, elle est, pour la plupart des hommes, plutôt un élément de plaisir que de douleur, elle fut, dans les temps de barbarie, un cruel moyen de torture, et souvent encore elle désole les contrées ravagées par la guerre.

Rien n'est pénible à supporter comme la faim. Elle commence par une langueur particulière qui se fait sentir à l'épigastre, et qui, dans le principe, n'est pas dépourvue de charme : mais elle se change en un malaise qui produit un abattement général ; au malaise succède une douleur aiguë et brûlante ; la fièvre arrive, les centres nerveux s'irritent et s'enflamment, les facultés mentales s'altèrent : la faim est de la fureur.

Quelque chose d'analogue se remarque pour la soif ; ce n'est plus l'épigastre qui en est le siége, mais bien le gosier : on y ressent une sécheresse incommode et une sorte de tendance à l'inflammation, qui altère la voix et lui donne un timbre particulier : pour qui a soif il n'y a pas de repos possible ; l'inquiétude est incessante, continuelle ; l'âme ne désire qu'une chose, une eau douce et rafraîchissante.

Il faut, pour bien comprendre ce qu'est la soif, avoir parcouru les plaines brûlantes et poudreuses de l'Afrique, il faut avoir vu des bataillons trompés par le mirage poursuivre au pas de course des lacs imaginaires ; il faut avoir vu le désespoir de ces organisations vigoureuses quand elles reconnaissaient leur erreur, et le délire de leur joie quand une longue sinuosité de lauriers roses leur indiquait la présence d'un ruisseau. Vainement alors s'interpose l'autorité des chefs : chaque homme se précipite dans l'eau, y plonge la tête et boit à plein gosier, à pleines mains, à plein chapeau, comme s'il ne pouvait assouvir la passion qui le domine.

Ces sentiments, s'ils deviennent parfois une torture par leur caractère impérieux, sont cependant indispensables pour contraindre le moi à pourvoir aux besoins de la circulation ; leur influence se fait sentir chaque jour à diverses reprises et agit puissamment sur les mœurs et les coutumes des peuples. Tous n'ont pas les mêmes aptitudes digestives ; et tandis que l'habitant des contrées froides désire une nourriture surchargée de viandes et de boissons alcooliques, l'habitant des contrées chaudes préfère une nourriture végétale et des boissons aqueuses ou légèrement acides. Il en résulte pour le premier un sang plus riche, une circulation plus active, une tendance plus forte vers l'exercice musculaire, vers le travail, vers la production ; tandis que le second végète dans l'indolence et redoute la fatigue.

Un spirituel gourmand a dit sous forme d'aphorisme : *Dis-moi ce que tu manges, et je te dirai qui tu es.* Il attachait à cette phrase un sens qui manque peut-être de justesse en s'appliquant aux individus, mais qui est profondément juste en s'appliquant aux peuples : pour qui connaît la manière dont ils se nourrissent, il n'est pas difficile d'imaginer leurs mœurs et de deviner leurs aptitudes. On reconnaît, par exemple, dans les populations actives, sérieuses, patientes et un peu rudes de l'Angleterre, de la Hollande et du nord de l'Allemagne, ce que peut produire une nourriture abondante et surchargée de viandes ; la frugalité de l'Espagnol dit son indolence et sa vie contemplative : tandis que les vins de France et d'Italie, la nourriture très-variée et excitante de ces contrées disent la turbulence de leurs habitants, la variété de leurs aptitudes, leur gaieté native, leur amour des arts et du plaisir.

Que les produits des coteaux de la Bourgogne, de la Champagne, du Médoc, etc., soient introduits librement en Angleterre, et ils feront plus, pour y propager le sentiment de l'art, que la création des musées et des écoles de musique ; ils donneront à la femme cette prépondérance de galanterie qui annonce toujours un progrès et tend à polir les mœurs ; ils apporteront avec eux cet amour du plaisir qui établit si rapidement des liens de fraternité entre les hommes.

Par opposition, l'usage plus fréquent de la viande ravivera les bras épuisés de nos campagnards, doublera la somme de leur travail, rendra leurs terres plus riches et plus fertiles, et introduira dans les chaumières ce bien-être que la force patiente et l'activité entraînent partout avec elles. Impossible de pousser plus loin ces considérations, bien dignes, cependant, d'occuper les hommes d'Etat qui, dans la direction qu'ils veulent imprimer aux peuples, ne se préoccupent pas de leur hygiène, alors qu'elle devrait tenir une des premières places dans la science du gouvernement.

La faim n'indique pas seulement la quantité d'aliments qui doit être prise; elle indique encore, sauf le cas de maladie, la nourriture qui se trouve en harmonie avec l'âge, le sexe, la constitution et le tempérament.

Partout dans la vie de l'homme, on retrouve l'influence de la faim : elle fait du repas un plaisir qui se renouvelle fréquemment et que l'âge n'affaiblit pas, elle réunit à la même table de vieux comme de nouveaux amis, elle crée les droits comme les devoirs de l'hospitalité, enfin elle est le principal stimulant de l'activité humaine. Si les hommes étaient soustraits à la nécessité d'arracher leur nourriture du sein de la terre, ce besoin incessant qu'ils ont les uns des autres n'existerait pas, les sociétés ne sauraient s'organiser, l'individualisme et la guerre apparaîtraient partout.

Supprimez la table : l'hospitalité, dont l'emblème fut toujours le pain et le sel, ne tardera pas à disparaître.

En voyant la part énorme que le besoin d'aliments

prend dans la vie humaine, on comprend tout d'abord la nécessité d'un sentiment qui vienne refréner l'appétit, empêcher l'abus de la nourriture, et chasser les hommes de la table où ils trouvent tant de plaisir : ce sentiment opposé à la faim est la *satiété*. Pour qui l'éprouve, les mets les plus habilement préparés n'amènent que répulsion et dégoût ; l'odeur des viandes et des aliments les plus substantiels est surtout pénible ; la faim alors est complétement masquée, anéantie ; le sentiment le plus faible suffit pour la dominer ; il arrive même un instant où elle devient un sentiment négatif, et où la vue des aliments n'est pas seulement indifférente, mais encore insupportable : elle produit un malaise particulier qui peut aller jusqu'au vomissement.

La faim étant considérée comme côté positif et la satiété comme côté négatif d'un même sentiment, on voit l'équilibre se maintenir à peu près entre elles dans les régions tempérées ; mais le sentiment positif prend une prépondérance marquée à mesure que l'on s'approche du pôle, le sentiment négatif domine vers l'équateur. Il faut lire dans les récits des voyageurs qui ont exploré les mers glaciales l'effrayante quantité de viande, de graisse et d'huile que peut engloutir un Lapon ou un Esquimau, pour se faire une idée de ce que la faim peut être chez lui : au contraire, la frugalité des peuples qui vivent sous la ligne, la répulsion que beaucoup d'entre eux éprouvent pour les viandes grasses et pour la chair de plusieurs animaux réputés immondes, la brièveté de leurs repas et la simplicité de leur cuisine disent assez le peu de ténacité de leur faim et la rapidité avec laquelle survient la satiété.

Cette différence entre les sentiments qui tiennent à l'appareil digestif est produite par les modifications profondes que les climats impriment à l'organisme : elle est, pour l'espèce humaine, la source d'indications très-précieuses ; et il ne faut pas douter que ces indications étant exactement suivies parmi les hommes, le nombre et la fréquence des maladies ne diminuent considérablement. Par malheur, il n'en est pas ainsi. Les uns stimulent outre mesure leur appétit, soit par l'action que certaines substances exercent sur l'estomac, soit par l'habileté déployée dans la préparation des mets ; les autres, au contraire, cherchent à tromper leur faim par la grossièreté et la nature indigeste de leurs aliments : aux premiers l'obésité, la goutte, la gravelle, l'apoplexie, les dartres, etc., servent de châtiment; aux seconds l'épuisement, l'ergotisme, le cancer de l'estomac, l'anthrax et les ulcères apportent de nouvelles misères : que l'excès d'alimentation des uns vienne compenser le manque d'alimentation des autres, et l'on verra partout la force et la santé.

Sentiments qui concernent l'appareil générateur.

Examinés à l'état d'instinct, dans leurs rapports avec les organes, ils ont été décomposés minutieusement et nous ont montré les attractions sexuelles formulées en un seul mot : le désir. Le désir devenu sentiment en parvenant dans le cerveau exprime simplement une tendance vers l'acte reproducteur ; il naît d'une dissemblance organique impliquant le concours de l'homme et de la femme pour e fonction importante.

Mais ce sentiment primordial qui se rencontre dans toute l'échelle animale est, pour l'espèce humaine, l'origine d'une série d'autres sentiments.

Chez les animaux sauvages, le désir n'a qu'une saison ; il est permanent, au contraire, chez l'homme et la femme ; il constitue entre eux un principe continu de relation.

L'attraction, née d'abord d'une dissemblance de l'appareil générateur, s'étend bientôt à une dissemblance organique générale : les deux sexes s'unissent et s'associent, d'abord parce que leur concours est nécessaire à la conservation de l'espèce, ensuite parce que l'existence de chacun d'eux ne peut se compléter que par une portion de l'existence de l'autre.

Voyez la structure masculine, au point de vue physique, moral et intellectuel : elle se résume dans un seul mot, dans la virilité, qui implique le courage, le travail et la générosité.

Mettez à côté l'organisation féminine : en elle apparaissent la beauté, la faiblesse, la timidité et le besoin de protection ; incapable de suffire à sa propre alimentation, elle peut encore moins pourvoir à celle d'une famille ; un auxiliaire permanent lui est nécessaire : cet auxiliaire est l'homme.

Ce dernier, quand il est parvenu à l'âge de la force, quand le désir a toute son intensité, est invinciblement attiré vers des êtres dont les dissemblances organiques forment l'attrait principal : sa peau rude et velue aspire au contact d'une peau douce et unie, ses membres musculeux aspirent à enlacer des membres et un corps délicats ; est-il brun, il est charmé par des cheveux blonds et soyeux ; est-il triste, un caractère gai lui plaît ; est-il grand, une petite taille lui paraît gracieuse ; sa maigreur appelle des formes arrondies.

Des tendances analogues se remarquent chez la jeune

fille, les contrastes commandent aussi ses sentiments.

Ce qui les commande plus souvent encore, c'est le désir de l'homme : les sympathies rendent le sentiment contagieux, elles font que les tendances vers l'union sexuelle sont presque toujours réciproques et que dix hommes ne se sentent pas entraînés à la fois vers la même femme.

Le désir, étant fixé et généralisé, fait surgir entre ceux qui s'aiment mille attraits dont le reste du genre humain leur semble dépourvu. Tout leur devient élément de jouissance, chaque sens apporte avec lui un tribut de plaisir : les lèvres et les mains cherchent un contact délicieux, l'odorat se repaît de parfums que les femmes sèment dans leurs voiles et leur chevelure et dont elles savent bien l'influence, les yeux explorent curieusement mille contours pleins de promesses, l'oreille recueille comme une douce musique les sons d'une voix émue.

En ralliant les sens au but qu'il se propose, le désir fait surgir en même temps les sentiments artistiques et les emploie à son profit ; il s'assimile les sentiments viscéraux ; suspend la faim et la soif, trouble la respiration par le soupir, émeut la voix, fait surgir le chant et la poésie. Les sentiments cérébraux : conservation, imitation et manifestation lui sont subordonnés ; par eux il domine l'intelligence.

A ce point de généralisation, le désir s'est transformé, il est devenu de l'amour.

Rien ne peut égaler les félicités de deux amants : leur vie tout entière est absorbée par un sentiment doublant tous les autres sentiments et leur donnant une suavité particulière ; entre deux amants l'acte le plus simple se poétise et devient un élément de plaisir.

Mais le stimulant sexuel, tout en prenant un détour, tend

toujours à son but, la conservation de l'espèce : mille faveurs ne sauraient apaiser l'amour, tant qu'il lui reste quelque chose à désirer ; il veut cette fusion des sexes qui recèle les plus puissantes voluptés.

L'amour, en se combinant aux attributs de la virilité, implique l'audace, l'esprit entreprenant, l'attaque, en un mot ; en se combinant aux sentiments féminins, il implique la crainte, la retenue, la pudeur, la défense.....

La femme qui se donne sent qu'elle perd sa liberté, son libre arbitre ; sa vie est désormais subordonnée à une existence plus puissante ; il lui semble qu'elle va déchoir à ses propres yeux ; son amour-propre lutte contre ses entraînements sexuels.

Loin qu'il en soit de même pour l'homme, son amour-propre le pousse à triompher de la résistance qu'il rencontre : posséder celle qu'il aime suppose un agrandissement dans sa vie.

Chez la femme, la pudeur est un mélange de timidité, de désir et de personnalité ; chez l'homme, elle est tout au plus l'appréhension qui saisit en présence des biens qu'on désire le plus.

Quand deux amants sont devenus époux, la satisfaction du désir est loin de rompre tous les liens qui existent entre eux ; leur affection cesse pour un temps d'être de la frénésie, mais elle prend un caractère de langueur dont ceux qui ont bien aimé connaissent le charme. L'entraînement sexuel laisse la place libre à tous les sentiments poétiques qu'il a fait naître. Il est, en outre, remplacé par la reconnaissance des plaisirs passés et par l'espoir des plaisirs futurs.

Voilà comment peut s'établir la permanence de l'amour entre les deux sexes, lors même qu'il est stérile ; mais en devenant fécond, il attache par de nouveaux liens la femme à celui qui l'a rendue mère, il augmente le dévouement de l'homme pour celle qui doit perpétuer sa race.

Ici commence une nouvelle série de sentiments qui, tout en procédant de l'appareil générateur, se compliquent aussi de l'intervention d'autres organes. La cause de virilité qui a endurci les membres de l'homme, qui lui a donné courage, vigueur et agilité, le pousse à mettre tout cela au service de l'être faible qu'il expose aux dangers de la maternité. S'il naît un fruit d'un amour partagé, c'est une nouvelle charge pour le père, qui voit dans ce rejeton un espoir pour sa vieillesse et, plus que tout cela, un être faible à protéger et à nourrir.

Telle est l'origine des sentiments de paternité ; ils dépendent moins des liens du sang que de la protection et de la nourriture accordées à l'enfant. Le père aime d'autant plus son fils, qu'il se condamne à des travaux plus rudes pour l'élever, ou qu'il tient davantage à voir se prolonger son nom et sa race.

Il n'en est pas de même pour la femme : elle aime son enfant par ses entrailles, par ses mamelles ; elle sent palpiter cette chair qui est sa chair, ce sang qui est son sang, cette existence née de ses amours et sortie de son ventre. Entre la mère et le fils persistent, même après la naissance, de mystérieuses sympathies qui établissent une solidarité de bien être ou de douleur, une fusion de deux moi, une communauté du sentiment de conservation : c'est la seule manière d'expliquer la clairvoyance, l'opiniâtreté, la ténacité, le dévouement et le courage qui naissent du sentiment de la maternité.

Comme contre-épreuve de l'étude que nous venons de

faire, il est bon d'exposer l'état des êtres que des causes organiques diverses ont soustraits à l'entraînement sexuel, à l'amour.

Voyez le castrat, ou l'homme que des plaisirs prématurés ou trop prolongés ont énervé de bonne heure ; voyez celui qui est atteint de la maladie connue sous le nom de pertes séminales, et qui se trouve privé du stimulant de la force et de la passion ! Tous sont atteints d'une langueur insurmontable et du dégoût de toutes choses : incapables de désir, d'affection, de dévouement et de générosité, ils sont à la fois irritables et inertes, envieux et blasés. Ils redoutent la fatigue pour leurs muscles, et l'épuisement pour leur cerveau affaibli ; ils restent dans la torpeur et l'immobilité, parce que rien ne peut les dédommager de la peine qu'ils se donnent. Dans leur impuissance d'aimer les autres, ils ne peuvent s'aimer davantage ; ils nourrissent constamment une idée de suicide que leur pusillanimité seule les empêche de mettre à exécution. Cette atonie générale s'étend jusqu'à l'appareil digestif et devient de l'hypocondrie.

Un état correspondant se remarque chez la femme atteinte d'une maladie des ovaires, ou chez la fille qu'une continence prolongée expose à l'atrophie de l'appareil sexuel.

L'une et l'autre semblent perdre peu à peu les attributs physiques, et même moraux de la femme : elles deviennent maigres et musculeuses comme les hommes ; leur sein se flétrit et s'efface, leur peau noircit et se hérisse ; leur caractère perd son liant et son aménité, pour prendre l'élément dominateur, sec et acariâtre qui se remarque dans les couvents.

Il est rare que des femmes ainsi disposées aiment leur

prochain ; chez elles, l'élément amour est primé par l'é-
goïsme, quand il ne devient pas, comme chez les castrats,
de la misanthropie.

Les vieilles filles sont presque toujours haineuses et mé-
disantes : en perdant le désir, elles perdent la pudeur, elles
sont privées de cet amour né de l'enfance qui est inhé-
rent aux entrailles de la femme complète ; si elles ont un
but d'affection, il est placé en dehors de l'espèce humaine :
elles aiment l'or, un chat, un chien ou un perroquet.

Autre est l'état de celles que des convenances sociales
condamnent à la continence quand elles sont tourmentées
par l'énergie du désir : elles exagèrent toutes les dispositions naturelles du caractère de la femme ; elles donnent
sans cesse dans les extrêmes, partagées qu'elles sont entre
la pudeur et l'attrait que leur offre le commerce des
hommes. L'exubérance du désir fait que tout chez elles
revêt le caractère de la passion. Si l'affection des hommes
leur manque, elles auront des amitiés féminines portées
jusqu'à la jalousie ; elles aimeront Dieu, et transforme-
ront la dévotion en fanatisme. A tout propos on verra
éclater chez elles l'enthousiasme, la haine ou le ressentiment.

Un tel état est très-pénible, non-seulement pour ceux
qui l'éprouvent, mais encore pour les proches ou les parents ; il amène sans cesse des brouilles et des querelles.
Faut-il dévoiler quelques-uns des secrets de la médecine,
et dire les nuits d'insomnies, les larmes, les spasmes, les
suffocations, les ardeurs, les souffrances, en un mot,
qu'une continence forcée impose à la femme ? Comment
lui demander la douceur, l'aménité, la patience, quand ses
nerfs sont surexcités jusqu'à la fièvre, quand son existence est un martyre ? Elle ne peut rentrer dans les con-

ditions normales de son être qu'à la condition de devenir épouse et mère.

L'homme qui dans la vigueur de l'âge se voue au célibat, et accumule en ses organes une cause d'agitation, de vigueur et d'activité, se voue à des tourments analogues. Chez lui, l'activité devient fièvre et turbulence, le courage devient férocité, le dévouement devient fanatisme. Rome a spéculé sur le célibat des prêtres, et jamais avec des ministres mariés elle n'aurait pu obtenir l'inquisition.

Plusieurs prêtres ont légué à la science la relation des tourments qui leur furent imposés par le célibat. Presque tous ont éprouvé des hallucinations, des apparitions gracieuses qu'ils rapportaient à quelque sainte, ou à la mère de Jésus-Christ. Celui-ci voit la tête des jeunes filles qui fréquentent son église entourée d'une auréole dont une jeune femme enceinte est dépourvue; celui-là est doué tout à coup d'aptitudes artistiques, qu'il perd en brisant une continence qui dépassait ses forces.

Un volume ne suffirait pas à relater les hallucinations, les passions insensées, les aliénations mentales, les créations maladives et les troubles intellectuels produits par l'exagération des sentiments sexuels : dans les conditions ordinaires, on les voit diriger l'amant qui sacrifie sa fortune, sa vie et jusqu'à son honneur pour celle qui, au besoin, sait sacrifier fortune, vie et honneur ; on les retrouve chez ce père qui, pendant une longue suite d'années, se condamne au labeur le plus rude pour donner à ses enfants le pain et l'aliment intellectuel ; on les retrouve chez la mère qui, après avoir supporté avec courage, avec bonheur les douleurs de l'enfantement, lutte contre la fatigue pour veiller des mois entiers au chevet de son enfant malade ; on les retrouve enfin chez ce fils qui, dans l'âge des passions et de la force, concentre son affection sur de vieux parents qui penchent vers la tombe.

Rien n'est beau comme ce nœud général d'amour qui serre toute une famille ; qui unit le faible au fort, le jeune au vieux, la femme à l'homme ; qui à tous promet appui ou bonheur ; qui les rassemble sous le même toit, à la même table, au même foyer, et multiplie toutes ces existences les unes par les autres. Les mots de père, de mère, de frère, de sœur, d'époux, d'amant, de maîtresse , ne sont que des expressions d'amour ; ils ne peuvent même dire ce que ce mot peut renfermer de bonheur, à moins qu'on ne leur adjoigne l'art et la poésie.

Considérer les sentiments nés de l'appareil générateur comme principe d'initiative dans toutes les branches de l'art, peut paraître une étrange chose, de prime abord ; mais en examinant la question attentivement, on reste bien vite convaincu du fait. Sans insister sur cette observation que le rossignol n'a de voix et ne sait formuler ses mélodies qu'au temps de ses amours, que les peuples amoureux sont les peuples chanteurs par excellence, il suffit de remonter aux premiers essais poétiques pour toujours retrouver un amant qui se plaint des rigueurs de sa maîtresse, et qui cherche à l'attendrir par des accents passionnés. Une fois la poésie instituée, elle tend, il est vrai, à s'appliquer à d'autres sujets, mais jamais avec le succès qu'entraîne la description de la plus douce des passions. Maintenant encore que la poésie s'est incarnée aux populations, est devenue une partie de leur existence et s'est mêlée à la plupart de leurs actes, elle ne peut se passer d'amour ; le roman, le poëme, la tragédie, la comédie, la chanson ne roulent que sur ce sentiment, et couper les ailes des Amours serait réellement arrêter l'essor du poëte.

Même disposition pour la musique : cette branche de l'art, malgré son extension et ses progrès scientifiques, ne peint d'une façon parfaite que la mélancolie, l'amour et la haine. Vainement elle s'évertue à produire des sons gais ou belliqueux : il lui faut toujours revenir à la romance, aux chants des premiers bardes, ou à ces accents profondément mélancoliques, destinés à peindre les aspirations passionnées vers un être idéal, vers la Divinité. Il faut aimer pour bien dire, pour chanter, pour être musicien et poëte. La vie et même la mort d'Orphée, d'Anacréon, de Sapho, d'Ovide, d'Horace, de Pétrarque, de Tasse, de Mozart, de quantité de poëtes et de musiciens modernes le prouvent surabondamment : la passion seule sait bien émouvoir les cœurs, seule elle sait éveiller les sympathies.

Une autre preuve à l'appui de cette opinion, c'est que l'art ne se comprend qu'après la puberté. L'enfant ne voit en lui qu'une obligation d'étudier et le déteste, l'être viril en fait ses délices, le castrat d'enfance ne peut y voir qu'un moyen de vivre.

Avant de décider complétement cette question, voyons si l'initiative du sentiment générateur peut s'appliquer à l'art qui concerne l'appareil de la vision. Prenons, par exemple, l'art dramatique dans ce qu'il a de plus élémentaire dans la pantomime : examinons les danses des peuples de l'Amérique et de l'Océanie dont les voyageurs nous ont donné la description ; cherchons ce qui caractérise ces petits drames en plein air. Comme sur nos théâtres, c'est toujours une histoire d'amour ; c'est toujours un amant qui, par une pantomime lascive, cherche à provoquer les désirs et à obtenir les faveurs de sa maîtresse; c'est toujours une cruelle, retenue d'abord par un instinct de pudeur, puis se laissant gagner par la passion et dépassant bientôt son amant par l'énergie de la démonstration. Ces danses de nègres, qui font braver aux esclaves les châtiments et l'extrême fatigue, ne représentent qu'un seul sujet : elles décrivent une histoire d'amour. Il n'est pas jusqu'aux mouvements qui les caractérisent qu'on ne puisse rapporter directement à l'appareil générateur : presque tous procèdent du bassin, et se rapportent à cette série de mouvements instinctifs qui, dans une attaque d'hystérie ou de nymphomanie, s'exécutent sous l'initiative de l'utérus et de ses annexes.

En se perfectionnant, l'art dramatique se voile; mais il procède toujours du même sentiment : une tragédie ni une comédie ne peuvent se faire sans représenter une histoire amoureuse, de même que nous retrouvons dans nos ballets et dans la danse de nos premiers artistes plus d'une analogie avec la chica des nègres. Les succès obtenus à Paris et dans les grandes capitales de l'Europe par les danses à demi primitives des Espagnols prouvent suffisamment quelle est l'origine de l'art dramatique. Mais, sans insister davantage sur ce sujet, passons à une autre portion de l'art qui s'adresse aux yeux, à la peinture et à la statuaire : ici l'influence de l'appareil générateur est moins sensible et moins directe.

Cependant, nous avons à citer encore ce prêtre qu'un excès de continence doua subitement de l'aptitude à peindre. Tout prouve que, si le premier musicien fut un amant, le premier peintre et le premier statuaire essayèrent de reproduire des traits chéris avec le charbon ou l'argile. Quel

homme n'a cherché pendant de cruelles absences à se pro-
curer le portrait de sa maîtresse? quelle femme n'a voulu
porter sur son sein l'image de son amant?

Sans vouloir décider la part qui peut revenir à la Forna-
rine et à la Joconde dans l'art de Raphaël et de Vinci, il
faut cependant rappeler que l'amour des figures et de la couleur, qui caractérise le peintre, s'est presque toujours concentré sur une femme. L'inspiration en peinture procède
de l'appareil générateur; elle tient à cette *aura seminalis*
qui imprègne tout l'organisme et lui donne de l'énergie,
qui fait resplendir les figures, qui donne plus de puissance aux ombres et à la lumière. La passion, le désir
contenu, l'énergie monacale apparaissent dans les peintures
des moines Espagnols et Italiens; au contraire, la mollesse
du désir satisfait, mais incessamment ravivé, se reconnaît
dans Watteau, Boucher et les maîtres de la fin du dix-
huitième siècle. Si l'art fait école, s'il se caractérise, s'il
représente les mœurs des diverses époques, cela vient de ce
que ces mœurs sont pour beaucoup dans les facultés des
artistes, qui les exagèrent, parce qu'ils sont, pour la plupart,
concentrés dans les capitales.

De notre temps, par exemple, la peinture religieuse ne
se soutient plus que par copie et par tradition, parce qu'on
n'aime plus la Divinité. Dans le temps où l'amour divin
produisait ces épidémies mentales et hystériques dont four-
mille le moyen âge et qui se sont perpétuées jusqu'à la fin
du siècle dernier (convulsionnaires); dans le temps où la
religieuse Marie-à-la-Coque, poussée par les fureurs d'un
tempérament ardent, croyait chaque nuit recevoir la visite
de Jésus-Christ et trouvait un extrême plaisir à se faire
écrire sur le sein, avec la pointe d'un canif, le nom de son

divin amant, — on comprend que l'impulsion génitale ait pu s'appliquer aux choses religieuses et produire des chefs-d'œuvre. Combien de moines tourmentés par leur tempérament ont vu apparaître dans des nuits d'ardeur et de tourment l'image toute gracieuse de la Vierge; combien, doués de l'art de la peinture, se sont bornés à reproduire cette apparition qu'ils avaient vue resplendir dans l'obscurité! Pour qui sait l'habileté avec laquelle Rome a dévié les instincts générateurs vers les choses de la religion; pour qui a lu les stances passionnées que contient l'Imitation de Jésus-Christ; pour qui a entendu le mot amour résonner incessamment dans toutes nos basiliques, y attirer la foule, y faire vibrer toute une assemblée de femmes; pour qui a observé ces ferveurs subites et sensuelles que l'évolution des organes de la génération développe chez la plupart des jeunes filles, il est manifeste que la foi religieuse tient en grande partie à l'appareil générateur. Maintenant cette ferveur n'existe plus guère que chez les femmes toujours séduites par le langage d'amour du dogme et par la sensualité des cérémonies du catholicisme; mais les hommes ne croient plus à la religion, et ne font plus de peinture religieuse. Si le protestantisme n'a pas produit d'art religieux, il faut en accuser le mariage des ministres de l'Evangile, la suppression de la Vierge immaculée, et surtout l'absence de splendeur et de forme amoureuse du culte.

Quand le philosophe se prend à considérer cette puissance d'amour; quand il la voit continuellement à la recherche du bonheur, en prenant une part de l'existence des autres et donnant une portion de la sienne, il s'aperçoit bien vite qu'elle ne doit pas se concentrer dans la famille, et qu'elle embrasse l'humanité tout entière.

Contre-partie du moi, de la personnalité, de l'égoïsme, l'amour donne, prodigue, se dévoue ; sa plus grande douleur et sa joie la plus vive, il les sent au sein de l'ami ; que l'amour soit supprimé demain, et il n'existera plus ni société, ni famille, ni science, ni art ! Avec l'égoïsme ne peut survivre que l'existence individuelle, que le brigandage, que la barbarie !

Ce qui a lié entre eux tous les membres d'une grande nation, ce qui dirige des milliers d'intelligences et de bras vers un but unique, ce qui électrise la foule et en quelques secondes l'entraîne aux plus généreux élans, c'est toujours un sentiment d'amour. Appliqué à la patrie, il guidait Léonidas et ses compagnons quand, le front serein et le sourire à la bouche, ils couraient à une mort certaine ; il animait les millions de poitrines qui, fanatiques de liberté, s'érigeaient en remparts à nos frontières de 93.

L'amour de l'humanité attache aux plaies, aux maladies, au spectacle repoussant de toutes les infirmités la pieuse fille qui se consacre au service des hôpitaux ; il dicte l'Évangile ; il anime le génie de Platon, de saint Paul, de saint Augustin et de Spinosa ; il abolit l'esclavage, il épand au milieu des nations ce mot de fraternité qui doit changer la face du monde.

Cherchez au fond du sentiment religieux, vous y trouverez l'amour ; cherchez dans les vers de Virgile et de Tasse, l'amour s'y trouve encore : tandis que la contre-partie, la haine, enflamme les sombres poésies de Dante. Qui ne sent l'amour dans les vibrations d'une harpe, comme dans la voix du rossignol ? Qui ne l'entend dicter les mélodies de Mozart, de Lulli, de Bethowen, de Rossini et de Weber ? Qui ne le voit sur nos théâtres, dans nos romans, au sein de nos villes, au milieu des bois et des prairies? C'est le génie qui anime le monde, qui enfante les prodiges, qui livre à l'humanité une partie des secrets de la nature.

Une forme de l'amour vient sourire à tous les âges, pour donner de la vigueur à la faiblesse, de la douceur à la force, de la mansuétude à l'emportement. A tous il fait la part d'existence, rendant avec usure à qui donne beaucoup, mais se montrant avare pour qui ne sait pas donner. Heureux ceux qui aiment! Plus leur cœur s'épandra en dévouement, et plus le dévouement leur sera rendu. On les verra lutter par la beauté de leur âme contre les difformités et les disgrâces de la nature; ils captiveront les grands cœurs et les hautes intelligences; à leur sourire répondra le sourire, à leur main s'unira une main amie : mais malheur à ceux qui ne savent pas aimer! car ils finiront par se prendre en dégoût, et leur égoïsme lui-même sera un mensonge. Leur vie sera sans chaleur et sans épanchement; nul ne viendra soulever le fardeau de leur douleur, ou partager leur joie pour la doubler. Ils seront le terrible Manfred qui ne peut ni vivre ni mourir; ils seront l'hypocondriaque, l'être blasé qui, faute de pouvoir trouver sa joie dans la joie des autres, se prend en dégoût, sent l'envie ronger ses flancs, et sort par un suicide du sein de l'humanité.

Cette grande loi de la vie humaine, cet amour providentiel dirige les nations comme il dirige les individus. L'histoire nous montre la prudence, le génie et la force impuissants à conjurer la décadence et la ruine des peuples qui inscrivent sur leurs drapeaux : Égoïsme, nationalité.

L'égoïsme, c'est la tromperie et la violence employées contre les autres nations; c'est la guerre, la plus grande des calamités humaines. Or la tromperie amène la tromperie, la haine provoque la haine, la guerre engendre la guerre. Rome, née du *brigandage*, agrandie par la *violence*, maintenue par l'*épée*, nourrie par l'*esclavage*, est tombée par le brigandage, la violence, l'épée et l'esclavage. Notre malheureuse patrie, en des temps plus récents, a succombé de même, parce que, manquant à sa mission de fraternité, elle avait, sous la conduite d'un grand capitaine, édifié sa grandeur sur l'abaissement des nations voisines. Voyez le peuple Anglais qui couvre l'Océan de ses vaisseaux, qui concentre en lui le commerce du monde, qui nous étonne par les prodiges de son industrie : nul autre peut-être n'a aussi bien connu et appliqué le mot de nationalité, il lui a dû sa grandeur éphémère ; sous peu, il lui devra sa ruine. N'oublions pas que cette grandeur de la nation Anglaise repose sur l'oppression de l'Irlande, sur la ruine des colonies Espagnoles, sur la destruction des industries de toute la péninsule Ibérique, sur le dépeuplement de l'Inde. Et voilà que l'Inde, l'Espagne et le Portugal, épuisés d'hommes et de trésors, ne peuvent plus solder les produits de l'industrie Anglaise ; voilà que l'Irlande affamée s'attache comme un vampire aux flancs de celle qui causa son malheur.

Le jour où la guerre sera bannie d'entre les nations, le jour où les frontières ne seront plus délimitées par une ligne de douanes, le jour où les ports s'ouvriront à toutes les productions de la terre et de l'industrie, le jour enfin où les peuples s'aimeront et se traiteront en frères, — la faim, la misère et les milliers de maux qu'elles entraînent seront bien près de disparaître.

Ces vérités, quoique dédaignées et mal comprises, ne sont pas neuves : elles font la base et la puissance de la religion chrétienne ; elles ont plus d'une fois retenti dans l'école et dans le temple, car le prêtre mieux qu'un autre sait la fascination que ce mot *amour* exerce sur un auditoire. « Rien n'est plus doux que l'amour ; rien n'est plus fort, plus élevé, plus étendu, plus délicieux, plus plein ni meilleur dans le ciel et sur la terre, parce que l'amour est né de Dieu et qu'il ne peut se reposer qu'en Dieu, au-dessus de toutes les créatures. » (*Imitation de J. C.*, l. 3, ch. 5).

Des habitudes.

Si l'habitude agit puissamment sur les organes, si elle est une force qui tend à reproduire le lendemain les actes de la veille, si elle donne aux appareils et aux fonctions sur lesquels elle étend son empire une prépondérance marquée, elle ne peut manquer de peser sur l'âme, sur les idées et les sentiments. Un travail intellectuel, quel qu'il soit, devient plus facile avec l'habitude : elle simplifie les calculs les plus compliqués, elle élucide les idées les plus abstraites, elle familiarise avec les études les plus ardues ; et, comme elle plie le corps à des circonstances hygiéniques très-variées, elle plie l'âme à des travaux d'abord très-antipathiques,

En s'emparant des sentiments, elle leur ôte peut-être la vivacité primitive ; mais elle leur donne plus de stabilité et de puissance, elle les attache par mille liens au cœur de l'homme : son pouvoir va jusqu'à créer de nouveaux sentiments et à donner à l'âme un côté artificiel qui lutte avec le vœu de la nature, et qui, s'il augmente le champ de la vie humaine, peut abréger sa durée et devenir un élément de malheur.

Il est des habitudes vicieuses, comme il en est de salu-
taires : toutes peuvent plus ou moins se transmettre par
voie de génération sous forme d'aptitudes ; elles peuvent
ainsi modifier les races en bien ou en mal, et produire dans
l'espèce humaine les nombreuses différences qui se remarquent entre les peuples.

Les mœurs ne sont à vrai dire que l'habitude appliquée
aux sentiments des nations, qui, ainsi que les individus,
aiment à recommencer le lendemain ce qu'elles ont fait la
veille. Elles se sentent de l'aptitude pour une occupation,
un plaisir, une étude et un art déterminés, parce qu'ils leur
sont familiers depuis plusieurs générations : chacun aime,
plus ou moins, faire comm e son père ; chacun retrouve
avec bonheur les impressions qui datent de l'enfance et qui,
depuis longues années, se sont réservé une place d'élection dans l'organisme. C'est ainsi que l'homme s'attache à
son pays, à ses concitoyens, à son clocher, à sa famille, à
son toit, à son ami. Plus ses habitudes datent de loin, et
plus il lui est difficile de les rompre : cette rupture est indifférente à l'enfance, qui n'a pas eu le temps de contracter
de fortes habitudes ; elle tue le vieillard.

Moins les occupations sont variées, et plus elles sont capables de devenir d'importantes habitudes, parce qu'elles
se répètent plus souvent et tiennent une plus grande place
dans la vie : voilà pourquoi les cultivateurs, dont l'existence est uniforme, restreinte et régulière, tiennent tant à
leur charrue, à leur village, et ne peuvent souvent en être
éloignés sans danger pour leur vie ; tandis que l'homme
des grandes villes est à peu près cosmopolite. Il est rare de
voir un conscrit Parisien atteint de nostalgie ; rien n'est
plus fréquent parmi les jeunes soldats de l'Auvergne, du

Bourbonnais, de la Bretagne, de toutes les contrées enfin où des populations simples tiennent à leurs mœurs antiques et résistent à la civilisation. Par sa tendance à maintenir les hommes dans une série d'occupations déterminées, l'habitude est certainement un puissant élément d'ordre et de stabilité ; mais on peut lui reprocher de lutter par sa force d'inertie contre le progrès social : aussi le législateur, qui veut pousser un peuple dans une progression rapide, doit-il multiplier les occupations, varier les institutions et compliquer autant qu'il est possible l'existence de ceux auxquels il donne des lois, pour les soustraire au joug de l'habitude : par contre, il serait nécessaire de restreindre infiniment l'existence des peuples qu'on voudrait immobiliser, afin que la répétition incessante des mêmes occupations les transformât en habitudes invétérées.

Les villes ont toujours été à la tête de la civilisation et du progrès, parce que leurs habitants ne peuvent avoir uniformité de mœurs et d'habitudes ; les campagnes restent en arrière, parce qu'elles se trouvent dans un état contraire ; en Russie, en Espagne, on voit des peuples bien doués rester dans une demi-barbarie, par suite de la simplicité de leur culture et du cercle restreint de leurs occupations. Tant que la hache sera le principal instrument du paysan Russe et lui donnera les moyens de fabriquer sa maison et ses instruments de ménage, il ne pourra progresser vers la civilisation ; la même chose aura lieu pour le pâtre Espagnol, ou Arabe, tant que la vaine pâture leur donnera de faciles moyens d'existence. La simplicité de la vie pastorale retient depuis trois mille ans la race Sémitique au même point : l'Arabe des temps actuels ressemble exactement à l'Arabe des Pharaons ; tant qu'il aura sa tente, ses troupeaux et son existence simple et nomade, on peut affirmer qu'il ne se civilisera pas et qu'il échappera, en Algérie, à l'influence Française. Au contraire, si, en devenant propriétaire, il se fixait au sol; si, avec une existence sédentaire et une culture variée, la maison devait être substituée à sa tente ; si ses troupeaux dévastateurs et multipliés étaient remplacés par un bétail moins nombreux; si l'agglomération à ses semblables l'initiait à la vie de la cité, aux besoins intellectuels et autres qui en résultent , il ne faudrait pas douter que la progression ne fût rapide chez un peuple très-bien doué par la nature.

C'est ainsi qu'en remontant au fait organique d'où dépendent les mœurs on trouve mille moyens d'agir sur les populations : on peut agir de même sur les individus, et l'éducation n'est en définitive qu'un développement et une pondération des diverses aptitudes de l'humanité, au moyen de l'empire de l'habitude. Par elle on peut donner de la mémoire, de la sagacité et de l'intelligence à l'enfant le moins bien doué ; on peut rectifier ses sentiments, dominer ceux qui sont dangereux par ceux qui sont bons et utiles; lui apprendre l'amour et le respect pour ses parents, l'enthousiasme pour les belles choses, le goût pour les arts ou pour les exercices du corps. Il n'est guère de disposition vicieuse qui résiste à une inertie prolongée, comme il n'est guère d'aptitude intellectuelle ou autre qui ne puisse se développer par l'exercice. L'enfance est une cire molle qui prend mille formes sous les doigts de l'artiste, précisément parce qu'elle n'a pu se durcir sous l'influence de l'habitude.

La souplesse des organes appelle de nouvelles fonctions ; l'amour du changement y règne sans partage. C'est tout le contraire chez le vieillard : sa tête, comme le reste de son corps, est incapable de se plier à des actes nouveaux; il n'aime à suivre que les routes à lui connues; il n'a d'adresse et d'aptitude que pour des fonctions accomplies chaque jour. Vainement vous voudrez lui faire partager des idées nouvelles, vainement vos démonstrations iront jusqu'à l'évidence : il se roidira contre la démonstration et gardera, dans leur intégrité, ses anciennes opinions.

Ce simple rapprochement indique pourquoi il est si dangereux pour les empires d'être gouvernés par des enfants ou des vieillards. Les premiers veulent innover sans cesse, et détruisent sans être en mesure de reconstruire ; les seconds, par défiance des idées nouvelles, ont sans cesse les yeux tournés vers le passé. Pour eux, qui ne progressent plus, le progrès social est une chimère; ils veulent tout immobiliser, parce qu'ils ne peuvent suivre le mouvement; ils craignent une chute en avant, et ils meurent d'une chute en arrière. A soixante ans un homme ne devrait plus s'occuper des affaires d'État : quelle qu'ait été la lucidité de son esprit en d'autres temps, ses vues manquent de justesse au temps actuel, parce qu'il ne baigne plus dans l'atmosphère des idées dominantes. Qu'on cherche dans l'histoire des monarchies; et si l'on voit la minorité ou la grande jeunesse des principes être un temps de désastres, on voit aussi des désastres pendant la vieillesse des rois et des ministres. Rarement un vieux général est heureux, ou plutôt habile à la guerre ; rarement un vieux savant fait des découvertes ; rarement un vieil artiste donne de belles productions. Un grand mal pour un peuple est d'être dirigé par des vieillards : leur esprit de résistance précipite toutes les révolutions; il a fait succomber en France deux monarchies en vingt ans ; il a changé la forme des sciences et des arts. Notre pays est la terre classique des révolutions, parce qu'il est esclave des réputations et subit facilement le joug de la vieillesse ; la prépondérance de l'habitude et de l'esprit de résistance amènent fatalement la compression et l'explosion de l'esprit d'innovation et de progrès.

L'habitude, si elle a son côté nuisible, est excellente pour prolonger la vie de l'homme affaibli par l'âge : elle restreint le cercle de ses occupations ; elle ramène continuellement et convertit en plaisirs les fonctions les plus utiles à la conservation de la vie ; elle empêche l'activité de solliciter des actes peu en harmonie avec la fragilité des organes.

Supposons un vieillard s'exposant à des chutes et à des commotions continuelles par l'amour des exercices violents : nous pouvons lui prédire, en raison de la fragilité de ses os, des fractures nombreuses. Supposons qu'avec un cerveau affaibli il veuille faire les efforts intellectuels dont l'été de la vie seul est capable, nous pouvons lui prédire, à coup sûr, quelque maladie mentale ; au contraire, que, sans faire d'excès d'aucune sorte, il partage son temps entre des occupations qui lui sont familières et qui comprennent les fonctions les plus utiles à la vie, il luttera avec succès contre la décrépitude.

CONCLUSION.

Nous sommes arrivé à la fin de ce livre ; et, comme tous ceux qui écrivent, nous sommes tenu de conclure : or, voici ce qui nous paraît découler naturellement de nos travaux antérieurs.

Dans l'homme, comme dans tous les êtres vivants, il n'y a que des organes et des fonctions : le fait le plus subtil de l'intelligence et de la conscience peut être ramené à un fait organique. C'est dans les organes qu'il faut chercher les destinées humaines, ou la règle de conduite de l'humanité.

Le progrès social n'est que l'agrandissement de la vie dans ses dimensions physiques, affectives et intellectuelles. De l'étude du corps découle l'hygiène ou la loi de perfectionnement du physique ; de l'étude des instincts et des sentiments découle la morale ou la loi de la conscience ; de l'étude de l'intelligence découle la loi scientifique.

Au milieu de l'âme humaine, entre l'intelligence et la conscience, se trouve l'art, qui participe de l'une et de l'autre ; qui marie l'inspiration à la science, fait pénétrer l'idée abstraite dans la cervelle des hommes, et modifie l'organisme dans un but constamment harmonique.

La santé, la morale, la science et l'art résument donc le progrès de l'humanité, qu'ils tendent à perfectionner par l'attrait tout-puissant du bonheur.

Considérés comme partie intégrante, comme tendance, comme aspiration de l'organisme, ils donnent naissance au droit et au devoir qui de la sorte adhèrent à la chair et aux os de chaque être humain et reposent sur une base organique et irrécusable. Le droit marque la place que chaque homme doit occuper dans la société et les rapports qu'il peut et doit avoir avec ses semblables pour leur donner et en recevoir la plus grande somme de bonheur compatible avec la structure humaine. Cette organisation générale de l'humanité, sans distinction de caste, de secte, de peuple et même de race, est à peine à l'état d'ébauche sous le nom de socialisme : mais chaque jour elle fait des progrès théoriques, et le siècle ne s'écoulera pas sans laisser derrière lui la science du bonheur.

FIN.

TABLE DES MATIÈRES

CONTENUES DANS CE VOLUME.

LIVRE PREMIER.

LIVRE TROISIÈME.

FIN DE LA TABLE DES MATIÈRES.

9 782014 026788